鄂尔多斯盆地致密油水平井压裂工程实践

余维初　樊平天　周　丰　夏泊沔　等著

石油工业出版社

内 容 提 要

本书系统介绍了鄂尔多斯盆地致密油成藏特征、勘探开发现状、开发潜力以及鄂尔多斯盆地致密油储层改造关键技术、压裂液体系、压裂工艺设计、现场实践等，重点介绍了致密油压裂液技术及压裂工艺的现场试验，集中反映了南泥湾致密油压裂技术的理论和实践成果。

本书可供从事石油行业压裂工程的科研人员、技术人员及石油高等院校师生及相关专业人员参考学习。

图书在版编目（CIP）数据

鄂尔多斯盆地致密油水平井压裂工程实践 / 余维初等著 .—北京：石油工业出版社，2023.6

ISBN 978-7-5183-6059-8

Ⅰ.①鄂… Ⅱ.①余… Ⅲ.①鄂尔多斯盆地 – 致密砂岩 – 油层水力压裂 – 研究 Ⅳ.① P618.13

中国国家版本馆 CIP 数据核字（2023）第 103686 号

出版发行：石油工业出版社
（北京安定门外安华里 2 区 1 号　100011）
网　　址：www.petropub.com
编辑部：（010）64523760
图书营销中心：（010）64523633
经　　销：全国新华书店
印　　刷：北京九州迅驰传媒文化有限公司

2023 年 6 月第 1 版　2023 年 6 月第 1 次印刷
787×1092 毫米　开本：1/16　印张：16.25
字数：400 千字

定价：130.00 元

致密油正成为当今石油工业的主战场，是接替常规油气能源、支撑油气革命的重要力量。在鄂尔多斯盆地三叠系延长组、准噶尔盆地二叠系芦草沟组、四川盆地中—下侏罗统、松辽盆地青山口—泉头组等，都发育了丰富的致密油资源，具有形成规模储量和有效开发的条件。鄂尔多斯盆地已实现规模开发，中国石油长庆油田分公司已建成我国第一个亿吨级致密油田——新安边油田，长庆油田致密油已具有 $100×10^4t$ 的产能规模。近十年来，中国石油天然气集团有限公司、中国石油化工集团有限公司、中国海洋石油集团有限公司和陕西延长石油（集团）有限责任公司正在按照致密油的勘探开发思路，开展关键技术攻关，进行试验区建设，已初见成效，依靠勘探开发实践和科技、管理创新，中国致密油的勘探开发取得了重大突破，推动了致密油的储量与产量的快速上升。

水平井压裂技术是国内外实现非常规油气资源"少井高产"和油气资源有效动用的重要技术手段。近年来，借鉴国内外水平井压裂先进技术，经过多年改良发展，形成了基本满足致密油储层水平井多段改造的压裂技术，有效支撑了鄂尔多斯盆地致密油气田的勘探开发。但随着致密油勘探开发的进一步深入，致密油资源的地质条件更为复杂，储层改造的理论研究和压裂数值模拟技术还不够成熟，仍需针对水平井压裂技术持续开展攻关研究，为实现致密油效益开发提供重要技术支撑。

该书是作者结合多年来延长油田及对鄂尔多斯盆地致密油的研究和实践，进行归纳总结得到的理论和技术创新。对非常规油气资源，鄂尔多斯盆地致密油成藏特征、勘探开发现状、开发潜力，鄂尔多斯盆地致密油储层改造关键技术，压裂液体系，压裂工艺设计，现场实践等方面进行了系统论述，重点介绍了致密油压裂液技术及压裂工艺的现场试验，集中反映了南泥湾致密油压裂技术的理论和实践成果。该书的出版，对鄂尔多斯盆地致密油压裂开发技术理论创新、技术应用等方面具有重要意义，并将有力推动我国非常规油气行业压裂工艺的发展。

中国工程院院士　李鹤

随着我国社会经济的迅速发展，原油的需求量也不断提高。我国石油行业无法满足国家发展的需要，国内原油的对外依存度不断增大。根据国家统计局 2022 年年报披露数据计算，其对外依存度为 71.2%。这意味着，我国超过三分之二的石油是进口的。这也说明我国能源领域对外依赖程度高，亟待加强国内非常规油气资源生产和技术创新，以提高能源安全性和可持续性。随着石油行业的不断发展，致密油气层、页岩油气层等非常规储层逐步得到开发。非常规储层的开发难度大，使得对非常规油气资源关键技术的深入研究工作变得更加重要。

中国致密油地质储量约为 $178.2×10^8t$，主要分布在鄂尔多斯盆地、塔里木盆地、四川盆地、松辽盆地、渤海盆地和准噶尔盆地。鄂尔多斯盆地是我国第二大沉积盆地，油气资源丰富，发育中生界侏罗系、三叠系两套含油层系，上古生界二叠系、石炭系和下古生界奥陶系等多套含气层系。公报显示陕西延长石油（集团）有限责任公司（简称延长石油）在鄂尔多斯盆地累计探明石油地质储量 $12.6×10^8t$；长庆油田在鄂尔多斯盆地探明石油地质储量 $29.5×10^8t$。鄂尔多斯盆地资源丰富，是石油勘探的现实接替领域，是我国石油勘探开发的主战场。如何经济有效地开发非常规油气资源对我国石油工业乃至整个国民经济的发展具有重要意义。

由于储层致密，致密油藏的单井一般无自然产能，需要通过储层改造才能获得工业油流。水平井分段体积压裂技术是当前致密油藏开发的有效手段。不同于北美地区的致密油藏，我国致密油藏以陆相沉积为主，储层非均质性强，物性差，孔隙度低，渗透率低，地层压力低。我国致密油水平井开发起步晚、井数少，体积压裂水平井在初期产量高、递减快，一次采收率一般低于 10%。其原因是：缺乏综合评判产能主控因素的方法，压裂施工参数优化缺乏理论与实践依据；非常规油气储层低孔、低渗、低能量、注水矛盾突出，常规体积压裂工艺投资高、效益差；压裂液功能单一，与油藏孔隙尺寸不匹配，难以进入致密储层基质。因此，致密油藏压裂同步能量补充和深入基质、提高波及体积和洗油效率的高效水平井压裂技术攻关迫在眉睫。

笔者自 2012—2013 年在美国休斯敦大学访学起，就持续跟进北美非常规油气开发前沿技术，近年来致力于推进国内非常规油气压裂工艺技术的攻关研究，2014 年开始，利用在鄂尔多斯盆地、四川、新疆等地工作学习的机会，开展滑溜水水平井压裂技术的研究与应用，使我国非常规油气压裂技术实现弯道超车，打破美国"卡脖子"的技术枷锁。笔者和所带领的科研团队与业内同行进行了广泛的合作交流，本书所涉及的内容是笔者和所带领的科研团队近年来针对鄂尔多斯盆地研究成果的高度总结。由于涉及参考资料较多，书中未能一一标注，只将重要的参考文献列于每章结尾处。特此说明，并对这些学者致以诚挚的感谢。

全书共分六章，第 1 章介绍了非常规油气资源的概论及鄂尔多斯致密油勘探开发现状；第 2 章介绍了鄂尔多斯盆地致密油成藏特征及勘探开发潜力；第 3 章阐述了鄂尔多斯盆地致密油储层改造关键技术；第 4 章介绍了新一代压裂液的组成和性能参数；第 5 章介绍了致密油压裂施工工艺；第 6 章介绍了鄂尔多斯盆地致密油水平井压裂技术的应用实例。

本书编写过程中，得到长江大学张磊、周东魁、范宇恒等成员及延长石油（集团）南泥湾采油厂李平副所长的鼎力相助，同时得到中国石油大学（北京）张士诚教授、刘月田教授，中国石油勘探开发研究院高级专家刘玉章正高级工程师，中国石化集团公司首席专家蒋廷学正高级工程——中国石油化工股份有限公司石油勘探开发研究院首席专家苏建政教授级高级工程师、胡国农、李玉、郝世彦、郑忠文等专家的指导和大力支持，在此表示衷心的感谢。

目前，鄂尔多斯盆地致密油水平井压裂工程虽处于推广应用阶段，但仍需持续攻关。由于笔者水平有限，书中难免存在不足或错漏之处，敬请各位同行和专家提出宝贵意见。

C ONTENTS 目录

第1章 绪 论

1.1 致密油的概念

致密油是指与致密碎屑岩、致密碳酸盐岩等优质生油层系紧邻或互层的，没有经过大规模、长距离运移而形成的石油聚集。致密油一般无自然产能，需要通过大规模压裂改造才能形成工业产能从而获得工业油流。随着世界能源消费的持续增加和传统油气资源的不断减少，致密油气资源逐渐受到了人们的重视。

美国国家石油委员会（NPC）的非常规石油工作组在一份《北美地区非常规石油资源潜力评价》中对致密油的定义是：一般而言，非常规致密油赋存于那些埋藏较深、较难开采的沉积岩层中，这些岩层具有很低的渗透率（故得名"致密"）。加拿大自然资源部（Natural Resources Canada）指出，致密油可以直接产自页岩，但多数来自低渗透的与烃源岩页岩相关的粉砂岩、砂岩、石灰岩和白云岩中，需要借助包括水平井钻井和水力压裂在内的增产技术。加拿大国家能源委员会（NEB）把致密油主要分为两大类型：（1）页岩烃源岩中采出的石油，与页岩气相似，通常称作页岩油（Shale Oil）;（2）从页岩烃源岩中运移至附近或远处的致密砂岩、粉砂岩、石灰岩或白云岩等地层中的石油，与致密气类似，但这类油藏的储层物性比页岩好很多。因此，加拿大国家能源委员会认为页岩油属于致密油的一种，致密油包含的种类更多，除页岩油外还包括致密砂岩、粉砂岩、石灰岩及白云岩等致密储层中的石油[1]。

从北美主要国家的权威机构所给出的定义可以看出，国外的"致密油"概念比较广义，包括了致密砂岩油、致密页岩油等，其差别主要是致密程度不同。这些机构在很多报告中也基本将致密油和页岩油作为同样的概念交叉使用。

致密油在国外较早用于描述含油的致密砂岩，而在我国起初用于描述低渗透砂岩油藏。美国自 2005 年开始借鉴页岩气勘探开发的成功经验，逐步实现了 Williston 盆地 Bakken 组和 Western Gulf 盆地 Eagle Ford 组等页岩层系中致密油的勘探开发。在这一过程中致密油逐渐被另一术语"页岩油"所代替。尽管国内外在致密油概念方面存在一些争议，但目前已报道的致密油主要是指致密砂岩和致密碳酸盐岩等储集岩中的石油，且其正逐步成为研究的热点。基于国内 CNKI 数据库和国外 ScienceDirect 数据库统计结果，国内外致密油相关研究论文数量自 2011 年起均开始迅猛增长，其中关于致密油地质勘探的约占总数量的 50%，这是近些年来致密油勘探快速发展最直接的体现[2-4]。

1.2 国外致密油资源勘探开发现状

1.2.1 国外主要地区致密资源

目前世界大部分地区发现了致密油资源，主要包括波斯湾北部、阿曼、叙利亚、英国、俄罗斯、加拿大、美国、墨西哥、阿根廷和中国。全球致密油以北美洲、南美洲、北非和俄罗斯最为富集，亚洲和大洋洲致密油相对较少，致密油分布盆地类型主要为前陆盆地，大陆裂谷盆地、克拉通盆地次之，被动陆缘盆地和弧后盆地相对较少，其中克拉通盆地中的致密油发育地层时代以古生代为主，大陆裂谷盆地和被动陆缘盆地以中生代为主，而弧后盆地则以新生代为主[5]。

致密油盆地在各大洲（地区）中的分布情况：北美洲致密油盆地 19 个，主要是分布在落基山前地区的前陆盆地；南美洲致密油盆地 12 个，主要分布在安第斯山前地区前陆盆地和大西洋沿岸的被动陆缘盆地；非洲致密油盆地 8 个，集中在北非地区的克拉通盆地和大陆裂谷盆地；欧洲—俄罗斯致密油盆地 12 个，以前陆盆地和大陆裂谷盆地为主；中东致密油盆地 4 个，以被动陆缘盆地为主；大洋洲—印度尼西亚致密油盆地 13 个，以弧后盆地和克拉通盆地为主；亚洲致密油盆地 16 个，以大陆裂谷盆地和前陆盆地为主[6]。

各大区的致密油烃源岩成熟度基本相当，主要是"生油窗"限定了烃源岩生油的成熟度范围。但是有机质丰度方面，能看出欧洲—俄罗斯、北美洲和非洲的 TOC 均值都超过了 4%，明显高于南美洲、亚洲和大洋洲，因此前几个地区致密油富集程度相对更高。致密油储层平均孔隙度主要集中在 5%~7%，部分地区致密砂岩储层平均孔隙度可达 10%，北美洲和南美洲的致密油平均孔隙度相对高一些，也因此最有潜力大规模开发致密油[5]。全球致密油以海相沉积为主，陆相沉积主要发育在亚洲地区。初步评价结果显示，北美洲、南美洲、欧洲—俄罗斯的致密油潜力最大，但目前致密油 95% 以上产量来自北美洲。因此南美洲、欧洲—俄罗斯将是致密油增产的下一现实领域。

2014 年 4 月 7 日，日本石油资源开发公司（Japan Petroleum Exploration Co，JAPEX）宣布位于日本秋田县利本庄市的鲇川油气田（Ayukawa）实现页岩油商业化生产，日产量约 220bbl。JAPEX 估计，秋田县地下蕴藏着大约 1×10^8bbl 页岩油储量，相当于日本国内年石油需求量的 8% 左右，鲇川油气田页岩油储量约 500×10^4bbl。日本页岩油实现商业化开采使日本从一个原油产量几乎为零的国家变成一个拥有石化能源的国家；也标志着日本的勘探开发技术有了较大提升。2014 年 5 月，俄罗斯卢克石油公司（Lukoil）和法国道达尔集团（Total）签署一份协议，组建一家合资公司在西西伯利亚巴热诺夫（Bazhenov）组勘探致密油[6-10]。

澳大利亚和英国有望继北美之后成为下一批实现致密油商业生产的国家。除了这两个国家，有许多能源企业正在打勘探井和建立大规模的投资计划以开发致密油建造。这些建造中的大多数位于墨西哥、俄罗斯、中国和加拿大那些已生产常规原油的盆地。阿根廷国有石油公司 YPF 在其 2013 年第三季度报告中宣称从内乌肯盆地（Neuquin Basin）的瓦卡穆尔塔（Vaca Muerta）页岩油气区日产 1×10^4bbl 油当量以上，其中 7887bbl 为原油[1]。

1.2.2　国外致密油压裂技术发展历程与理论研究现状

压裂是致密油开发过程中主要的技术措施，压裂技术的创新是实现致密油气资源大规模开发的关键。研究压裂技术发展历程与理论研究现状对当今所需的科研创新十分重要。

1947 年，美国 Stanolind 石油天然气公司在堪萨斯州西南部的 Hugoton 油田进行了首次水力压裂试验。此后，这种油气藏增产技术被广泛采用，成为提高或延长油井产能的重要技术手段[11]。

经过 60 余年的发展，压裂技术从压裂液、支撑剂、压裂工艺到现场应用都有了迅速发展。压裂液从早期的原油、凝胶油、黏性乳化液，发展到目前的水基、油基、酸基、泡沫、乳状压裂液五大类，低、中、高温系列齐全的瓜尔胶有机硼"双变"压裂液体系和清洁压裂液体系[12]。

支撑剂从早期以天然石英砂为主，发展到不同强度系列的人造陶粒支撑剂。加砂方式从人工加砂发展到混砂车连续加砂，加砂能力大幅提高。压裂工艺技术从单纯的水力压裂发展到高能气体压裂、震动压裂、爆破压裂和超声压裂等多种类型。

压裂规模从小型化向大型化发展，压裂层数从单层向多层发展，压裂井型从直井向水平井发展，形成了直井分层压裂、水平井分段压裂、重复压裂、同步压裂等多种压裂技术及配套工艺，储层改造效果大大加强。应用领域由最初主要用于低渗透油气藏，发展到超低渗透—致密储层油气及煤层气、页岩气、页岩油等非常规油气领域[13]。特别是近年来，美国在页岩地层中大规模采用水平井多级压裂，助推了美国的"页岩气革命"。

近年来，随着常规油气资源的快速消耗及开发难度的增加，非常规油气资源的勘探开发呈现出快速上升的趋势。依托分段压裂技术为主的增产改造技术，美国的煤层气、页岩气、致密油和致密气等非常规油气资源的开发取得快速发展，2011 年美国非常规气产量达到全美天然气总产量的 67% 以上，率先实现了非常规油气资源勘探开发的突破。中国非常规油气资源丰富，致密气可采资源量为（8.8~12.1）×$10^{12}m^3$，页岩气可采资源量为（15~25）×$10^{12}m^3$，煤层气可采资源量为 10.9×$10^{12}m^3$，致密油可采资源量为（13~14）×10^8t。在非常规油气资源尤其是页岩气和煤层气的开发中，压裂技术起到重要的作用。压裂技术的发展历程成为值得研究讨论的问题[14]。

国外的新型压裂技术与理论研究现状如下：

ACTIVATE 重复压裂技术：2015 年 7 月，哈里伯顿公司推出新型 ACTIVATE 重复压裂技术。该技术将 Access Frac 增产、Fiber Coil 连续管、Frac Insight 技术、压降缓解方案和 Pinnacle 公司的集成化传感器诊断技术等多种技术结合起来，可进行精确的地下分析，从而开采出非常规油气井已无法企及的储量，使重复压裂的结果更为可靠且更可预见。ACTIVATE 重复压裂技术能使作业者以更高的水准为新井、加密井和重复压裂井制订一种更为均衡的投资组合方案，降低原油当量桶油价的盈亏平衡点。该技术有助于作业者提高最终采收率和可采储量。在哈里伯顿公司提供此技术服务的某个盆地，平均单井最终采收率提高了 80%；与新井相比，重复压裂井的原油当量桶成本降低了 66%；采用更为均衡的投资组合方案，该区块原油采收率可望提高 25%。

REAL Connect™ 技术：2014 年，为了提高水力压裂后的油气采收率，贝克休斯公司推出 REAL Connect™ 技术。该技术利用先进的分流器（REAL Divert™）使压裂液进入压裂改造未波及的地层，从而增加裂缝网络的复杂性。压裂增产作业完成后，分流器材料溶于油基或水基流体并排出，超轻支撑剂材料留在近井筒地带形成长久的生产流动通道。该技术可在不影响水平井多级重复压裂效果的同时，通过减少作业所需的桥塞数量来减少压裂作业时间。路易斯安那州 De Soto Parish 地区的一家作业公司利用该技术对几口低产量的非常规老井进行了重复增产改造，提高了单井产量。按照平均每口井钻完井成本 1010 万美元和重复增产改造成本 310 万美元计算，可节约 700 万美元。

DryFrac 无水压裂技术：2014 年 9 月，Praxair 公司推出了 DryFrac 无水压裂技术，目前正在申请专利。该技术使用液态 CO_2 代替水，与支撑剂或特定粒度的砂子混合，打开并撑住地层裂缝，减少了对水的利用和排放带来的环境危害。一直以来，CO_2 被认为是较好的压裂液，尤其是对水敏性地层或低压地层更是如此；与其他的如丙烷等的无水压裂液相比，CO_2 还具有不易燃的优点。该技术采用的 CO_2 大部分来自捕获的工业废气或净化气。此外，还可将井内返出的 CO_2 分离出来，从而确保天然气以更高的速度生产。

Millennium 公司无水压裂新技术：2015 年 10 月，Millennium 增产服务公司引进一种专利工艺，推出了无水压裂新技术——将增能天然气（ENG）用作水力压裂工作液。该技术符合压裂作业规范，无须水基压裂液，杜绝天然气在大气中的排放或燃烧，减少了温室气体排放。作业者利用 ENG 进行压裂作业后，可将所有产出气直接输入销售管道，以避免产量损失，提高油气井产能和天然气回收率[15]。

"宽带顺序"压裂技术：2014 年 2 月，斯伦贝谢公司推出"宽带顺序"压裂技术。该技术能在非常规储层的井中顺序压裂射孔簇，通过依序隔离井筒裂缝，确保每段每簇都能被压裂。与常规方法相比，其生产效率和完井效率更高。该技术是利用专利配方的可降解纤维和多模粒子复合流体开发的，适用于新井和二次完井，无须桥塞等机械设备的协助就能加快临时簇的隔离，尤其适合再压裂操作。迄今为止，宽带压裂技术已在 Eagle Ford、Haynesville、Woodford、Spraberry 和 Bakken 页岩等非常规产层进行 500 多次施工，通过加大储层内每一段的破裂面提高井产量，效果显著（如南得克萨斯非常规储层的新完井增产 20% 以上，其中一口再压裂施工井产量翻番，流压增加了 4 倍）。与压裂长井段的桥塞射孔联作常规施工方法相比，完井时间节约高达 46%。

无桥塞多级压裂技术：2013 年，哈里伯顿公司开发出一种新型转向隔离液（AccessFrac RF），可代替压裂桥塞之类的机械式堵塞器。该体系为环保产品，可在任何水基液体中自行降解，生成的降解物无毒无害。AccessFrac RF 的多峰分布颗粒具有自组合特性，能在近井筒地带形成封堵层。由此，哈里伯顿公司开发出了一种创新性的"无堵塞器射孔"增产工艺。一段压裂结束后，可用 AccessFrac RF 代替机械式桥塞，以实现层间隔离的目的。哈里伯顿公司应用这种新工艺在 Lycoming 县的某口水平井上顺利进行了 9 段压裂作业。与常规的"堵塞+射孔"方案相比，这种工艺高效地完成了地层压裂，节省了大量的完井、打桥塞和钻塞时间，效益可观。

Ascent 高端压裂技术：常规压裂技术很少能将支撑剂留存在裂缝网络上端，为此，贝克休斯公司于 2015 年推出了 Ascent 高端压裂技术。该技术将先进的建模技术与密度接近于水的超轻型高强度支撑剂完美结合起来，在泵注结束、裂缝开始闭合后，能使支撑剂停留在裂缝上端以支撑起油气流动通道，提高裂缝导流面积，从而获取更高的潜在油气产量——即使是在裂缝闭合时间比较长的地层中也能确保达到这种效果。该技术所用的聚合物量较少，排除了由于凝胶残留物堵塞支撑剂充填层而降低油气产量的风险。此外，其专业化泵注技术也能有效降低压裂液/支撑剂的消耗量和成本。由于水力压裂费用在非常规井建井成本中的占比相当大，而 Ascent 技术能使大多数水力裂缝保持可生产状态，有助于用户开采出位于水平段上部的剩余储量，因此显著降低吨油开采成本。在得克萨斯州 19 口井的先导试验中，与采用常规增产技术的邻井相比，Ascent 技术使油气产量提高了 117%，用水量从 19.16m³/m 降低到 15.19m³/m，降幅达 20%[15]。

现如今的研究手段除了传统的地层划分与对比、沉积相与储层特征研究、油藏参数的地质描述、测井解释等工作外，还可采用三维地质建模的方法，在三维空间制作高精度地质模型，在计算机内重塑地下油藏。将传统的构造图、剖面图、栅状图、岩相图、各类等厚图、孔隙度图、渗透率图、饱和度图、储量、各类测井曲线值等，全部综合于一个统一的三维数据体系内，形成三维油藏地质模型。其优点是解释更加统一、更加全面，能够反应油藏在纵向和横向上的微小变化。以孔隙度为例，不再用平均值分层作孔隙度图，而是反应孔隙度在空间的实际变化。模型能够达到三维空间可视化，可作为识别开发机会、编制开发方案的工具。另一个选择三维地质建模的原因是将三维地质模型作为油藏数值模拟的输入，以进一步定量化引入油藏流体、动力与渗流特征，定量化模拟油藏特征[16]。

郑军卫等选用德温特创新专利索引为主要数据源，以汤森数据分析师为主要分析工具，对 1968 年以来的低渗透油气资源勘探开发国际专利进行了分析。分析结果表明，近 20 年以来的开发技术研发的热点和重点主要集中在低渗透油气层的识别和改造技术、储层连通技术、注入采油技术、钻采工艺技术等方面；美国、加拿大、俄罗斯等国家是国际低渗透油气资源研发专利的主要拥有国；大的跨国油气公司和油气技术公司是低渗透油气资源研发的主体。

水平井钻井技术、大规模压裂技术和微地震实时监测诊断技术是致密油开采的三大关键技术。水平井分段压裂技术已经成为油田提高采收率和开发综合效益的重要手段。Chaudhary 等通过研究发现，应用水平井多级分段压裂能将致密油的最终采收率提高 6%。国外已形成较为完善的适应不同完井条件的水平井分段压裂改造技术，主要包括水力喷射分段压裂技术、裸眼封隔器分段改造技术和快钻桥塞分段压裂技术，其中裸眼封隔器分段压裂技术应用最为广泛，快钻桥塞分段压裂技术能够满足大排量施工。

近几年出现了一种新型的高速流道水力压裂技术（HiWAY flow-channel hydraulic fracturing technique）。它打破传统水力压裂依靠支撑剂导流能力增产的理念，通过采用"非连续支撑技术"和高强度凝胶压裂液在储层内形成开放的流道，并利用一种新型的纤维添加物来使流道保持稳定分布，这样，流体的渗流阻力大大减小，裂缝的导流能力不再受支撑剂充填层的约束，从而具有无限导流的能力。相较于传统支撑剂充填层与油藏的孔隙接触，流道与油藏具有更大的接触面积。高速流道水力压裂技术在开发致密油气方面极具潜力，已经在美国、加拿大、俄罗斯、阿根廷、墨西哥等 20 多个国家的非常规油气开采中得到成功应用，累计压裂级数达 24000 多级，平均增产超过 20%。据统计，相较于一般水力压裂处理技术，采用该技术能减少用水量约 25%，减少 CO_2 排放量近 $3200×10^4$ lb，显示出其在非常规油气开采领域的巨大潜力。

微地震实时监测诊断技术是近年来非常规油气藏改造中的一项重要技术，它能与压裂作业同步，现场快速监测压裂裂缝的产生，实时动态显示压裂裂缝的三维空间展布，以及提供压裂裂缝生成的方位、长度、宽度、高度、倾角、覆盖范围等信息,从而为优化压裂设计和油田开发措施提供依据,提高油气采收率。目前,美国、加拿大、法国等国家的一些大型公司能够提供多样化的高端微地震监测技术服务,包括实时油藏监测、无源微地震监测、浅井和井中微地震监测采集、地面微地震监测等[1]。

1.2.3 致密油资源发展前景展望

美国自 2005 年开始借鉴页岩气勘探开发的思路,将水平井和分段压裂等技术规模应用于 Williston 盆地的 Bakken 组致密油,并于 2007 年对 North Dakota 和 Montana 地区的 Bakken 组致密油开始大规模勘探。至 2008 年,Bakken 组致密油实现规模开发,成为当年全球十大发现之一。随后逐步实现了 Western Gulf 盆地 Eagle Ford 组等页岩层系中致密油的勘探开发,并引发了全球致密油勘探的热潮。近十年来,国内外致密油的勘探均取得了重要进展,且其资源潜力较大,逐渐成为非常规石油中最现实的勘探领域[2]。

致密油的开发离不开政策的支持,如今各国对非常规油气开发的重视程度越来越高,美国和加拿大在非常规能源开发方面有着相对完善的一系列政策,其他国家也相继出台了一些鼓励非常规油气开发的政策。总体而言,世界各国的非常规能源开发的相关政策都在经历着从单一到系统、从笼统到具体、从单纯刺激到理性规范的演变完善过程。各主要国家都力求从降低企业风险、维护公平的市场竞争与保护环境三个角度出发,寻求政策的最佳平衡点,主要开发国家制定的非常规油气政策大致可以分为两大类——鼓励/补贴类与监管类,前者涉及研发支持、税收优惠等,后者则多与市场规范、环保有关。

2013 年 9 月,俄罗斯的矿产开采税减免政策正式生效,对不同的地区实施不同的减税优惠。俄罗斯政府对西伯利亚巴热诺夫、阿巴拉克(Abalak)、俄罗斯南部的哈杜姆(Khadum)以及俄罗斯中部伏尔加—乌拉尔地区(Volga-Urals)的多马曼尼克(Domannik)4 个油田实行矿产开采零税率,其他页岩油藏和更多致密油藏将享受 20%~80% 的减税优惠[1]。

目前,北美已有 19 个盆地发现了致密油,其中已经生产的地层主要分布于美国中陆(Mid-continent)和落基山(Rocky mountain)地区,范围从阿尔伯塔盆地(Alberta Basin)中部一直延伸到得克萨斯州南部,同时,西南地区及加利福尼亚(California)南部的 Monterey 地层也已经开始生产致密油。已被证实的致密油预测区遍及落基山地区、墨西哥湾(Mexico Gulf Coast)地区、西南地区和美国东北部地区。

北美致密油主要赋存于泥盆纪—新近纪的地层中,具有 4 套主力产油层。其中,最著名的致密油地层为威利斯顿盆地的 Bakken 地层、得克萨斯州的 Eagle Ford 地层、阿尔伯塔盆地的 Cardium 地层以及加利福尼亚圣华金盆地(San Joaquin Basin)的 Monterey 地层,这些致密油地层均具有区域性、大面积分布的特点。美国地质调查局(USGS)曾经评估 Bakken 地层覆盖了北达科他州(North Dakota)、蒙大拿州(Montana)及萨斯喀彻温省(Saskatchewan)南部的几个县;Niobrara 地层可能包含科罗拉多州(Colorado)、怀俄明州(Wyoming),甚至新墨西哥州(New Mexico)的大部分地区;在加拿大,Cardium 地层也覆盖了阿尔伯塔盆地中部的大部分地区。

在北美致密油资源构成中,美国致密油产量占北美致密油总产量的 91%,而加拿大仅占 9%。2013 年下半年,美国原油日产量超过 300×10^4 bbl,主要来源于 Eagle Ford、

Bakken、Barnett、Marcellus、Niobrara 这 5 大致密油地层。在加拿大，2013 年致密油日产量平均为 $34×10^4$bbl，占加拿大原油日总产量（$352×10^4$bbl）的近 10%。这些致密油生产完全集中在加拿大西部的阿尔伯塔省、马尼托巴省（Manitoba）和萨斯喀彻温省。

北美 2009 年致密油实际日产量为 $26.5×10^4$bbl，按照该速度进行计算，预计到 2035 年，如果不考虑压裂水源的限制、税收规则改变等因素的影响，北美致密油日产量最低目标为 $60×10^4$bbl；最可能实现的日产量目标是 $200×10^4$bbl。以 Bakken 致密油开发为例，在 2012 年，仅北达科他州就日产 Bakken 组致密油 $45×10^4$bbl，若以这样的速度计算，北达科他州致密油生产至少能够维持 10 年，到 2035 年，致密油的日产量将会增长到 $60×10^4$bbl。同时，Eagle Ford 地层也将最终达到日产油 $80×10^4$bbl。但是，若萨斯喀彻温省和蒙大拿州的 Bakken 地层生产水平都达到北达科他州的一半，那么 Eagle Ford、Niobrara、Cardium 致密油储层产量也将非常喜人。到 2035 年，致密油日产量将超过 $200×10^4$bbl。然而，考虑到不断进步的开发技术及更为精确的储量计算方法，预计到 2035 年，日产油量将达到 $300×10^4$bbl。

基于对当前致密油资源量、开发技术以及油价环境的认识，从定性的角度来看，未来的 40 年中，北美致密油产量将在 2015—2025 年之间达到高峰。北达科他州矿业资源局（NDDMR）预计到 2050 年，从该州的 Bakken 地层生产的致密油日产量能够达到（$25\sim35$）$×10^4$bbl。若用这种递减速率计算其他致密油储层的产量，到 2050 年，致密油日产量仍旧能够达到（$100\sim200$）$×10^4$bbl[17]。

致密油是油气增储上产的重要组成部分，致密油气正驶入发展的"快车道"[18]。在当前自然资源与生态环境并重的新理念下，对致密油气资源潜力的评价，不能只停留在资源数量上，还要对资源开发中的各类风险及其社会、生态环境影响进行一体化综合考量，才能科学认识资源潜力。

通过全球共同的努力，通过积极探索针对极低孔渗储层的物性测试技术和测井反演方法，建立致密油储层定量评价方法，同时，借鉴基于开发动态的产量递减法对可采储量的评价，以及更为切实可行、更为环保安全的做法，保障致密油资源的勘探与开发。

1.3 鄂尔多斯盆地致密油勘探开发现状

1.3.1 鄂尔多斯盆地致密油压裂技术发展历程

幅员 $37×10^4$km^2 的鄂尔多斯盆地，地跨陕、甘、宁、蒙、晋 5 个省（自治区），其天然气探明储量居全国首位，石油资源居全国第 4 位。然而，南部的黄土高原、北部的戈壁与荒漠，其多层系的复杂地质状况，在赋予油气规模储量的同时，也带来了低压、低渗、低丰度的特征。

鄂尔多斯盆地致密油具有压力系数低、脆性指数低、纵向夹层多以及非均质性强等特点，采用水平井体积压裂技术可以大幅度提高单井产量，但低油价下难以实现经济有效开发。该盆地影响产能的主控因素依次为：油层长度、进液强度、布缝密度、脆性指数、加砂强度、渗透率、施工排量、孔隙度、水平应力差及含油饱和度。压裂技术十分适合鄂尔多斯盆地油气的开采。其中，储层物质基础是获得高产能的首要条件，提高缝网波及体积是实现非常规油气产能最大化的重要途径[19]。

20世纪,"边际油气田""磨刀石""三低"等"帽子"在石油人头上一戴就是几十年。21世纪以来,随着石油勘探地质理论和三维地震技术不断创新,水平井优快钻井、压裂核心技术的突破,使鄂尔多斯盆地迎来迅速上产的契机。更令人可喜的是,作为目前国内油气产量领头羊的鄂尔多斯盆地,上产潜力十分巨大。为了充分开发鄂尔多斯盆地,使其油气资源得以充分利用,压裂技术的发展进步促进了鄂尔多斯盆地致密油的产出[20]。

鄂尔多斯盆地,1000多年前,"石油"在这里被命名;100多年前,中国陆上首口工业油井在这里诞生;如今,中国石油工业的油气产量纪录在这里被刷新。在实现21世纪前20年的跨越式发展之后,鄂尔多斯盆地已成为国内油气生产的绝对主力。这块被誉为"半盆油、满盆气"的宝地,在油气产量大的基础上,走上可持续发展的科学轨道,走得既要稳又要长。

困难是现实的。鄂尔多斯盆地不仅地表条件恶劣,施工环境差、难度大,而且地下构造复杂,逆冲断层发育,目的层埋深大,油气聚集规律复杂。一半以上的油藏渗透率在1mD以下,没有自然产能,被国际石油界认为"无开发价值"。另外,经过几十年的规模开发,固有的理论认识和技术渐渐不适应新领域和新类型的油气勘探,盆地周边及外围盆地地质条件复杂,综合勘探任重道远。随着资源的劣质化加剧,目前上产主要依靠低渗透致密储层,但技术需求又造成单井投资较高,加上油井初期递减大,难以实现效益与规模的统筹兼顾。

1987年,全国第一次油气资源评估中,鄂尔多斯盆地石油资源只有 $40×10^8$t。到了2006年的全国第三次油气资源评估变成了 $100×10^8$t。曾有一位专家据此计算,光是延长油田一带的含油层系就占地 $10×10^4$km²,按 1km² 石油丰度 $40×10^4$t 的常规蕴藏,意味着有 $400×10^8$t 的石油埋藏量。除去一半折扣,还有 $200×10^8$t 石油资源量。这就是鄂尔多斯盆地获得可持续发展最重要的基础,避免了"巧妇难为无米之炊"的尴尬。实现"东部硬稳定",推进"西部快发展",这是石油工业将来的重大使命。走上高质量发展之路的鄂尔多斯盆地,将使我国能源工业西部快发展战略的基础更加牢固[21]。

鄂尔多斯盆地,树立起中国未来能源版图"新坐标"。20世纪90年代初,长庆石油人创造出举世闻名的"安塞模式",打开了鄂尔多斯盆地石油快速增长的通道;世纪之交,又提出"三个重新认识",实现了油气田开采由个别油气层单打独斗到几十个油气层的全面开花,促进了盆地油气资源勘探开发的跨越式发展。

2005年,"苏里格模式"横空出世,标准化设计、模块化建设、数字化管理、市场化运作,"引气龙"腾跃而出;2018年,长庆油田主动对接国家油气战略需求,将"稳油增气"调整到"油气双增"轨道,规划到2025年油气产量实现 $6300×10^4$t,踏上二次加快发展之路[22]。

在不同的时期,古老的鄂尔多斯盆地总能迸发出新的气象:思想上的突破、技术上的革命、管理上的创新、精神上的塑造、责任上的担当,这些新气象,培植起从低产到高产的长庆油田,引领了盆地非常规资源的开发潮流,树起中国未来能源版图"新坐标"。

这个"新坐标",在为其他生产单位提供经验和借鉴之外,或将赋予盆地更加新鲜的面貌,形成新一轮的引领风潮。

鄂尔多斯盆地将会成为各油气生产单元信息互通、技术互利、风险共担、成果共享的命运共同体。这样的格局，势必会促进对盆地地质认识的深化，针对非常规油气藏的勘探开发技术进一步突破，精细管理将进一步科学和规范。

若是按照目前的远景规划分步落实，遥望鄂尔多斯盆地的下一个 10 年，8000×10^4t 的年油气当量必然达成。倘若技术获得重大突破，就像长庆油田仅用 10 年油气当量便从 1000×10^4t 上升至 5000×10^4t 一样，在看似遥不可及的未来，整个盆地的亿吨产量也许并不是痴人说梦[23]。

致密油通常情况下无自然产能，递减速率较快，局部有"甜点"发育。因为致密油储层孔隙度和渗透率极低的特征，必须采用压裂技术进行储层改造，才能使单井产能提高，获得工业油流。常规的压裂技术并不能满足致密油储层改造的目的。近几年，随着美国页岩气的成功开发，体积压裂概念应运而生，它是指通过分段多簇射孔，利用多段压裂工具，使用转向材料，优选支撑剂粒径和压裂液黏度，优化加砂方式和施工排量等适当组合的工艺技术。该技术不但可以使单井产量大幅度提高，而且还能够使储层有效动用下限降低，使得储层采收率和动用率大幅度提高。各种各样的压裂技术在鄂尔多斯盆地这块土地上应用成功[24]。

直井分层压裂。提高纵向上的小层动用率是分层压裂技术的目的，该技术主要包括封隔器滑套分层压裂、连续油管喷砂射孔环空加砂压裂等。在我国 4 层以下储层主要采用封隔器分层压裂，应用较为广泛。连续油管分层压裂技术尚处于试验应用阶段，该工艺是利用通过连续油管的高速、高压流体进行射孔，使地层和井筒间的通道打开，环空加入携砂液，进而在地层中形成裂缝。该技术施工程序一般为水力喷砂射孔，环空加砂压裂，再进行填砂作业封堵已压裂层位，提升连续油管到下一目的层，重复以上步骤直到施工结束，最后再利用连续油管进行冲砂、返排作业。该工艺成本低、作业周期短、不受压裂层数的限制，能实现对多层段的有效改造，使单井产量大幅度提高。

水平井及分段压裂改造技术的突破和大面积应用使得非常规油气藏得以有效开发。目前，已经初步形成水平井双封单卡、封隔器滑套、水力喷砂、裸眼封隔器分段压裂等四套主体技术。此外，引进了国外快速可钻式桥塞分段改造技术等，有力地推动了我国水平井及分段压裂改造技术和工具的发展。

水平井双封单卡分段压裂技术的工艺原理主要包括，使用小直径、可以重复坐封、胶筒残余形变小的扩张式双封隔器来单卡目的层进行压裂，通过拖动压裂管柱、反洗等，逐层上提单卡目的层，来实现水平井一趟管柱进行多段压裂的目的。具有效率高、改造目的性强、可防卡、脱卡等诸多优点。

水平井封隔器滑套分段压裂技术。根据压裂工艺特点，将水平井封隔器滑套分段压裂技术分为针对固井水平段和裸眼水平段的压裂技术。该技术是低渗透油田开发的有力手段，能实现不动管柱的情况下，一次完成多段压裂的目的。水平井裸眼封隔器滑套分段压裂技术是近几年新兴的水平井压裂改造工艺，在致密油气藏水平井压裂改造中取得了良好的应用效果。其主要技术路线为：使用套管连接由裸眼封隔器及裸眼滑套组合的多段完井压裂管柱下井，通过液压方式实现封隔器坐封，利用投球打开滑套来实现不同层位压裂。目前，我国自主设计研发的水平井裸眼分段压裂工具现场完成一百余口井，已成为致密油气储层压裂改造的主要技术之一。

水平井水力喷砂分段压裂技术。水力喷砂压裂于 20 世纪 90 年代提出，该技术主要原理为伯努利方程，集水力压裂和水力射流技术于一体，利用高速水射流将套管及地层射开并形成射孔，流体的动能进而转化为压能，在射孔周围产生一定尺寸的水力裂缝，实现压裂作业。由于井底压力恰好在裂缝延伸压力之下，进行下一层段压裂时，已压开层位不再延伸。所以，在不使用桥塞和封隔器等隔离工具的条件下，就可实现自动封隔以达到压开多段产层的目的。

快速可钻式桥塞分段压裂技术。速钻桥塞分段压裂技术采用套管固井，使用电缆传输桥塞和射孔联作技术，实现水平井段下段封隔、上段射孔及压裂作业，完成多段分压工序后快速钻磨桥塞，达到分压合采的目的，能满足任何级数分段压裂。速钻桥塞整体采用复合式材料，该特殊材料具有易钻性强的特点，且钻后能实现井筒的全通径。施工方式采用压裂液由油套环空注入的方式，具有封隔可靠、改造规模大、压后易钻磨、人工裂缝起裂位置明确等优点[25]。

我国致密油储层特征与国外差异较大，国外致密油储层主要以海相沉积为主且储层分布广泛，天然裂缝发育；而我国主要以陆相沉积为主，非均质性较强，储层厚而窄，部分区块断层和局部微裂缝发育。要充分认识到我国地质条件的不同，因地制宜，研究出一套适合我国鄂尔多斯盆地致密油开发的技术体系。

由于致密油储层低渗低孔的自身特点，水平井和体积压裂目前是开发该类非常规油气藏的有效技术。加快水平井分段多簇压裂和体积压裂的推广，同时加强压裂液体系、裂缝监测等配套技术的发展，推动了致密油在我国的大力发展[26]。

之所以有胆量去眺望盆地的未来，是因为这样的传奇在大洋彼岸的美国真实地上演过。在美国二叠盆地，十几年来页岩油的开发迎来爆发式增长。据咨询机构伍德麦肯兹估计，二叠盆地在今后 10 年的石油产量将占美国新增石油产量的 2/3、全球新增石油产量的 1/4。而这一切，都建立在技术的革命性突破之上。

回顾鄂尔多斯盆地的油气开发历史，每一次跨越式发展，都离不开科技创新，尤其是 $10 \times 10^8 t$ 庆城大油田的发现。在庞大的地质储量稳定的状态下，一旦针对致密油气资源的技术探索获得革命性突破，那么国内也能够迎来自己的"致密油革命"。

1.3.2 鄂尔多斯盆地致密油压裂理论研究现状

致密油气资源在中国开发潜力巨大。如何对中国致密油进行低成本有效开发、保障国家能源安全，是当前中国油气企业亟待解决的重大问题。鄂尔多斯盆地作为中国第二大盆地，致密油资源储量丰富，对其开发策略研究具有较强代表性。

立足盆地特征，经过多年实践，形成了"大井丛、长水平井、细分切割、可溶球座、工厂化"技术模式，井下微地震监测显示缝网覆盖体积大幅度提高，水平井体积压裂技术水平不断提高。然而，体积压裂技术与储层匹配性也面临诸多挑战，诸如储层通常具有强非均质性，多簇裂缝起裂与扩展机理十分复杂，导致目前的测试手段难以定量表征水平井体积压裂后有效缝网波及体积和各压裂段不同储层类型产能贡献。为追求更高、更经济的产能目标，需进一步优化不同储层类型改造策略。鄂尔多斯盆地致密油具有压力系数小、脆性指数低和纵向夹层多等特点，与北美的非常规储层有巨大差异[27]。

针对鄂尔多斯盆地长 6 段致密油储层的地质力学特征，攻关形成以"细分切割增大改造体积、超前蓄能提高地层压力、渗吸置换提高采出程度"为主的水平井细分切割体积压裂技术，实现单一改造向"造缝、蓄能、驱油"一体化转变，其中通过大排量与大液量来"打碎"储层岩石，形成复杂裂缝网络，是"体积开发"的核心，缝网波及体积是评价体积压裂效果的关键指标。井下微地震是目前广泛应用于矿场的有效裂缝监测技术，通过对水力压裂过程中微地震事件进行实时动态监测，获得微地震覆盖体积（SRV）。然而大量矿场统计与产能验证得出体积压裂改造有效缝网波及体积（FSV，Fracture Network Swept Volume）与微地震覆盖体积（SRV，Stimulated Reservoir Volume）差异较大，难以准确评价压裂效果。因此，收集整理盆地致密油水平井 582 段体积压裂单段和全井段井下微地震监测大数据，获取缝网形态和微地震覆盖体积。在此基础之上，利用多元非线性拟合方法综合考虑关键地质工程参数，建立水平井缝网波及体积预测模型，并结合产能油藏数值模型，采用生产动态历史拟合的方法，对缝网波及体积进行校正，进而求取有效缝网波及体积与波及系数。利用缝网波及体积校正方法，计算示范区典型平台致密油水平井缝网波及体积与波及系数，其中缝网波及系数介于 34.4%~65.8% 之间，平均值仅为 48.3%，如图 1-1 所示。该平台水平井采用相同压裂工艺且各压裂段改造参数大体相当，从图 1-1 中可以看出，不同水平井缝网波及系数差异较大。因此，针对水平段不同储层类型强非均质性特征需要进行差异化设计，优化改造策略，进一步提高有效缝网波及体积。

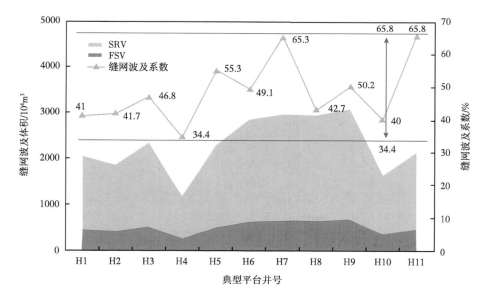

图 1-1　典型平台有效缝网波及体积及缝网波及系数对比

基于鄂尔多斯盆地长 6 段致密油体积开发效果评价，目前体积压裂改造策略与储层匹配性需要进一步提升。其中提高单井产量核心在于对地质工程"甜点"精确判识，对储层精细分类，同时准确获取不同储层类型产能贡献，并进行有针对性的差异化设计和关键参数优化，最终提高有效缝网波及体积，实现体积开发。

统计盆地长 6 段致密油储层一百余口水平井生产满 1 年累计产油量与部分地质工程参数相关性，发现累计产油量与水平井的水平段油层长度、压裂段数、裂缝簇数、加砂强度都有一定相关性，技术参数存在合理区间。然而目前只根据大数据探索形成了关键技术参数合理区间，由于影响产能因素众多且关系复杂，不同因素均在不同程度上影响产能大小，具有复杂的非线性关系，因此影响产能主控因素难以确定，给不同类型储层获得更高产能目标的关键技术参数优化带来较大挑战。灰色关联分析法是灰色理论中的重要内容，通过寻求系统中各因素的主次关系，确定影响各项评价指标的关键因素，在储层评价、产能预测、重复压裂选井等方面广泛应用。利用灰色理论计算盆地致密油水平井油层段的储层物性、岩石力学和压裂改造参数与第 1 年累计产油量之间的权重系数，定量评价不同影响因素对产能的贡献程度。将权重系数大于 0.06 的定义为主控因素，根据权重系数大小排序为：油层长度、布缝密度、进液强度、脆性指数、加砂强度、渗透率、破裂压力、孔隙度、含油饱和度、泥质含量、施工排量、水平应力差，如图 1-2 所示。从图 1-2 中可以看出，油层长度对产能影响最大，排名第一；布缝密度，排名第二，进一步说明储层物质基础是获得高产能的首要条件。

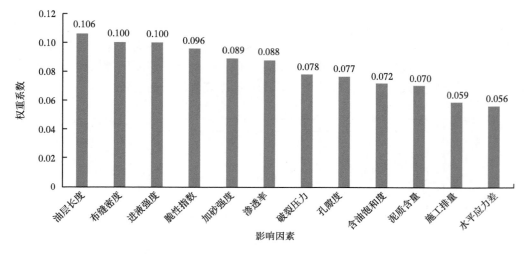

图 1-2　产能影响因素排序

目前压裂技术模式针对储层岩石脆性指数较低、地层压力系数较小和微纳米孔隙发育等特征，在优选地质"甜点"和工程"甜点"的基础上，探索形成了长 6 段致密油"大井丛、长水平井、细分切割、分簇射孔、可溶球座、变黏滑溜水、多尺度支撑"技术模式，该技术模式主要包含长水平井细分切割技术和超前补能与渗吸驱油技术。

长水平井细分切割技术：精确识别与划分"甜点"是致密油体积压裂开发多层系立体布井、长水平井精细布缝、压裂增产提效的基础。通过精细解释岩石组分、脆性、地应力等参数及裂缝发育情况，建立了鄂尔多斯盆地延长组长 6 段致密油水平井储层—工程综合品质（RCQ）的分段分级评价标准，对储层类型进行了精细分类，优选了水平段"甜点"。基于储层分类评价、黄土塬宽方位三维地震、水平段储层分段分级精细评价等结果，建立了多学科一体化"甜点"优选技术，应用该技术优选了平面、纵向、水平段"甜点"，以确保井布在油藏"甜点"上，水平段在油层"甜点"内穿行，改造位置在水平段"甜点"上[28]。

体积压裂开发的重要条件是形成人工缝网，追求最大缝控波及体积。裂缝间距是影响储层改造体积的关键因素，可通过缩短缝间距来增大缝网有效波及体积。在优选地质"甜点"和工程"甜点"的基础上，利用产能油藏数值模拟、多裂缝起裂与扩展模拟、矿场大数据分析等方法，综合优化了裂缝间距，实现了缝控储量最大化。同时配套自主研发的细分切割可溶球座和动态暂堵转向工艺，形成了以"多簇射孔密布缝＋可溶球座硬封隔＋暂堵转向软分簇"为核心的高效体积压裂技术，实现了致密油水平井无限级细分切割压裂[29]。

超前补能与渗吸驱油技术：为实现细分切割体积压裂改造的目的，最大限度地发挥压裂液功效，自主研发了可改变润湿性能的表面活性剂，构建了渗吸驱油变黏滑溜水压裂液体系，在传统压裂液造缝、携砂的基础上增加了补能和渗吸驱油功能。致密油储层发育微纳米孔隙，具有强渗吸能力，在体积压裂过程中，压裂液在流体压力、毛细管压力和渗透压力等作用下进入储层基质，与基质孔隙中的油发生置换，大幅度提高驱油效率。

鄂尔多斯盆地致密油应力循环压裂技术为致密油的生产提供了很好的思路。

鄂尔多斯盆地长 6 段致密油储层脆性指数低，两向应力差较大，天然裂缝不发育，常规混合水压裂难以形成复杂裂缝，单井产量低，为此研发了应力循环压裂技术，通过物模实验明确了该压裂技术增产机理，完成了工艺优化和工具配套。该工艺采用应力循环压裂工具，泵注高砂浓度液体，在环空注入净液体，根据压裂过程中地层响应和压力变化实时控制井底砂浓度和排量，对储层加载循环应力，使储层受到疲劳破坏，实现缝网压裂，平均施工规模与常规混合水压裂相当，施工排量仅为常规混合水压裂的一半即可实现多次缝内升压，较对比井有效改造体积增加 44.5%，单井日产油量提高 1.6 倍。

前人进行了室内物模实验，采用物理模拟实验，验证了提高缝内净压力可以使砂岩形成复杂裂缝。实验分别采用单轴循环应力加载和循环泵注物模实验，验证循环应力加载对储层的影响。根据学者们进行的岩心循环应力实验和循环应力泵注物模实验研究压裂工艺的优化。

通过物理模拟实验，明确了循环应力下岩心试件所产生的破碎程度远比单向应力加载要高得多，循环泵注相比常规泵注更易于形成复杂的裂缝网络。受物模实验启发，研发了应力循环压裂技术。该技术利用缝内桥堵，结合施工参数（如排量、砂浓度）的控制，对储层加载循环应力，使储层受到疲劳破坏，实现缝网压裂。

应力循环工具组成自上而下依次为：循环振荡器，旋流喷砂器，多功能堵头。该工具的管柱最大外径 100mm，承压 70MPa，耐温 120℃，压裂时油管直接与循环振荡器连接下至井底。

经过实验及各种参数优化，如压裂参数优化中的排量优化、油管砂浓度优化及脉冲间隔时间优化等，再经过现场实践，为认识应力循环压裂后的裂缝扩展形态，开展了井下微地震裂缝监测。实践得出，试验井与应用混合水压裂工艺的邻井相比，有效信号明显增加，裂缝带宽增加 29%，有效改造体积（ESRV）增加 44.5%，实现了提高储层改造体积、增加裂缝复杂程度的目的，投产初期日产油量提高了 1.64 倍。

应力循环压裂初步实现了致密油Ⅱ类储层的有效改造，该工艺无须加入特殊材料和其他配套设备，现场操作简单，施工规模与常规混合水压裂相当，平均施工排量 3.8m³/min，仅为常规混合水压裂的一半，节省了水马力和井场占地，平均施工成本降低 14.6%，经济效益显著[30]。

现如今的压裂理论与实践取得了更大的进展。研究表明，经过体积压裂改造后的致密油藏其储层为典型的基质—裂缝双重介质系统，常规注水技术在此类油藏条件下易发生注入水沿裂缝突进、基质波及体积较小等问题。而依靠毛细管力进行油水置换的渗吸作用则在该类油藏下作用显著，当基质岩块周围裂缝中充满水时，裂缝或大孔道中的注入水靠毛细管力的作用吸入基质岩块中，基质内的原油则被置换进入裂缝，继而被成功采出。提高基质渗吸效率已成为提高裂缝性低渗透油藏水驱开发效果的重要研究方向。基于此，以研究区地质特征和储层物性分析为基础，开展系列物理模拟实验，结合高精度微观表征手段对黄陵探区油藏渗吸—驱替规律进行研究，继续为黄陵长6段及延长组同类非常规致密储层后续注水开发提供技术支撑。

参 考 文 献

[1] 孙张涛，田黔宁，吴西顺，等.国外致密油勘探开发新进展及其对中国的启示[J].中国矿业，2015，24（9）：7-12.

[2] 邱振，李建忠，吴晓智，等.国内外致密油勘探现状、主要地质特征及差异[J].岩性油气藏，2015，27（4）：119-26.

[3] 陶士振，邹才能，王京红，等.关于一些油气藏概念内涵、外延及属类辨析[J].天然气地球科学，2011，22（4）：571-574.

[4] 邹才能，陶士振，白斌，等.论非常规油气与常规油气的区别和联系[J].中国石油勘探，2015，20（1）：1-16.

[5] 赵靖舟.非常规油气有关概念、分类及资源潜力[J].天然气地球科学，2012，23（3）：393-406.

[6] 邹才能，翟光明，张光亚，等.全球常规—非常规油气形成分布、资源潜力及趋势预测[J].石油勘探与开发，2015，42（1）：13-25.

[7] 刘新，张玉纬，张威，等.全球致密油的概念、特征、分布及潜力预测[J].大庆石油地质与开发，2013，32（4）：168-174.

[8] 陈志海.北美非常规油气开发主要特征、面临挑战与对策[C].2019油气田勘探与开发国际会议，中国陕西西安，2019.

[9] 王丽忱，田洪亮，甄鉴，等.北美致密油开发现状及经济效益分析[J].石油科技论坛，2014，33（5）：8：56-61.

[10] 刘新，安飞，肖璇.加拿大致密油资源潜力和勘探开发现状[J].大庆石油地质与开发，2018，37（6）：169-174.

[11] 刘国强.非常规油气时代的测井采集技术挑战与对策[J].中国石油勘探，2021，26（5）：24-37.

[12] 石耀军.非常规油气开发储层改造技术进展[J].中国石油和化工标准与质量，2019，39（18）：189-190.

[13] 严向阳，赵海燕，王腾飞，等.非常规储层水平井分段压裂新技术及适用性分析[J].油气藏评价与开发，2016，6（2）：8，69-73.

[14] 刘秉谦，张遂安，李宗田，等.压裂新技术在非常规油气开发中的应用[J].非常规油气，2015，2（2）：78-86.

[15] 王晓宇.国外压裂装备与技术新进展[J].石油机械，2016，44（11）：72-79.

[16] 王灵碧，葛云华.国际石油工程技术发展态势及应对策略[J].石油科技论坛，2015，34（4）：11-19.

[17] 张君峰，毕海滨，许浩，等.国外致密油勘探开发新进展及借鉴意义[J].石油学报，2015，36（2）：127-137.

[18] 马玲，尹秀英，孙昊，等.世界油页岩资源开发利用现状与发展前景[J].世界地质，2012，31（4）：772-777.

[19] 李进步，崔越华，黄有根，等.鄂尔多斯盆地低渗—致密气藏水平井全生命周期开发技术及展望[J].

石油与天然气地质，2023，44（2）：480-494.

[20] 田福春. 致密油压裂改造进展与发展趋势 [J]. 化工管理，2017（22）：200.

[21] 崔景伟，朱如凯，徐旺林，等. 鄂尔多斯盆地延长组等时地层对比方案与沉积新认识 [J]. 古地理学报，2023，25（1）：93-104.

[22] 任继凯. 苏里格模式：领跑油气田对外合作 [N].2006.

[23] 何东博. 苏里格气田复杂储层控制因素和有效储层预测 [D]. 北京：中国地质大学（北京），2005.

[24] 杨尚锋. 致密砂岩储层特征及成岩致密化机理 [D]. 北京：中国石油大学（北京），2021.

[25] 雷鸿. 鄂尔多斯盆地致密气藏压裂井定向射孔技术研究 [J]. 石化技术，2022，29（12）：151-153.

[26] 柴晓龙，田冷，孟艳，等. 鄂尔多斯盆地致密储层微观孔隙结构特征与分类 [J]. 天然气地球科学，2023，34（1）：51-59.

[27] 石豫，王博学，卫海涛. 致密油压裂现状及发展建议 [J]. 内蒙古石油化工，2014，40（22）：133-135.

[28] 卢岩. 致密油藏长井段多级压裂水平井技术研究 [J]. 中国石油和化工标准与质量，2023，43(5)：8，193-194.

[29] 叶义平，钱根葆，徐有杰，等. 页岩油压裂水平井变导流能力试井模型研究 [J]. 西南石油大学学报（自然科学版），2021，43（1）：111-119.

[30] 穆永瑞. 低渗透油田压裂技术及发展趋势探讨 [J]. 中国石油和化工标准与质量，2023，43（4）：173-175.

第 2 章　鄂尔多斯盆地致密油成藏特征及勘探开发潜力分析

2.1　鄂尔多斯盆地致密油成藏研究进展

2.1.1　鄂尔多斯盆地延长组致密油沉积背景

鄂尔多斯盆地是一个中生代盆地叠加在古生代盆地之上的复合盆地，其现今构造总体呈现为一个东翼宽缓、西翼陡窄的不对称矩形盆地。盆地可划分为六个一级构造单元。研究区位于其中最大的一个一级构造单元上，即伊陕斜坡。盆地边缘断裂褶皱较为发育。盆地内部构造相对简单，尤其是伊陕斜坡，基本为一个平缓西倾的大单斜，上面发育以差异压实作用形成的次级鼻状构造为主，地层平缓，倾角一般不足 1°[1]。

鄂尔多斯盆地在晚三叠世之前是华北板块（地台）的一部分。到了三叠纪，由于受到印支运动的影响，华北板块解体分化，在鄂尔多斯形成独立的大型内陆沉积盆地，使鄂尔多斯盆地逐渐由晚古生代的近滨海平原向中生代的内陆湖盆转化，到晚三叠世出现了大型内陆湖泊。

三叠系延长组沉积记录了该内陆湖泊的扩张和萎缩与周缘河流三角洲体系的进退互动关系的历史（图 2-1，表 2-1）。湖盆经历了长 10 段沉积的初始形成，长 9—长 8 段沉积时期的湖盆扩张，到长 7 段沉积时期的湖盆鼎盛发育期。长 7 段沉积时期湖相沉积范围最广阔，水体最深，形成了 300~400m 的深湖相沉积，深湖面积达 $4×10^4km^2$，成为该盆地中生界油藏的主要烃源岩。长 6 段沉积时期（图 2-2），盆地相对抬升，湖泊开始萎缩，河流三角洲系统随湖退跟进，形成了长 6 段的进积层序，在湖盆北翼宽缓的浅水台地上形成了一系列大型湖退型三角洲沉积建造，自西向东发育多个大型至超大型的三角洲沉积体系[2]。

长 4+5 段沉积时期（图 2-2），盆地局部下沉，湖盆又经历了一次短暂的扩张，三角洲建设进程减慢，形成了一套粉细砂岩和粉砂质泥岩薄层呈互层为主的沉积，是盆地又一次生油岩形成时期。由于许多大型的三角洲平原化和沼泽化，在三角洲前缘砂体上沉积了大面积的漫滩沼泽相泥岩，成为良好的区域性盖层。长 4+5 段沉积时期湖盆整体面积减小，湖岸线萎缩，深湖区面积也减小[3]。

长 3 和长 2 段沉积时期，湖盆进一步收缩，湖岸线向湖心推进，北部已经完全冲积平原化，有不同程度的剥蚀。主体沉积相是曲流河和三角洲平原亚相。

长 1 段沉积时期，为湖盆的枯竭期，大面积沼泽化，主要岩性为泥岩夹煤层与砂岩的互层，并含有丰富的炭屑和植物化石。至此，鄂尔多斯盆地延长组沉积结束。

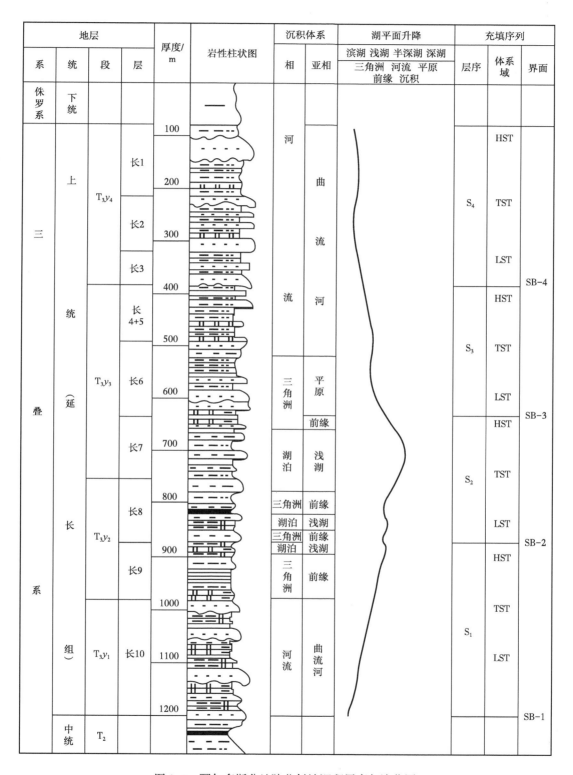

图 2-1　鄂尔多斯盆地陕北斜坡沉积层序与演化图

表 2-1 鄂尔多斯盆地延长组地层划分简表

系	统	组	段	油层组	油层亚组	厚度/m	岩性岩相简述
三叠系	上统	延长组	第五段（T_3y_5）	长1		20~130	为灰绿色泥岩与浅灰色泥质粉砂岩、细砂岩互层，夹煤线或薄煤层。为河流—沼泽相沉积
			第四段（T_3y_4）	长2		100~130	为灰绿色块状细砂岩夹深灰色泥岩、粉砂质泥岩，以块状砂岩为主，属辫状河流沉积
				长3		105~120	以灰白色细粒长石砂岩和灰色泥质粉砂岩互层为主，夹少量灰色粉砂岩及泥质粉砂岩。下部以砂岩发育为主，上部泥质岩发育，属河流相沉积
			第三段（T_3y_3）	长4+5	长4+5¹	32~48	总体上为一套灰绿色粉、细砂岩与深灰色泥质岩互层沉积，泥质岩相对集中，常见碳质页岩及煤线。上部为曲流河沉积，下部为三角洲平原亚相
					长4+5²	31~46	
				长6	长6¹	32~43	主要为灰白色厚层块状中—细粒长石砂岩与灰绿色、深灰色及黑色砂质泥岩和粉砂岩的不等厚互层，夹碳质页岩和斑脱岩薄层。长6²为三角洲前缘亚相，长6¹为三角洲平原亚相
					长6²	29~40	
					长6³	28~38	
					长6⁴	18~25	
			第二段（T_3y_2）	长7		60~66	中上部由一套粉、细砂岩夹泥岩、泥质粉砂岩组成，顶部发育凝灰质泥岩薄层，且分布稳定。为前三角洲—三角洲前缘沉积；中下部为黑色、灰黑色油页岩、碳质页岩（即张家滩页岩）
				长8		70~85	暗色泥岩、砂质泥岩夹灰色粉细砂岩
				长9		90~120	暗色泥岩、页岩夹灰色粉细砂岩
			第一段（T_3y_1）	长10		约280	灰色厚层块状中细砂岩，底部为粗砂岩
	中统	纸坊组				约500	灰紫色泥岩、砂质泥岩与紫红色中细砂岩互层

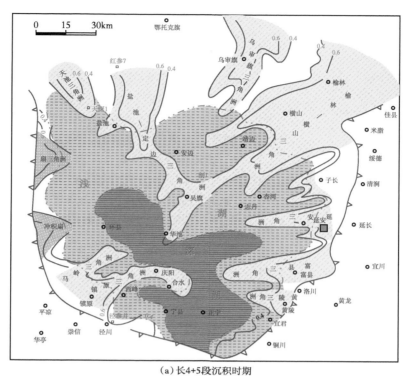

（a）长4+5段沉积时期

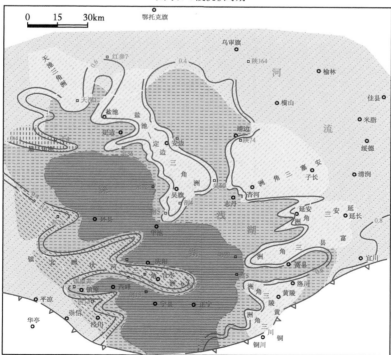

（b）长6段沉积时期

图 2-2　鄂尔多斯盆地延长组沉积时期的古地理格局

2.1.2 鄂尔多斯盆地致密油地质概况

鄂尔多斯盆地致密油主力层位为长 $4+5^{2-1}$、长 $4+5^{2-2}$、长 6^{1-1}、长 6^{1-2}、长 6^{2-1}、长 6^{2-2} 六个小层，各层划分的标志层分界如下。

长 6^1 顶部泥岩层，是长 6^1 与长 $4+5^2$ 的分界标志。岩性为黑色泥岩、页岩，具有高声速、高伽马、高电位、较低电阻的曲线特征；长 6^2 与长 6^3 以斑脱岩层分界，通常长 6^2 下部和长 6^3 中分布有 3~4 层薄斑脱岩层，横向分布较为稳定。斑脱岩是由火山爆发的火山灰沉积而成，是很好的时间地层标志。因为其具有高放射性，在伽马曲线上以极高值显示，易于识别。这几层斑脱岩是划分长 6^2 与长 6^3 的主要标志层；长 $4+5$ 中部有一段高阻泥岩，俗称"细脖子段"，位于长 $4+5$ 中部，是划分长 $4+5^2$ 与长 $4+5^1$ 的分界标志。岩性为黑色泥岩、页岩、碳质泥岩。测井曲线特征为自然伽马值高、电阻率整体较高、声速时差呈三组高尖状，易于识别；长 $4+5$ 顶部的斑脱岩是长 $4+5$ 与长 3 的分界标志，岩性为凝灰岩与暗色泥岩，厚度为 0.5~1m，在整个研究区都发育且分布稳定。测井曲线具有高声波时差、高伽马（指状高值）、高电位和高电阻的泥岩段特征（图 2-3）。该层为三叠系延长组地层对比的区域性辅助标志层。

（1）长 6 油层组地层特征。

长 6 油层组是本区主要含油层系，地层厚度 110~130m，大多在 120 左右。从上至下可划分为

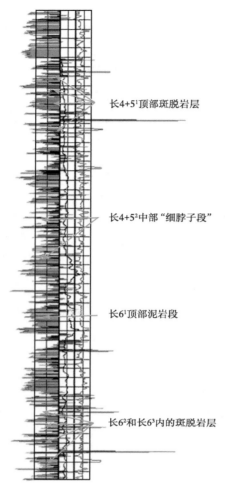

长 $4+5^1$ 顶部斑脱岩层

长 $4+5^2$ 中部"细脖子段"

长 6^1 顶部泥岩段

长 6^2 和长 6^3 内的斑脱岩层

图 2-3 某典型井的主要标志层

长 6^1、长 6^2、长 6^3、长 6^4 等 4 个亚组，岩性主要为灰白色、灰色、暗灰色细砂岩，矿物成分主要为长石、石英；同时伴有暗色泥质粉砂岩、粉砂质泥岩及薄层泥岩。目前开采的主力含油层位是长 6^1 和长 6^2 亚组，其地层特征如下：

①长 6^1 油层亚组：地层厚度一般在 30~40m，为区内主要含油层段。岩性主要为浅灰色、灰色细粒长石或岩屑长石砂岩，深灰色及黑色泥岩，含粉砂岩、泥质粉砂岩。顶部多为泥质粉砂岩、粉砂质泥岩与泥岩互层；中下部多发育厚层细砂岩；底部亦多发育 0.5~1m 薄层泥岩或粉砂质泥岩。该亚组在电性特征上表现明显，伽马曲线多为箱形、钟形，砂岩中偶见 2~3 个薄层泥岩，表现为指状。长 6^1 亚组细分为长 6^{1-1} 和长 6^{1-2} 两个小层。

a. 长 6^{1-1} 小层：该地层厚度较薄，一般在 8~24m。位于长 6 油层组顶部，岩性主要为浅灰色细粒长石或岩屑长石砂岩夹少量粉砂岩及泥质粉砂岩；顶部为泥质粉砂岩、灰色粉砂质泥岩与深灰色、黑色泥岩互层。该小层在电性上表现不明显，测井曲线参差不齐，浮动不大。

b. 长 6^{1-2} 小层：地层厚度一般在 8~26m。位于长 6^1 油层亚组底部，由 1~2 个韵律旋回组成，绝大多数井含 1 个旋回。旋回多表现为向上变粗的逆旋回，上部发育厚层细砂岩，为主要含油部位。测井曲线中伽马曲线、声波时差、自然电位曲线呈大段箱形，偶见个别井中大段细砂岩中间发育薄层泥岩。该小层中下部多发育薄砂层，含油性较好；下部多为浅灰色粉砂岩及泥质粉砂岩。该小层与长 6^{1-1} 相比砂体较发育，含油层段多。砂岩在电性上主要表现为自然电位曲线、自然伽马曲线呈钟形，电阻呈现高值，对应的声波时差值亦较高。

②长 6^2 油层亚组：地层厚度一般在 25~40m，为区内主要含油层段。岩性主要为浅灰色、灰色细粒长石或岩屑长石砂岩，深灰色及暗色泥岩，含粉砂岩、泥质粉砂岩。底部多为泥质粉砂岩、粉砂质泥岩与泥岩互层。该亚层发育 2~3 个薄层泥岩，电性特征较明显，自然伽马曲线表现为单指状，亦作为该亚层划分地层明显的旋回界限。长 6^2 亚组细分为长 6^{2-1} 和长 6^{2-2} 两个小层。

a. 长 6^{2-1} 小层：地层厚度一般在 9~23m。岩性主要为浅灰色细粒长石或岩屑长石砂岩夹少量粉砂岩及泥质粉砂岩。上部存在薄层泥质粉砂岩、粉砂岩；中部大多发育 1m 左右细砂岩；底部为泥质粉砂岩、灰色粉砂质泥岩与深灰色、黑色泥岩互层。电性特征不明显。

b. 长 6^{2-2} 小层：地层厚度一般在 8~25m。由 1~2 个韵律旋回组成，绝大多数含两个韵律旋回。旋回多数情况表现明显，大多为向上变细的正旋回。该小层中上部多发育砂岩；中下部多为浅灰色粉砂岩及泥质粉砂岩，粉砂质泥岩与泥岩互层，泥岩多为深灰色、灰色及黑色。

（2）长 4+5 油层组地层特征。

研究区内长 4+5 地层厚度 90m 左右，厚度稳定。岩性主要为浅灰色、灰色细粒长石砂岩或者岩屑长石砂岩，深灰色或暗灰色泥岩，灰色、暗灰色粉砂岩及泥质粉砂岩。多发于厚层粉砂岩夹泥岩或砂泥互层，厚度约 20m，全区分布稳定。

①长 $4+5^1$ 油层亚组：地层厚度一般在 30~45m。岩性主要为浅灰色、灰色细粒长石或岩屑长石砂岩，深灰色及黑色泥岩，含粉砂岩、泥质粉砂岩。顶部多为泥质粉砂岩、粉砂质泥岩与泥岩互层；底部亦多发育 0.5~1m 薄层泥岩或粉砂质泥岩。该亚层在电性特征上表现不明显，伽马曲线多为偏低值，曲线参差不齐，含 2~3 个薄层泥岩，表现为指状；声波时差多在 220μs/m 左右浮动。长 $4+5^1$ 亚组细分为长 $4+5^{1-1}$ 和长 $4+5^{1-2}$ 两个小层。

a. 长 $4+5^{1-1}$ 小层：地层厚度一般在 11~28m，位于长 4+5 油层组顶部。岩性主要为浅灰色细粒长石或岩屑长石砂岩夹少量粉砂岩及泥质粉砂岩；顶部为泥质粉砂岩、灰色粉砂质泥岩与深灰色、黑色泥岩互层。该小层在电性上主要表现为自然电位、自然伽马曲线呈对称齿形或指形，电阻多数呈现中低值，少量含油段电阻较高，声波时差中高。

b. 长 $4+5^{1-2}$ 小层：地层厚度一般在 12~30m。位于长 $4+5^1$ 油层组底部，由 1~2 个韵律旋回组成，绝大多数含两个韵律旋回。旋回多表现为逆旋回或正—逆复合旋回。该小层中上部多发育 1m 左右薄砂层，中下部多为浅灰色粉砂岩及泥质粉砂岩，粉砂质泥岩与泥岩互层，泥岩多为深灰色、灰色及黑色。该小层与长 $4+5^{1-1}$ 相比砂体较发育。砂岩在电性上主要表现为自然电位曲线、自然伽马曲线呈钟形，电阻呈现高值，对应的声波时差值较高。

②长 $4+5^2$ 油层亚组：长 $4+5^2$ 地层厚度一般在 30~53m，在区内局部地区为重要含油层段。岩性主要为浅灰色、灰色细粒长石或岩屑长石砂岩，灰色、深灰色及黑色泥岩，夹粉砂岩及泥质粉砂岩。该层与长 $4+5^1$ 亚层相比，砂岩、细砂岩较发育。长 $4+5^2$ 亚组细分

为长 4+5$^{2-1}$ 和长 4+5$^{2-2}$ 两个小层。

　　a. 长 4+5$^{2-1}$ 小层：地层厚度一般在 11~32m。该层大多由 1~2 个韵律旋回组成。顶部多发育灰色、灰白色细砂岩夹部分粉砂岩或泥质粉砂岩；中下部大多发育大段或一定规模的细砂岩，含油性较差。电性特征表现为自然电位曲线、自然伽马曲线呈箱形或钟形，电阻呈现高值，声波时差值也较高。

　　b. 长 4+5$^{2-2}$ 小层：地层厚度一般在 14~33m。位于长 4+5 油层组底部，由 1~2 个韵律旋回组成，绝大多数含一个韵律旋回。底部主要为灰白色、浅灰色中、细粒块状长石或岩屑长石砂岩，为主要的含油部位；顶部为泥质粉砂岩、薄层细砂岩夹薄层粉砂质泥岩。该小层与长 4+5$^{2-1}$ 相比砂体较发育，是主要含油层段。砂岩在电性上主要表现为自然电位曲线、自然伽马曲线呈箱形或钟形负异常，电阻呈现高值，声波时差值也较高。

2.1.3　鄂尔多斯盆地致密油储层沉积特征及砂体展布

　　从长 6$^{1-1}$ 砂岩厚度分布图上（图 2-4）可以看出，本区物源方向为北东方向，长 6$^{1-1}$ 小层砂体平面呈条带状分布，反映了三角洲平原的分流河道特征。与长 6$^{1-2}$ 小层相似（图 2-5），长 6$^{2-1}$ 小层砂体分布较局限（图 2-6），大面积发育泥岩，反映了物源供应不充足的特征。长 6$^{2-2}$ 小层则与上面三个小层差别较大，其砂体厚度较大，分布范围广，反映了辫状河三角洲前缘砂体的连片分布（图 2-7）。

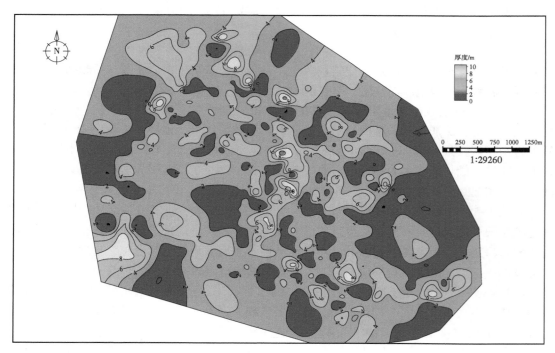

图 2-4　长 6$^{1-1}$ 砂岩厚度分布图

　　结合砂岩厚度与井点测井曲线形态，制作了 4 个层的沉积相图（图 2-8 至图 2-11）。长 6$^{1-1}$ 小层河流自东北向西南流动，发育多条分流河道（图 2-8）。长 6$^{1-2}$ 小层发育两条主河道，一条自东北向西南流动，一条自北向南流动（图 2-9）。长 6$^{2-1}$ 小层发育多条河道，自东北向西南流动，分叉河道较少，物源供应不足，主要发育泥岩（图 2-10）。长 6^{2-2} 小层则与上面三个小层差别较大，发育自东北向西南的多条水下分流河道，物源供应充足，砂岩广泛分布（图 2-11）。

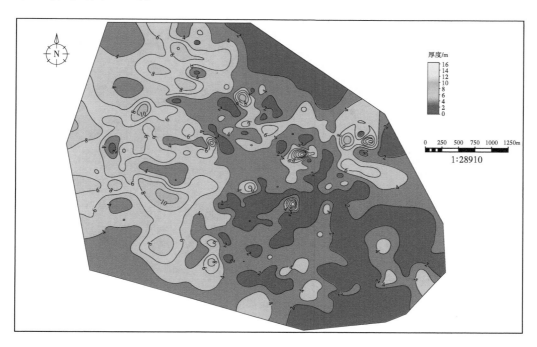

图 2-5　长 6^{1-2} 砂岩厚度分布图

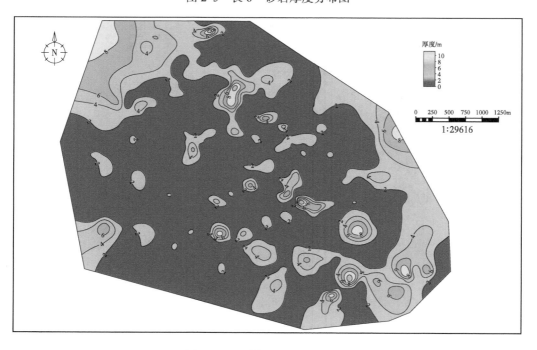

图 2-6　长 6^{2-1} 砂岩厚度分布图

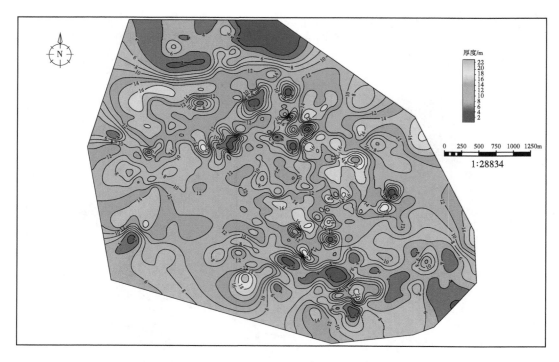

图 2-7　长 6^{2-2} 砂岩厚度分布图

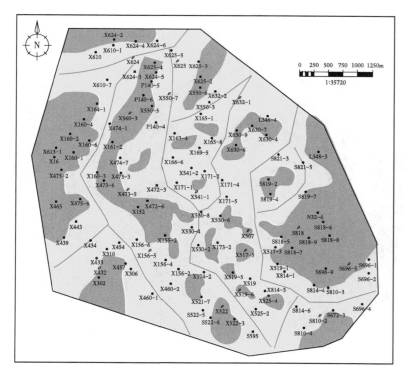

图 2-8　长 6^{1-1} 沉积相分布图

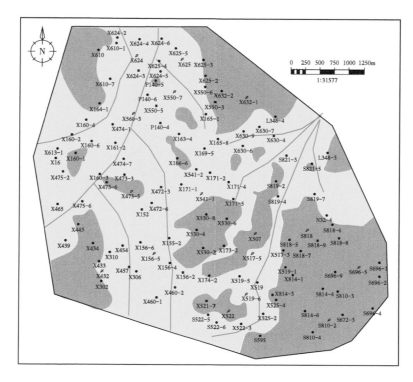

图 2-9　长 6^{1-2} 沉积相分布图

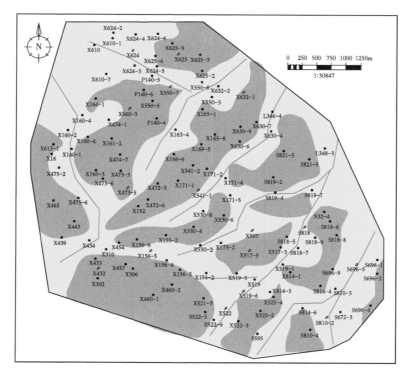

图 2-10　长 6^{2-1} 沉积相分布图

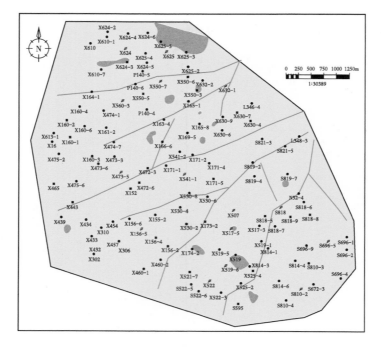

图 2-11　长 6^{2-2} 沉积相分布图

2.1.4　鄂尔多斯盆地致密油储层特征及形成机理

致密油储层特征分为储层平面展布特征、储层物性特征两部分进行介绍。

（1）储层平面展布特征。

沉积相是储层形成的基础和关键性因素，影响着岩相、岩性的空间分布，决定储层物性。根据对鄂尔多斯盆地致密油富集区钻井取心岩矿分析资料统计表明，长 6 致密油储层物性总体较差，储层致密，孔隙度主要分布于 9%~12%，占总孔隙度的 87.5%；渗透率主要分布于 0.01~2.00mD，属特低渗透—超低渗透致密砂岩储层，如图 2-12 所示[4-6]。延长组长 6 致密油储层孔隙度和渗透率相关性总体上相对较好，孔隙度与渗透率有线性相关趋势，砂岩孔隙与喉道决定了储层的储集能力。长 6^1 储层、长 6^2 储层孔隙度和渗透率的相关性均较好，呈线性相关，相关系数分别为 0.6088 和 0.6807。

（2）储层物性特征。

储层物性特征分为储层碎屑组分、碎屑颗粒结构、填隙物成分及特征三部分进行介绍。

①储层碎屑组分：储层的岩矿特征是研究储层成岩作用、孔隙类型和储层物性的基础。储层的矿物组成、颗粒的胶结方式和排列方式常常决定储层物性。储层岩石学特征决定了储层的孔隙、成岩作用、孔隙结构、喉道类型和物性。根据对长 6 段薄片资料进行统计，致密油储层岩石类型主要为岩屑长石砂岩和长石岩屑砂岩。碎屑成分总体上具有高石英、低长石的物源特征，石英平均含量为 42.9%，长石为 19.08%，岩屑总量为 21.46%，以变质岩屑和沉积岩屑为主，火成岩屑含量很少，如图 2-13 所示。薄片资料统计表明，致密油储层岩石类型主要为岩屑长石砂岩、长石岩屑砂岩和长石砂岩。碎屑成分总体上具有高长石、低石英的东北物源特征，石英平均含量为 25.2%，长石为 39.4%，岩屑含量较

高为 20.0%，以变质岩屑为主，火成岩屑次之，沉积岩屑含量极少，如图 2-13 所示。总体而言，延长组致密油储层岩石类型主要为岩屑长石砂岩和长石岩屑砂岩[7]。

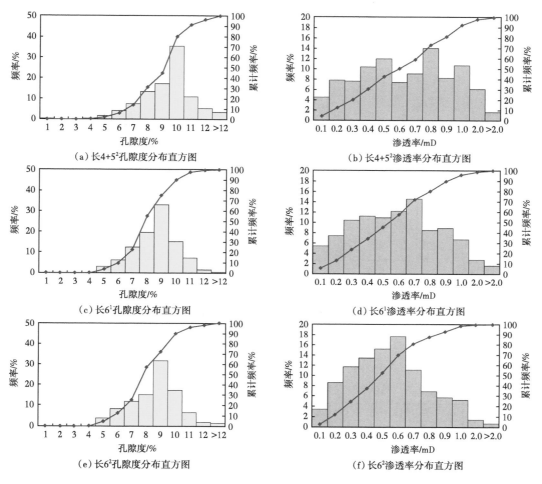

（a）长 4+5² 孔隙度分布直方图

（b）长 4+5² 渗透率分布直方图

（c）长 6¹ 孔隙度分布直方图

（d）长 6¹ 渗透率分布直方图

（e）长 6² 孔隙度分布直方图

（f）长 6² 渗透率分布直方图

图 2-12　新窑井区长 4+5、长 6 储层孔隙度和渗透率分布

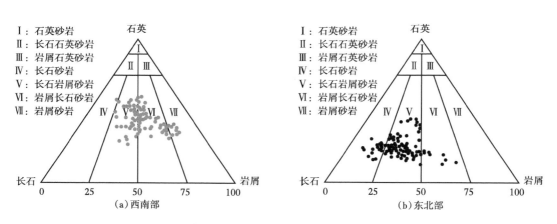

Ⅰ：石英砂岩
Ⅱ：长石石英砂岩
Ⅲ：岩屑石英砂岩
Ⅳ：长石砂岩
Ⅴ：长石岩屑砂岩
Ⅵ：岩屑长石砂岩
Ⅶ：岩屑砂岩

（a）西南部

Ⅰ：石英砂岩
Ⅱ：长石石英砂岩
Ⅲ：岩屑石英砂岩
Ⅳ：长石砂岩
Ⅴ：长石岩屑砂岩
Ⅵ：岩屑长石砂岩
Ⅶ：岩屑砂岩

（b）东北部

图 2-13　鄂尔多斯盆地致密油储层长 6 段岩石类型三角图

②碎屑颗粒结构：长 6 段沉积期主要为半深湖—深湖沉积环境，重力流和浊流沉积砂体发育，延长组长 6 致密油储层粒度较细，泥质含量高，粒度以细砂为主（细砂岩平均 76.1%~79.5%），细砂及以上级别的砂岩占沉积物粒度总体的近 80%，如图 2-14 所示。

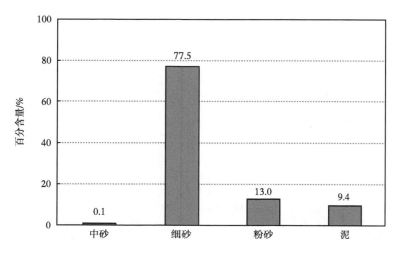

图 2-14　致密油储层粒度分布直方图

③填隙物成分及特征：鄂尔多斯盆地延长组长 6 致密油储层填隙物含量较高，平均含量为 17%，填隙物类型主要有石英、长石、云母，含有少量绿泥石、泥质等，其中长石的含量最高，近乎占到总填隙物含量的 50%。各组分所占比例如表 2-2 所示。

表 2-2　鄂尔多斯盆地长 6 致密油储层填隙物各成分占比统计表　　　单位：%

井区	石英	钾长石	斜长石	黑云母	岩屑	云母	绿泥石	泥质	方解石	石英加大	长石加大
井 A	22.5	33.9	13.5	8.2	4.0	2.2	2.8	5.5	4.5	1.5	1.4
井 B	22.0	34.5	13.1	8.5	3.8	2.0	3.0	5.8	4.4	1.6	1.3

鄂尔多斯盆地延长组长 6 致密油储层储集空间受填隙物影响。长 6 致密油储层在成岩过程中，随着充填的填隙物含量的增加，储层致密化，总孔隙体积储集空间减少了约 90%，孔隙连通性也随之变差，残余孔隙体积仅为总孔隙体积的 10% 左右，致密化成岩作用使孔喉连通性降低了约 90%。

致密油储层以微米级孔隙为主。通过对孔隙半径、孔隙类型、孔隙数量和孔隙图像分析，可将孔隙划分为大孔隙、中孔隙、小孔隙、微孔隙和纳米孔隙。致密油储层小孔隙其孔隙数量多，而大、中孔隙数量少或者较少，微米级和纳米级孔隙十分丰富。

通过对鄂尔多斯盆地长 6 致密油恒速压汞实验结果数据表和压汞曲线特征的分析，如表 2-3 和图 2-15 所示，研究表明，鄂尔多斯盆地长 6 致密油属于中—小孔细喉型。压汞分析表明长 6 储层孔喉结构特征总体表现为小孔—微喉型，绝大多数有明显的平台，说明孔喉分选较好。根据毛细管压力曲线和参数，可分为以下三种类型：Ⅰ类为排驱压力小于 1.5MPa，中值半径大于 0.15μm，退汞效率大于 28%；Ⅱ类为排驱压力 1.5~3.5MPa，中值半径 0.08~0.15μm，退汞效率 23%~28%；Ⅲ类为排驱压力大于 3.5MPa，中值半径小于 0.08μm，退汞效率小于 23%。

表 2-3　鄂尔多斯盆地延长组长 6 致密油储层压汞参数统计表

井名	层位 / m	孔隙度 / %	渗透率 / mD	中值压力 / MPa	中值半径 / mm	排驱压力 / MPa	最大退汞饱和度 S_{Hg} / %	退汞效率 / %
Xin116	2358.1	10.8	0.28	11.77	0.06	1.198	71.5	32.6
Hu261	2215.9	8.4	0.50	5.06	0.15	1.295	69.6	31.9
Jian69	2225.9	8.6	0.17	3.80	0.19	1.314	77.4	27.2
Yuan185	2333.4	6.9	0.84	4.14	0.18	1.452	78.0	28.0
An67	2162.0	10.9	0.11	22.50	0.03	1.786	56.0	22.9
An75	2308.8	7.3	0.09	5.63	0.13	1.888	73.7	31.7
An159	2348.4	9.7	0.17	4.62	0.16	1.968	74.6	30.2
An187	2297.6	9.7	0.23	4.31	0.17	1.968	77.6	25.8
An40	2286.5	7.0	0.16	10.85	0.07	2.000	63.9	34.5
An163	2107.4	10.4	0.21	6.37	0.12	2.010	71.9	29.9
An158	2306.3	7.9	0.15	7.74	0.09	2.019	63.0	26.7
An98	2168.2	11.4	0.27	32.90	0.02	2.037	61.9	32.0
An156	2274.0	9.5	0.16	4.78	0.15	2.044	74.3	30.5
An83	2195.0	7.0	0.04	12.07	0.06	2.470	60.7	16.8
Yuan90	2393.3	10.9	0.10	17.25	0.04	2.493	73.4	37.5
Yuan19	2266.7	9.0	0.16	19.73	0.04	2.738	74.0	34.5
Hu192	2106.8	4.5	0.05	25.64	0.03	3.028	52.4	30.2
An41	2234.7	10.4	0.16	23.56	0.03	5.277	70.1	31.4

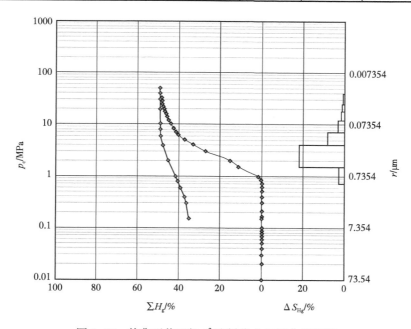

图 2-15　某典型井区长 6^2 取样岩心压汞曲线特征

本次通过恒速压汞实验分析表明，长 6 储层砂岩平均孔隙半径 162.77μm，平均喉道半径 0.35μm，平均孔喉比 622.45，反映出孔喉比较大，表明喉道是控制储层渗透能力的主要因素，见表 2-4。

表 2-4　延长组长 6 致密砂岩样品恒速压汞实验结果数据表

岩心编号	孔隙度 /%	渗透率 / mD	总进汞饱和度 /%	喉道进汞饱和度 /%	孔隙进汞饱和度 /%	平均喉道半径 / mm	主流喉道半径 / mm	微观均质系数	相对分选系数	中值压力 / MPa	中值半径 / mm	阈压 / MPa	平均孔隙半径 / mm	平均孔喉比
S32-1	9.3	0.159	46.7	15.6	31.1	0.29	0.31	0.80	0.25			1.89	162.46	657.51
S32-2	9.7	0.301	47.2	15.0	32.1	0.34	0.38	0.74	0.23			1.58	164.32	550.22
S32-3	9.9	0.380	59.9	15.8	44.1	0.42	0.50	0.62	0.29	3.60	0.22	1.10	162.74	492.90
S32-4	9.3	0.201	51.8	15.0	36.9	0.29	0.36	0.63	0.26	5.90	0.13	1.77	163.0 9	661.21
S32-5	9.3	0.301	52.9	12.9	40.0	0.28	0.30	0.60	0.26	5.50	0.14	1.78	166.3 8	691.16
S32-6	9.5	0.202	56.9	16.2	40.7	0.35	0.40	0.61	0.28	4.50	0.18	1.32	159.81	559.51
S32-7	9.8	0.301	35.9	17.5	18.5	0.29	0.30	0.77	0.22			2.02	153.80	602.90
S32-8	9.9	0.332	44.9	12.4	32.5	0.26	0.29	0.71	0.28			1.93	163.60	764.21

微米级孔隙类型以残余粒间孔、长石溶蚀孔为主，喉道细小，孔喉结构复杂。纳米级孔隙类型以晶间孔、长石溶蚀孔、有机质孔隙等为主，喉道细小，孔喉结构复杂。

致密油储层致密化成因分为储层成岩作用、储层成岩相两部分进行介绍。

储层成岩作用：储集体物性将会受到成岩作用的影响、控制和改造，不同的成岩作用对储层物性的改造起关键性的决定作用。成岩作用起着决定储层物性好坏的关键作用。对延长组致密油储层致密化成因以及薄片、电镜扫描分析等资料分析表明，在延长组长 6 致密油储层的成岩演化中，成岩作用对储层储集性能影响主要分为破坏性成岩作用（压实和胶结）和建设性成岩作用（溶蚀）。

破坏性成岩作用：压实作用是在上覆地层的负荷压力下，使沉积物发生脱水、孔隙度降低、体积缩小、颗粒趋向紧密排列的作用，使基岩的孔隙度一般降低 2%，压实作用是长 6 致密油储层物性变差、致密化的重要原因。鄂尔多斯盆地延长组长 6 致密油储层岩石类型主要为长石砂岩、长石岩屑砂岩和岩屑长石砂岩，致密油储层沉积物粒度较细，以细砂岩、粉砂岩为主，占绝对优势，云母、变质岩屑等塑性组分平均含量为 11.7%，塑性组分含量高削弱了储层抗压实能力，在外力作用下塑性组分易挠曲、变形，如图 2-16（a）和图 2-16（b）所示，储集体物性变差，致密化，岩屑组分中的刚性颗粒呈现出紧密接触、定向排列的特点，颗粒间以线、点—线接触为主，如图 2-16（c）和图 2-16（d）所示。

胶结作用是指储层成岩演化过程中，在沉积物原始孔隙中的孔隙水发生生物化学和物理化学的沉淀作用，形成自生矿物，充填于颗粒之间，降低原生粒间孔。鄂尔多斯盆地长 6 致密油储层填隙物含量高，平均为 13.6%~17.4%，主要成分为水云母和含铁碳酸盐等晚期胶结物。总体而言，胶结作用强烈是长 6 储层致密化的重要原因，主要有碳酸盐胶结、黏土胶结和硅质胶结。鄂尔多斯盆地延长组长 6 致密油储层碳酸盐胶结物以铁方解石为主。方解石胶结分为早晚两期，其中早期方解石胶结物不如晚期铁方解石胶结物常见。

图 2-16   鄂尔多斯盆地延长组长 6² 亚段破坏性成岩作用薄片照片

a. An43 井，2247m，碎屑定向分布，云母变形；b. An261-19 井，2186m 碎屑定向分布，云母变形、沿层面富集；
c. An109 井，2128m，软岩屑变形强烈，压实致密；d. An40 井，2283m，压实致密，颗粒凹凸接触，长石微溶

建设性成岩作用：溶蚀作用是建设性成岩作用中最重要的作用类型，是储层物性变好、能够储集油气的关键性成岩作用，溶蚀作用主要是使储层沉积物原始沉积形态遭到破坏和改造，形成新的溶孔、洞和裂缝。鄂尔多斯盆地延长组岩石类型以长石砂岩为主，在成岩作用中溶蚀作用导致长石溶蚀广泛发育，主要为对碎屑颗粒的溶解以及对杂基、胶结物的溶解等。溶蚀作用主要发生在长石颗粒的边部或双晶方向，从长 6 致密油储层样品薄片、扫描电镜照片可以看出，长石边部被溶蚀，呈港湾状或粒内蜂窝状，长石颗粒中心被溶蚀的现象也较为常见，如图 2-17（a）和图 2-17（b）所示，溶蚀作用可形成一定数量的粒内溶孔，对形成储层十分有利。

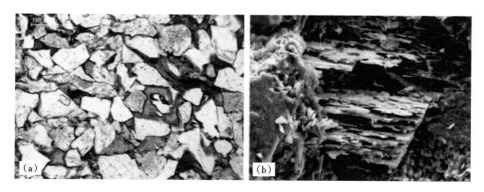

图 2-17   鄂尔多斯盆地延长组长 6 段成岩作用薄片、扫描电镜照片

a. An92 井，2306m，长石溶孔形成粒内溶孔；b. Hu198 井，2161m，长石沿解理方向溶蚀，产生溶蚀孔

2.2 鄂尔多斯盆地致密油可压性评价

2.2.1 致密油储层脆性评价

致密油是致密储层油的简称，赋存于致密砂岩、泥灰岩、白云岩等非常规储层中。这类储层具有孔隙度小、渗透率低等特点，一般无自然产能，需要通过压裂改造才能形成工业产能。开发实践表明，这类储层除储层物性较差以外，还普遍发育天然裂缝，裂缝的发育情况是选取致密油"甜点"所要参考的一项重要指标。因此，弄清天然裂缝的发育规律及控制因素，定量评价天然裂缝的发育程度对致密油的高效开发意义重大。

通过对鄂尔多斯盆地长 6 致密油储层的研究发现，天然裂缝的发育特征除了与岩性、岩层厚度、沉积微相和岩层非均质性等因素有关外，还与储层脆性密切相关，储层脆性对天然裂缝的发育特征及发育程度均具有一定的控制作用。

脆性既是一种变形特性又是一种材料特性，它是岩石本身最重要的力学性质之一。目前，有关脆性的定义和度量还没有统一的说法，不同的学者先后从不同方面对岩石的脆性进行了定义和描述。随着岩石力学的不断发展，众多学者结合各类试验和测试方法基于不同角度（如强度、硬度、全应力—应变曲线、加卸载试验、内摩擦角、贯入试验、碎屑含量、矿物成分等）并根据不同的目的和评价对象进行脆性评价，并应用于岩石、矿物材料的脆性评价及工程地质等方面。除了从岩石力学等角度来评价岩石的脆性，有学者开始尝试从岩石矿物成分及含量等其他角度来研究和评价岩石的脆性程度[8]。

以鄂尔多斯盆地新窑地区长 6 致密油储层为例，采用上述方法对储层脆性指数进行计算，进而评价脆性对裂缝的控制作用。

脆性指数评价：脆性是致密储层评价的主要内容，地质学学者将脆性定义为描述材料在破坏前所发生塑形形变程度的性质。对于非常规油气资源来说，对岩石进行脆性评价至关重要，国内外学者提出了多种不同类型的脆性指数计算方法，分别针对不同学科、不同方向以及不同的测试方法，对于脆性的表征方法，由于大多数在进行评价时考虑的因素过于单一，各方法的准确性与适应性也无法明确保障，因此至今为止，对于脆性的评价方法仍未得到统一。

具有脆性特征的岩石具体表现形式为：（1）脆性矿物含量高，塑形矿物含量低；（2）硬度较高，断裂韧性较低；（3）基于外部载荷条件下，脆性破裂期间可观察到破裂面，会形成细小颗粒和裂纹；（4）杨氏模量较高，泊松比较低；（5）较高的抗压和抗拉强度比；（6）脆性岩石在被破坏时峰值强度与残余强度存在较大差异；（7）内摩擦角较高[7-9]。

对脆性指数进行合理的表征对于致密储层评价有着很重要的意义，现有的脆性指数评价方法很多，但未得到统一。通过查阅前人文献，现将脆性指数表征方法分类汇总为五个大类，主要是基于矿物成分含量、硬度或坚固性、岩石力学参数、应力应变曲线以及能量法五个方面。

基于矿物组分的岩石脆性评价方法：

矿物组分法脆性指数计算公式：组成岩石骨架的重要部分之一就是矿物，其含量和成分决定了岩石的性质，岩石的脆性特征与脆性矿物含量高度相关。通过对研究区长 6 段致密砂岩进行 X 衍射分析可知，研究区岩石矿物成分主要有：石英、长石、方解石以及黏土矿物等。矿物组分法评价脆性在实质上是计算总的矿物含量中脆性矿物的比例，由于不同地区储层岩石存在差异，因此不同定义下计算出的脆性指数也有所不同，考虑到研究区内长 6 段储层方解石含量较高，结合前人研究成果，选用式（2-1）来进行脆性指数的计算：

$$B_4 = \frac{W_{\text{Qtz}} + W_{\text{Car}}}{W_{\text{Qtz}} + W_{\text{Car}} + W_{\text{Cla}}} \qquad (2-1)$$

式中，W_{Qtz} 为石英矿物含量；W_{Car} 为碳酸盐岩矿物含量；W_{Cla} 为黏土矿物含量。

基于研究区 22 块砂岩样品的 X 衍射分析对岩石脆性指数进行计算，通过数据可以得出，研究区脆性指数值域为 0.58~0.89，平均为 0.74，其中个别样品出现低值。进行相关性分析可知，脆性矿物含量对脆性指数有直接的影响，二者为正相关关系，相关系数为 0.6095，如图 2-18 所示，黏土矿物为塑性矿物，对脆性指数有相反的作用，其负相关系数高达 0.8525，如图 2-19 所示。

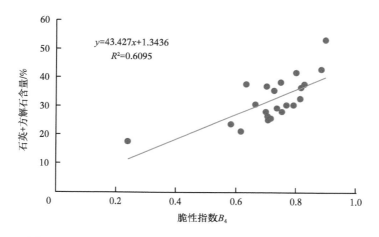

图 2-18　长 6 段石英、碳酸盐岩矿物含量与脆性指数关系曲线

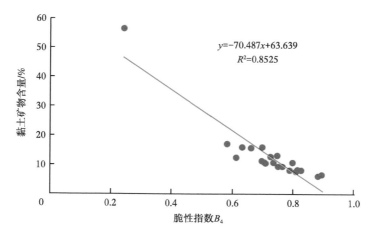

图 2-19　长 6 段黏土矿物含量与脆性指数关系曲线

基于弹性参数的岩石脆性评价方法：

弹性参数法：针对矿物组分法评价脆性指数的不足，国内外学者在大量的实验探索中提出了多种方法用来表征脆性指数。在一定的温度及压力环境下，岩石的物质组成、结构特征、孔隙及流体特征均可用弹性来反映，弹性参数的大小可以直接反映岩石受外界应力作用影响时破裂，从而形成裂缝的能力，这些弹性参数又可以利用测井或者地震的手段来获取，因此可以利用弹性参数对储层脆性进行评价。获得岩石弹性参数的方法有动态法和静态法。最早使用弹性参数法的是 Rickman 等，在弹性参数归一化的基础上，进行加权平均就可获得脆性指数。

根据数据统计分析，泊松比与杨氏模量对脆性指数的影响正好相反，泊松比低值对应的是岩石脆性指数高值，二者呈负相关。弹性参数法计算结果显示，脆性与电性之间也有着很好的相关性，其中，用来反映脆性特征的曲线主要是横波时差曲线。以解 251 平 1 井的交叉偶极子阵列声波数据为例进行分析，通过阵列声波测井所得各弹性参数数据计算出该井的脆性指数，同时将其与其他测井数据建立关系，随泥质含量变化自然伽马曲线发生变化，而脆性指数与自然伽马之间呈负相关关系，说明在泥质含量相对多、砂质含量相对少时，脆性指数整体较低。电阻率与脆性指数之间相关性比较差。声波时差曲线与储层岩性和物性有着相互对应的关系，可以得出横波时差与脆性指数之间呈很好的负相关关系。

基于应力—应变曲线的岩石脆性评价方法：

在储层岩石力学方面，根据岩石受外力作用后能否恢复至原本的形态可以将其形变划分为弹性形变、弹—塑性形变以及塑性形变三种类型。以前人研究为基础，再结合实测应力应变曲线，单轴、三轴压缩实验中岩石的破坏可划分为 4 个阶段。

通过研究区长 6 段砂岩样品的应力—应变曲线，如图 2-20 所示，可以看出研究区砂岩主要发生了弹—塑性形变，其中岩石偏应力范围为 0~42MPa 时，岩石产生弹性形

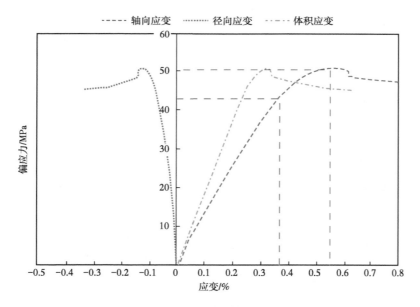

图 2-20　X251P1 井三轴应力应变曲线

变，当偏应力从 42MPa 增大至 52MPa，轴向应变、径向应变、体积应变分别为 0.55、-0.13、0.3 时为岩石的塑性形变顶点，此时岩石应力达到峰值应力；在此之后，偏应力随着应变增大而减小，形成残余应变阶段，砂岩样品发生破裂。

岩石样品的脆性指数计算结果见表 2-5：分析可知基于应力—应变曲线特征参数计算出的 5 个砂岩样品脆性指数分布范围为 0.91~0.94，脆性指数高，有利于后期压裂开发。

表 2-5　岩石脆性指数表（单轴、三轴压缩实验）

样品序号	X251P1 井—1#（层位：888.50~890.00m）	X251P1 井—2#（层位：932.75~934.38m）	X251P1 井—3#（层位：977.00~977.63m）	X251P1 井—4#（层位：1014.00~1018.13m）	X251P1 井—5#（层位：1062.00~1088.88.13m）
B_3（静态）	0.93	0.94	0.92	0.94	0.91

基于应力应变曲线形态评价方法综合整个岩石破坏过程，可以使用峰后应力降速度与幅度来进行判断，其中，轴向应力曲线在残余应变阶段降落的幅度越大、速度越快，该曲线所对应的脆性就越强，此为基于峰后曲线特征的评价方法。如图 2-21 所示，以 X251P1 井和 Y377-4 井为例，二者峰后应力降斜率相近，X251P1 井峰后应力降落幅度大于 Y377-4 井，相同峰后应力降条件下应力跌落速度更快，从而判断 X251P1 井样品的脆性更高。

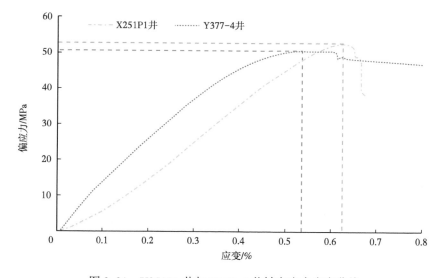

图 2-21　X251P1 井与 Y377-4 井轴向应力应变曲线

脆性指数综合评价：根据前人研究与分析测试可知，对岩石力学参数影响最直接的是岩石矿物组分，对于脆性的研究具有重要的意义，其中，脆性矿物的含量越高，砂岩的杨氏模量与抗压强度值越大，泊松比就会表现得越小；而若是黏土矿物含量更高，则表现为相反的特征。结合前人研究，对于矿物组分法，以 0.5 作为评价基准值，当脆性指数大于 0.5 时，脆性较高，而当脆性指数大于 0.9 时为高脆性；对于弹性参数法的脆性评价，有学者认为当脆性指数大于 0.4 时岩石具有脆性，当其大于 0.6 时，认为岩石脆性很强，通过查阅文献得出有关脆性指数的评价标准见表2-6。应力应变曲线是针对特定的岩石样品进行评价的，在大的研究范围内不太具有适用性。

表2-6　脆性指数评价标准

脆性指数评价	矿物组分法	弹性参数法
不具备脆性	< 0.5	< 0.4
脆性较高	0.5~0.9	0.4~0.6
高脆性	> 0.9	> 0.6

通过将矿物组分法、弹性参数法以及应力应变曲线法计算出的脆性指数进行综合分析，三种方法获得的脆性指数虽然值域不同，但是整体大小具有一定程度的趋同性，结合表2-6进行评价认为，研究区三叠系延长组整体表现为较高脆性。对于本区来说主要利用弹性参数法进行单井脆性连续性评价并分析其平面分布。

储层可压裂性实例分析：学者们对某地区天然裂缝进行研究，发现控制天然裂缝发育的主要是脆性矿物的含量，其中该区脆性矿物主要为石英、长石和白云石；丁文龙等的研究对此进行了验证，证明石英、长石以及碳酸盐岩含量更高的致密岩发育的天然裂缝更多，说明二者具有很好的正相关性；相关学者认为岩石脆性与裂缝之间确实有一定相关性，脆性指数较高时，在构造应力作用下储层更容易破碎，形成利于进行压裂的密集的裂缝，反之脆性较低时，就不容易形成裂缝[9]。

2.2.2　致密油储层可压性综合评价

鄂尔多斯盆地致密储层与国外致密储层相比，压力系数低，微裂缝发育较少，储层两向应力差为7~8MPa，岩石脆性较强。为确保压裂设计与施工工艺具有针对性，开展储层工程"甜点"研究，进一步认识储层条件下不同压裂工艺能否形成复杂裂缝，需要开展可压裂性试验。储层可压裂性受多种因素的影响，如地质条件、储层特性、岩石力学参数、天然裂缝发育程度等。借鉴国内外学者的研究成果，根据区块储层实际特点，建立了考虑脆性指数、断裂韧性、应力差异、天然裂缝等影响储层可压裂性关键参数的综合可压裂性指数，结合储层压裂裂缝监测结果对可压裂性指数进行效果评价[10]。

可压性表征储层能被有效改造的难易程度，是储层地质特征的综合反映。在进行压裂改造前对储层可压性进行评价是压裂设计的基础。目前，最广泛应用于储层可压性评价的方法是脆性系数法，通过岩石力学参数或矿物百分含量参数，评价储层的脆性。文献认为储层的地应力、沉积环境、沉积构造、矿物组成和分布、天然裂缝及成岩作用等因素同样影响着岩石的脆性。现有的致密砂岩可压性的评价方法，多采用常规碎屑岩储层评价参数和页岩可压性评价方法，而致密砂岩的储层评价和可压性评价与两者不同。已钻井的数据表明，非均质性和压力保持参数在研究区与压裂效果有明显的相关关系，这两项参数同样是导致致密砂岩储层质量差异的重要因素，因此主要利用岩石的脆性指数、渗透率非均质性和初始压力保持程度进行储层可压性评价。

可压裂性的影响因素为脆性指数、断裂韧性指数、地应力指数、天然裂缝指数、非均质性、原始地层压力保持程度等[11]。

脆性指数：脆性岩石受外力破碎过程中不会出现显著变形，即没有明显的塑性变形的特征，反映岩石在破碎前的不可逆变形中并没有明显吸收机械能量。致密油气储层的脆性较好，压裂时容易形成复杂裂缝；反之，脆性较差，人工裂缝的导流能力会下降，影响致密油气的改造效果。脆性指数可通过储层矿物含量、岩石力学性质、岩心实验等多种方法进行表征与计算，杨氏模量越高，储层抵抗变形的能力越强，泊松比反映了岩石受力后横向变形的能力。杨氏模量越高，泊松比越低，脆性越强。基于应力应变曲线的岩石脆性特征定量表征方法能代表压裂时储层破碎特征，受实际储层岩心的限制，无法实现全井段脆性实验。因此，应用声波测井资料计算得到储层岩石力学参数，结合室内静态实验数据对测井解释动态数据进行修正，将动态参数转换为静态参数。采用杨氏模量法和泊松比法，确定研究区储层岩石脆性指数，根据研究区岩心岩石力学实验数据，得到适用于工程应用的岩石静态参数计算致密油气储层脆性指数的方法，然后通过岩心脆性实验结果校正，建立研究区基于储层力学参数计算的脆性指数计算方法。应用杨氏模量与泊松比计算经过岩心实验脆性结果校正的岩石脆性指数。

断裂韧性指数：断裂韧性同样是影响储层压裂难易程度的主要因素，反映压裂过程中裂缝形成后维持裂缝向前延伸的能力。断裂韧性实验烦琐、随机性大，断裂韧性的计算主要基于断裂韧性与抗拉强度拟合公式。储层岩石的破坏行为本质上是能量耗散和释放的宏观体现，峰后断裂能反映裂纹扩展所消耗的能量，是决定岩石是否发生断裂的本质因素。岩石断裂能越大，压裂裂缝宽度越小，裂缝长度越大。杨氏模量对岩石断裂能的大小和裂缝的形成有直接的影响，基于岩心实验建立不同围压下峰后断裂能密度与杨氏模量的拟合公式，利用峰后断裂能密度可定量表征研究区致密砂岩断裂韧性。

地应力指数：储层应力差的大小直接影响压裂人工裂缝形态。为建立应力差指数评价裂缝复杂程度方法，首先对区块地应力解释方法进行校正，同样根据测井数据计算地应力，应用岩心实验结果进行校正。研究区储层岩石力学参数测试表明，平均应力梯度为 0.017MPa/m，如图 2-22 所示，平均水平应力差 7.0MPa，如图 2-23 所示，储层和隔层应力差为 5.15MPa。基于岩石力学参数测试与实际施工数据校正测井数据解释结果，准确解释改造井段力学参数、应力差，应用测井数据解释最小主应力与压裂施工测试数据一致，实现对全井段的水平应力差的计算[11]。

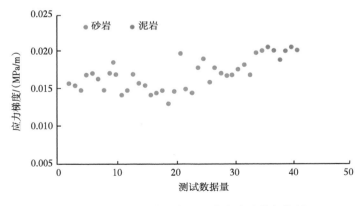

图 2-22　砂泥岩储层岩心地应力实验数据统计

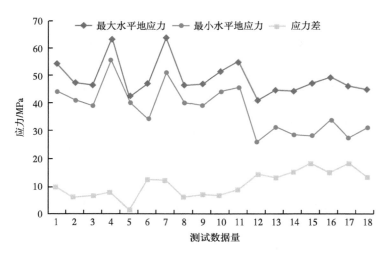

图 2-23 致密砂岩储层应力差实验数据统计

　　天然裂缝指数：天然裂缝的广泛发育可以降低储层自身的抗张强度，使储层受压起裂更简单。在压裂过程中，天然裂缝和诱导裂缝相互影响，人工裂缝可以使天然裂缝重新张开并相互沟通，天然裂缝也可以改变诱导裂缝的延伸方向，产生下一级诱导裂缝，并最终形成复杂裂缝体系。天然裂缝长度越长，可压裂性越好；天然裂缝密度越大，可压裂性越好。根据数值模拟研究结果，天然裂缝与水平最大主应力方向夹角越小，裂缝越容易开启但转向角度小；夹角越大，裂缝转向角度越大但难以开启；当天然裂缝走向与水平最大主应力夹角为 30°～60° 时最适合产生复杂裂缝体系，天然裂缝易开启且转向角度大。由于很多施工井压裂前未进行成像测井，常规测井资料是进行井中裂缝识别的唯一手段，具有重要的研究及应用价值。前人的研究表明，常规测井孔隙度曲线、电阻率曲线、双侧向电阻率曲线、井径曲线、声波曲线等均对天然裂缝具有一定响应。提取各常规测井曲线裂缝指示信息，建立裂缝发育概率模型，计算裂缝发育概率曲线，进行裂缝发育定量预测[12]。

　　天然裂缝发育区域的岩石破裂压力和抗张强度远低于不含天然裂缝的岩石，因此更易被压裂，形成天然缝网，对储层的可压裂性有积极的影响，提高改造后的渗透率。然而，天然裂缝的发育位置和规模难以控制。在更易于制造渗流通道的同时，超出砂体规模的裂缝会导致：（1）油气和地层压力的散逸；（2）压裂液的流失。造成原本的优质储层的破坏和剩余油开发的难度增加。在开发中后期，孔隙度和渗透率最高的储层，粒度粗，均质性强，脆性好，但往往天然裂缝较为发育或被水淹，剩余油丰度较低。而物性较好的储层随储集性能略微变差，则天然裂缝也不容易发育，充注的油气更容易保存，原始地层压力更大，形成剩余油聚集区。研究区压裂数据表明，在天然裂缝发育的区域，压裂增产效果与酸压的效果差距不明显，压裂液经常发生返排量少或不返排的情况，表明压裂液随裂缝流入其他层位，而在天然裂缝发育一般或不发育的储层，在现场应用 16 口井中，80% 的井压裂后的产油量比压裂前提高 2 倍以上。

　　非均质性：储层非均质性表征的是储层在空间分布及内部各种属性的不均匀变化，具有多层次性和结构性。与压裂效果相关性较强的主要是层内非均质性，即单一油层内部的差异性，定量描述层内非均质性的参数主要是渗透率的变异系数和级差。

在常规砂岩储层中，非均质性较弱，孔隙度和渗透率较高，非均质性参数对储层的储集和流体运动影响较弱。在复杂致密砂岩储层中，由于砂体孔隙度和渗透率低，流体对储层非均质性更敏感。一方面，强非均质性会抑制油气的充注，导致储层储集能力减弱，通过压后初始平均日产油可以看出压裂效果，其与层内渗透率变异系数和层渗透率级差都具有较好的负相关关系，见表2-7。另一方面，强非均质性会制约裂缝起裂和空间扩张能力，裂缝会优先向砂体内部非均质性较弱的区域延伸，遇到砂泥界面或隔夹层则会中止或转向，导致压裂不及预期[13]。

表 2-7 初始平均产能及储层物性参数

初始平均产能 / (t/d)	孔隙度 /%	渗透率 /mD	渗透率级差	变异系数
1.00	9.80	0.35	0.35	72
0.30	9.48	0.25	0.65	210
0.50	9.10	0.05	0.50	183
1.33	9.10	0.32	0.25	65
2.50	9.20	0.23	0.25	17
1.87	9.90	0.32	0.40	112
2.03	9.10	0.35	0.15	73
2.14	9.58	0.34	0.20	55
2.45	9.33	0.38	0.20	43
1.80	9.21	0.31	0.55	93
0.20	9.80	0.18	0.75	357
0.50	9.60	0.27	0.55	248
0.30	9.90	0.12	0.60	527
0.46	9.70	0.27	0.65	319
0.80	9.20	0.29	0.45	196

原始地层压力保持度：原始地层压力保持度常用于岩性油气藏的评价，因不能直接反映裂缝压裂后的产状和规模，因此常常被忽略。但可压性评价不仅要考虑储层能否形成缝网，还要考虑压裂后的储层的产能。致密砂岩油藏的原始地层压力保持度与压裂后的产能具有直接相关性。在压裂前原始地层压力保持度较高的储层，压后往往产能较高。

其他因素：除上述因素外，复杂叠置致密砂岩储层还可能受到地应力、沉积纹层，断层褶皱等因素的影响，这些因素目前受限于理论和技术，难以进行定量化描述，不能使可压性评价方法具有普遍适用性和可操作性。

可压裂性综合评价方法：结合研究区现场实际，多因素对比分析储层岩石类型、力学特征以及地应力分布，明确了研究区储层可压裂性主要受控于脆性指数、断裂韧性以及水平地应力差指数等，可采用上述参数作为特征指标，定量评价研究区储层可压裂性[14]。

参数归一化处理：脆性指数、断裂韧性及水平应力差指数的单位、量纲以及所指代物理意义各不相同，并且各参数有效值范围也存在差异，因此，要对各参数进行归一化处理。储层脆性指数为正向参数，即脆性指数数值越大对压裂改造越有利，储层断裂韧性与水平地应力差指数为负向参数，即上述两参数数值越大则压裂改造效果越差。

权重系数确定：中国部分学者针对可压裂性控制因素进行了相关研究，认为储层的脆性对可压裂性影响最大，其次为断裂韧性与地应力环境，这3个参数表现出明显的层次分布。可利用层次分析法将有关参数分解成目标层、准则层、方案层，在层次化的基础之上，确定问题的控制因素，并通过两两之间因素的相互比较建立判断矩阵，最终得到各个控制因素的权重系数。主要分为4个步骤：（1）针对储层可压裂性评价进行层次化结构分析，如图2-24所示；（2）对脆性指数、断裂韧性及水平地应力差指数进行归一化处理；（3）对上述3个控制因素两两进行比较，设定1、3、5及其倒数作为衡量标度建立判断矩阵，见表2-9；（4）以判别矩阵为依据分别确定3个主要控制参数的权重系数，建立研究区储层可压裂性定量评价模型[15]。

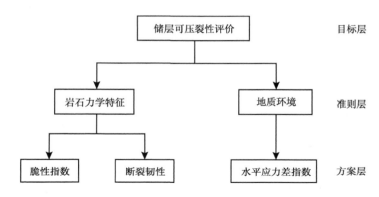

图 2-24　鄂尔多斯盆地延长组长 6 致密砂岩可压裂性评价

表 2-8　鄂尔多斯盆地延长组长 6 致密砂岩可压裂性权重判断矩阵

控制因素	脆性指数	断裂韧性	水平地应力差指数
脆性系数	1.00	3.00	5.00
断裂韧性	0.35	1.00	1.70
水平地应力差指数	0.25	0.65	1.05

综合可压裂性解释模型与图版：

计算权重：工程实践表明，天然裂缝发育程度能反映储层的可压裂性，水平应力差、脆性指数和断裂韧性系数对储层的可压裂性影响很大。判断矩阵表示某一层元素之间相对于上一层元素的重要程度，利用表2-9中1~9的比例标度来表示这种程度，用与可压裂性相关的各参数对比后的标度值构造判断矩阵，见表2-10。

表 2-9　判断矩阵标度

标度	相对重要性含义
1	A_1 与 A_2 同等重要
3	A_1 比 A_2 重要一些
5	A_1 比 A_2 明显重要
7	A_1 比 A_2 重要得多
9	A_1 比 A_2 极度重要
2、4、6、8	上述两相邻判断中间值

表 2-10　判断矩阵

项目	水平应力差	天然裂缝发育指数	脆性指数	断裂韧性
天然裂缝发育指数	1	2	3	5
水平应力差	1/2	1	3/2	5/2
脆性指数	1/3	2/3	1	5/3
断裂韧性	1/5	2/5	3/5	1

计算判断矩阵的最大特征及其对应的特征向量，同时模拟不同因素对压裂改造体积的影响程度，从而确定可压裂性各影响因素的权重，可得天然裂缝发育指数、水平应力差、脆性指数、断裂韧性所对应的权重值分别为 0.51，0.24，0.15，0.10。

综合可压裂性评价模型：考虑脆性指数、断裂韧性、水平应力差、天然裂缝发育指数得到综合可压裂性指数，见公式（2-2）：

$$F_{If} = 0.15F_{I1} + 0.10F_{I2} + 0.24F_{I3} + 0.51F_{I4} \qquad (2-2)$$

式中，F_{If} 为综合可压裂性指数；F_{I1} 为考虑脆性指数的可压裂性指数，权重系数为 0.15；F_{I2} 为考虑断裂韧性的可压裂性指数，权重系数为 0.10；F_{I3} 为考虑水平应力差的可压裂性指数，权重系数为 0.24；F_{I4} 为考虑天然裂缝发育程度的可压裂性指数，权重系数为 0.51。

根据综合可压裂性指数解释结果，应用数值模拟水平井一段压裂 3 簇，簇间距 20m，施工排量 10.0m³/min。压后裂缝波及宽度与裂缝长度比值定义为 FCI，模拟结果表明，裂缝综合可压裂性指数越大，压后裂缝复杂程度越高，如图 2-25 所示。

结合国内外致密油气藏压裂开发经验，由脆性指数、断裂韧性与水平地应力差以及天然裂缝发育情况得到的可压裂性系数不同时，储层的可压裂性评价结果不同。可压裂性指数越大，通过压裂施工产生的裂缝形态越复杂，储层的可压裂性级别越高；可压裂性指数越小，压裂施工产生的裂缝形态越简单，储层的可压裂性级别越低。定义可压裂性指数大于 0.60 的储层为一级储层，可压裂性好；可压裂性指数为 0.30~0.60 的为二级储层，可压裂性一般，需要通过增大施工净压力或者其他辅助措施提高改造效果；可压裂性指数小于 0.30 的储层为三级储层，可压裂性差。

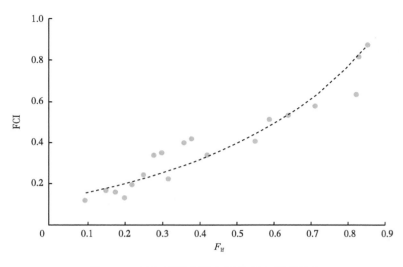

图 2-25　可压裂性指数与裂缝复杂程度关系

2.2.3　致密油储层压裂后的裂缝评价

为了实现盆地致密油资源向储量、储量向效益的稳步推进，借鉴国外致密油成功开发经验，不断深化致密油地质综合研究、持续加大关键技术攻关力度，同时与长 6 油藏天然裂缝较为发育、注水开发容易见水的难题相结合[16]。本小节对该类油藏水平井体积压裂后裂缝效果进行评价。

研究区油藏埋深 700~1000m，平均砂体厚度 17m，平均油层厚度 15m，平均孔隙度 8.5%，渗透率 0.88mD。为了对比不同改造工艺和参数对开发效果的影响，开展了不同压裂改造工艺试验，每段压裂的液量规模 600~1200m³，最大加砂量达到 5%。截至 2014 年 4 月，投产的水平井初期平均单井产量 14.0t/d，含水率 29.99%，单井产量达周围直井的 8~10 倍。从不同改造工艺对比结果来看，大排量体积压裂获得了较好的实施效果。

在压裂之前，储层压力低，平均压力为 1.47MPa，压力系数平均为 0.22。破裂压力平均值为 36.38MPa，但井之间的差异很大（新压井中评 87-7 井最大为 50.02MPa，松 352 井最小为 22.11MPa）。在压裂过程中，破裂压力明显，破裂后压力迅速下降，施工压力都比较低且呈下降趋势，一方面说明了储层比较致密，另一方面也说明了微裂缝相对发育，同时也说明了不同区块同一层位的储层特征也存在较大的差异。

压裂井的平均闭合压力为 14.03MPa，说明了监测井区长 6 层位的最小主应力为 14.03MPa 左右。闭合压力反映了最小水平主应力，同时也给出了压裂支撑砂的强度要求，即支撑剂的强度应大于闭合压力，否则会造成支撑砂破碎，影响压裂效果。对于注水开发且天然微裂缝较为发育的区块，当注水压力大于闭合压力时，可能造成原先闭合的天然微裂缝张开并延伸，从而形成连通网络，造成水淹水窜，影响开发效果，对此应予特别注意。因此在注水过程中，针对储层不同的闭合压力，设计不同的注水压力，确保较好的注水效果。

为了进一步分析各项技术参数对开发效果的影响，依据示范区的开发试验实例，同时结合室内研究成果，对影响致密油体积压裂水平井衰竭式开发的井网参数、体积压裂改造工艺及参数、水平井合理采油参数进行评价。

　　体积压裂工艺参数评价：体积压裂工艺参数主要包括入地液量、加砂量、砂比和排量，在前期室内研究的基础上，主要通过不同压裂改造参数的开发效果跟踪评价，从而确定合理的工艺改造参数。人工压裂缝参数包括裂缝长度、宽度和高度，YP1 井和 YP2 井采用水平井分段体积压裂（设计 8 段，簇间距 20m，主要采用拖动管柱实现分段多簇，每段液量 600~1200m³）。通过水平井微地震裂缝监测结果对比，可以得出：随着单段入地液量增加，人工压裂缝微地震信号覆盖的带长并没有明显增加；单段入地液量大于 1000m³ 时，平均微地震信号覆盖的裂缝带高降低到 30m 左右（鄂尔多斯盆地致密油油层厚度一般为 10~15m），能够实现纵向上油层有效动用。综合微地震信号反映的信息，确认增大入地液量能够提高储层有效动用范围。

　　提高入地液量可以增大储层有效改造范围，提高开发效果。从入地液量与水平井投产满 1a（投产时间差异较大，为了同时满足时间较长和可对比性，选取时间为满 1a）累计产量（累计产量比平均单井产量能更好地反映工艺技术的改造效果）的关系，可以得出：在水平段长度一定的情况下，单井入地液量存在一个合理值。结合排量、砂比、单段砂量和单段入地液量与水平井年累计产量的关系，优化最小单元（单段裂缝）体积压裂参数为：单段入地液量 1000m³ 左右，单段加砂量 30~50m³，大排量体积压裂合理排量为 10~12m³/min[17]。

　　压裂效果解释与评价：连续油管光纤生产剖面测试见表 2-11，第 3 段 1 簇产量最高，第 1 段、第 8 段、第 5 段 1 簇几乎无产能。

表 2-11　连续油管光纤生产剖面测试结果

段数	产水量 /（m³/d）	各簇产量占比 /%	各段产量占比 /%
第 8 段	0	0.4	3.5
第 7 段	0	10.5	8.5
第 6 段	1.0	10.5	10.5
第 5 段	1.0	14.5	15.5
第 4 段	1.1	19.5	16
第 3 段	0	23	20
第 2 段	1.7	20.5	20.5
第 1 段	2.1	1.1	5.5
解释总产量	6.9	100.0	100.0

　　单簇段压裂效果解释与评价：第 1 段、第 2 段、第 4 段、第 6 段、第 8 段为单簇压裂，其中第 1 段、第 8 段生产剖面显示产量低。

　　正常段压裂效果解释与评价：第 2 段、第 4 段、第 6 段，支撑剂及液体用量、排量相当，如图 2-26 所示，分析产量差异主要由储层韧性及强度决定。从图 2-27 可以看出，韧性指数高的储层改造效果好，韧性指数相同则钻时低的储层改造效果好；根据压裂曲线前置液阶段的形态可以看出，第 2 段、第 4 段的斜率明显大于第 6 段，说明第 2 段、第 4 段裂缝延伸长度大于第 6 段。

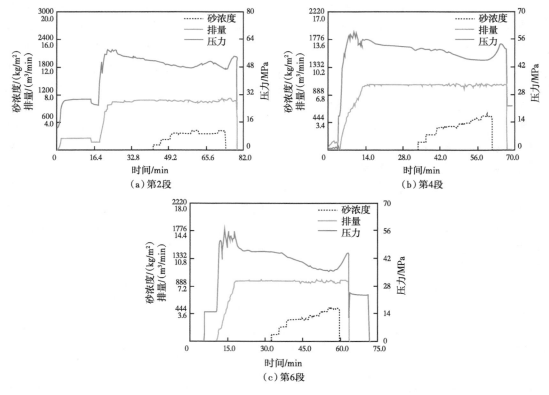

（a）第2段　　（b）第4段

（c）第6段

图 2-26　第 2 段、第 4 段、第 6 段压裂曲线

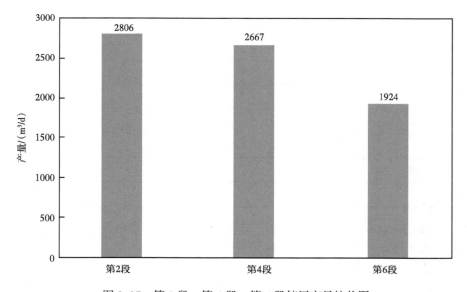

图 2-27　第 2 段、第 4 段、第 6 段储层产量柱状图

低产段压裂情况及解释与评价：压裂曲线前置液阶段压力居高不下，加砂阶段压力陡降，如图 2-28 所示。第 1 段及第 8 段由于射孔段井筒上翘和下沉，射孔方位不趋向于裂

缝延伸方位。近井筒段裂缝迂曲，前置液阶段迂曲摩阻较大、压力较高，造成裂缝高度失控，射孔井眼附近裂缝无支撑。

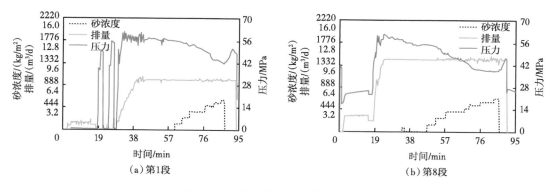

图 2-28　第 1 段、第 8 段压裂曲线

第 3 段为常规压裂，第 1 簇储层品质为好，完井品质为好；第 2 簇储层品质为好，完井品质为坏。第 1 簇的最小水平主应力低于第 2 簇，第 3 段压裂施工曲线较单调，如图 2-29（a）所示，判断第 2 簇未压开。

第 5 段由于第 1 簇最小水平主应力较高并且射孔方位偏离裂缝延伸方向角度较大，造成添加暂堵剂后施工压力较高，如图 2-29（b）所示，改造效果较差，第 2 簇正常压裂。

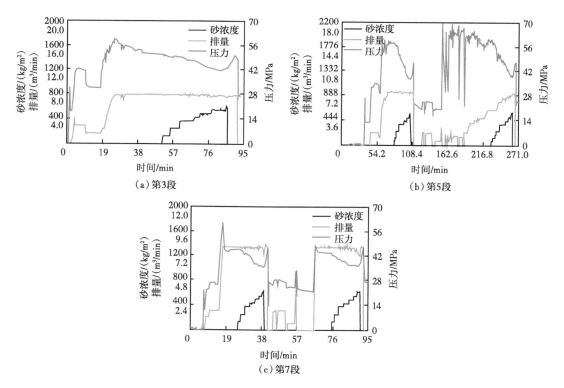

图 2-29　第 3 段、第 5 段、第 7 段压裂曲线

第 7 段采用宽带暂堵压裂，第 1 簇、第 2 簇储层的钻时和最小水平应力无明显差别趋势，压裂模拟显示，第 1 簇及第 2 簇裂缝形态良好，从压裂曲线图 2-29（c）观察，添加暂堵剂后有明显破裂显示，认为暂堵有一定的作用。对比第 7 段 1 簇和第 5 段 2 簇，分析认为第 7 段单簇产量较低是由于该段韧性指数较低[18]。

2.3 鄂尔多斯盆地致密油压裂导流能力评价

2.3.1 压裂裂缝支撑模式

水力裂缝扩展特征及综合研究表明，致密油储层体积压裂形成的是以"主缝为主、支缝为次、微缝为辅"的裂缝系统，不同级次的复杂裂缝尺度差异大，主要包括长度和宽度。压裂模拟即露头观察发现，一般主裂缝半长为井距一半（200m 左右），宽度为 5~10mm；支裂缝长度则不超过簇间距（5~20m），宽度为 1~2mm；微裂缝则更小，一般长度小于 1m，宽度小于 1mm。利用无量纲导流能力公式计算不同尺度裂缝所需的导流能力，裂缝尺度越小，导流能力需求越低，反之亦然，如图 2-30 所示。支撑剂运移铺置实验证实，支撑剂粒径越小，运移越远，裂缝铺置越均匀。因此采用"小＋中＋大"组合粒径支撑剂，有助于实现裂缝全尺度支撑，提高致密油稳产能力[19]。

国内常用的压裂技术为水力压裂。水力压裂就是利用地面高压泵，通过井筒向油层挤注具有较高黏度的压裂液。当注入压裂液的速度超过油层的吸收能力时，则在井底油层上形成很高的压力，当这种压力超过井底附近油层岩石的破裂压力时，油层将被压开并产生裂缝。这时，继续不停地向油层挤注压裂液，裂缝就会继续向油层内部扩张。为了保持压开的裂缝处于张开状态，接着向油层挤入带有支撑剂（通常是石英砂）的携砂液，携砂液进入裂缝之后，一方面可以使裂缝继续向前延伸，另一方面可以支撑已经压开的裂缝，使其不至于闭合。再接着注入顶替液，将井筒的携砂液全部顶替进入裂缝，用石英砂将裂缝支撑起来。最后，注入的高黏度压裂液会自动降解排出井筒，在油层中留下一条或多条长、宽、高不等的裂缝，使油层与井筒之间建立起一条新的流动通道。压裂之后，油气井的产量一般会大幅度增长[19]。

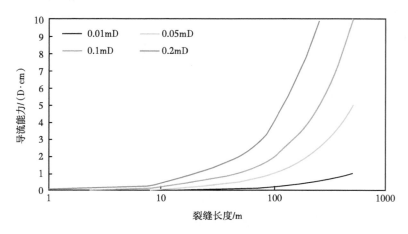

图 2-30　不同渗透率储层不同级次裂缝长度导流能力需求

致密油储层缝网特征：目前没有真实再现致密油储层复杂缝网裂缝形态的手段，结合前文分析和国内外相关研究，致密油复杂缝网是由多级尺寸的裂缝组成，其裂缝形态如图 2-31 所示。

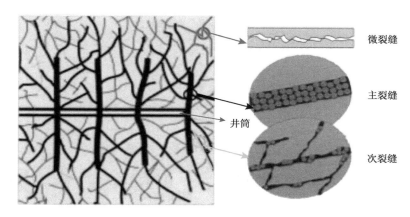

图 2-31　致密油储层主次裂缝及匹配示意图

致密油储层压裂缝网可简化为由一条主裂缝、多条分支次裂缝和微裂缝组成的三级裂缝网络，如图 2-32 所示。在致密油储层压裂过程中，形成的缝网的裂缝宽度是变化的，远离主裂缝的裂缝宽度很小，支撑剂难以进入，支撑剂铺置浓度较低；同时由于支撑剂在输送过程中会产生沉降，难以进入裂缝深部，导致缝网中存在大量无支撑剂的自支撑裂缝。

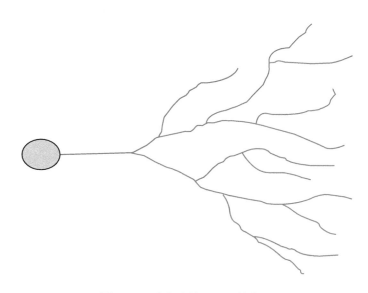

图 2-32　致密油储层缝网简化图

剪切裂缝支撑特征：由于天然裂缝面存在一定的粗糙度，在剪切错位之后，裂缝面的凸起部分难以完全咬合，仍残余一定的裂缝宽度，如图 2-33 所示，对该类非支撑微裂缝提供一定的导流能力。

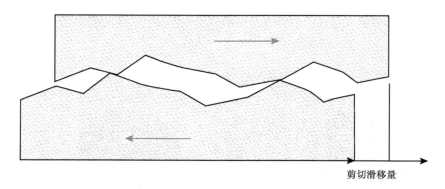

剪切滑移量

图 2-33　天然裂缝剪切滑移自支撑示意图

剪切裂缝自支撑的关键是裂缝产生剪切破坏，裂缝面产生滑移，且裂缝面具有一定的粗糙程度，错动后的裂缝不能完全闭合；在一定地层闭合压力的作用下，岩石强度较高，剪切错动的裂缝能够保持。因此，分析致密油剪切裂缝自支撑机理，需要结合储层特征，深入分析岩石剪切滑移机理和自支撑裂缝导流能力值。

主裂缝和分支裂缝支撑特征：主裂缝和分支裂缝由于宽度较宽，且支撑剂输送距离较近，在压裂过程中有大量支撑剂铺置，且越靠近井筒，支撑剂铺置越多，铺砂浓度越高，导流能力越大。主裂缝和分支裂缝都有支撑剂，不同之处是两者的铺砂浓度即裂缝宽度有差异，但其支撑机理相同，主要表现为以下几个方面：（1）支撑裂缝的渗流能力主要由支撑剂颗粒之间的孔隙提供；（2）支撑剂一定程度上嵌入储层岩石中，导致支撑裂缝宽度降低，导流能力受到伤害而降低，主要是因为致密油储层岩石中的黏土含量较高，受到压裂液的作用后，其岩石力学性质受到影响，岩石变软，支撑剂嵌入较严重；（3）支撑裂缝受到压裂液残渣等微粒堵塞，导致支撑裂缝渗流能力降低，从而使裂缝导流能力降低。

因此分析致密油储层裂缝支撑机理时，需要结合研究区致密油储层特征，从支撑剂导流能力、支撑剂嵌入伤害和压裂液残渣伤害几个方面深入分析。

致密油储层天然裂缝破坏模式：对致密油储层缝网中微裂缝剪切自支撑进行研究，需先探讨该类储层微裂缝能否发生剪切滑移。根据前文研究得知，该类储层中含有大量微裂缝、节理等弱面缺陷，在压裂过程中，水力裂缝与之相交后这些弱面可能产生法向张开或剪切滑移。对此，前人已有大量成熟、系统的理论。基于研究区某井基础数据：三向主应力大小见表 2-12。由前文研究可知，该储层段能够实现天然裂缝剪切破坏，有利于形成复杂缝网。

表 2-12　研究区某井三向主应力大小

编号	三向主应力 /MPa			最大水平主应力方向（NE）/（°）
	水平最大应力	水平最小应力	垂向应力	
1	20.35	14.94	13.58	69
2	20.18	14.92	14.00	61
平均值	20.77	14.43	13.29	65

从图 2-34 和图 2-35 可以看出，在净压力 4~5MPa、逼近角小于 30° 时，天然裂缝会发生剪切破坏，在不同天然裂缝内聚力条件下，此井均能够实现天然裂缝剪切破坏，有利于形成复杂缝网。

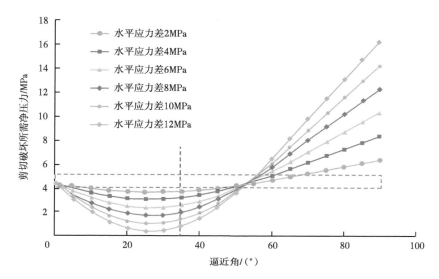

图 2-34　不同水平应力差下剪切破坏所需净压力曲线

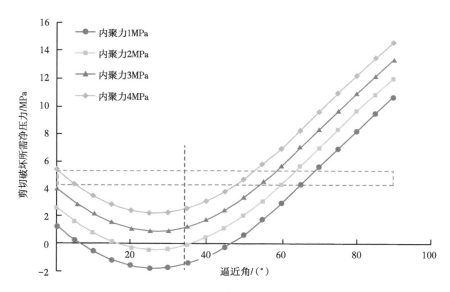

图 2-35　不同天然裂缝内聚力下剪切破坏所需净压力曲线

天然裂缝拉张破坏分析：对此井天然裂缝进行拉张破坏分析，从图 2-36 和图 2-37 两图可以看出，在净压力 4~5MPa、逼近角小于 30° 时，水平应力差 3~9MPa 范围内，此井的地应力方向、天然裂缝分布方向及施工参数能够实现天然裂缝拉张破坏，有利于沟通天然裂缝，形成复杂缝网。

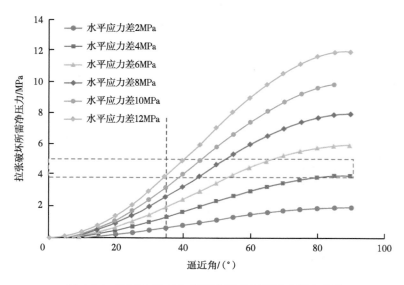

图 2-36　不同水平应力差下拉张破坏所需净压力曲线

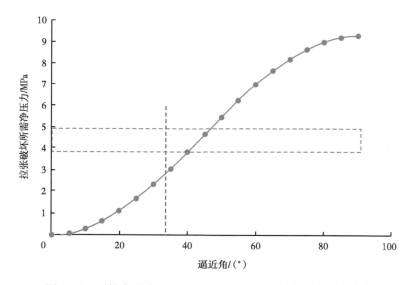

图 2-37　平均水平应力差 5.77MPa 时拉张破坏所需净压力曲线

综合以上分析可以看出，在此井的天然裂缝逼近角平均为 34.8°、水平应力差平均 6.34MPa、净压力 4~5MPa 条件下，天然裂缝剪切和拉张破坏均会发生。针对剪切破坏，则会产生自支撑裂缝，需要分析具体滑移量和在该滑移量下自支撑导流能力。针对拉张破坏，则会产生拉张支撑裂缝，需要注入支撑剂进行支撑以保持导流能力。

致密油储层缝网有效支撑工艺措施：通过前面对支撑裂缝的支撑机理和导流能力的优化分析可以看出，研究区致密油储层自支撑裂缝能够满足二级次裂缝导流能力的要求，30/50 目和 40/70 目支撑剂导流能力能够满足主裂缝和分支裂缝导流能力的要求，因此，在压裂设计中应注重产生剪切裂缝，并优化加大 40/70 目支撑剂的用量。

对缝网的主裂缝、次裂缝、微裂缝采用不同的支撑方式，提出三级裂缝有效支撑技术，即：（1）主裂缝：远井筒主裂缝采用 30/50 目和 40/70 目组合陶粒支撑，近井筒主裂缝采用 30/50 目陶粒支撑。（2）次裂缝：采用 40/70 目陶粒支撑。（3）微裂缝：利用岩石粗糙面自支撑。

通过前面对支撑裂缝的支撑机理和支撑模式可以看出，致密油储层自支撑裂缝能够满足二级次裂缝导流能力的要求，30/50 目和 40/70 目支撑剂导流能力能够满足主裂缝和分支裂缝导流能力的要求，因此，在压裂设计中应注重产生剪切裂缝，并优化加大 40/70 目支撑剂的用量。采用主裂缝高浓度支撑 + 次裂缝低浓度支撑 + 微裂缝自支撑的三级裂缝有效支撑技术。但从支撑裂缝支撑机理中看出，研究区致密油储层受到的伤害较大，压裂液伤害与支撑剂嵌入是引起支撑裂缝导流能力下降的两大重要因素，其中压裂液伤害作用最大，高泥质含量的地层中支撑剂嵌入对导流能力的伤害也比较大。

2.3.2　支撑剂裂缝导流能力评价

主裂缝和分支裂缝的导流能力主要由支撑剂颗粒之间的孔隙提供，首先需要认识支撑剂本身在没有破胶液伤害的条件下并且不考虑支撑剂嵌入时的导流能力，因此参照短期导流能力测试标准 SY/T 6302—2019《压裂支撑剂导流能力测试方法》，对岩板测试过程中使用的支撑剂进行了短期导流能力性能测试，实验方案见表 2-13。

表 2-13　导流能力测试实验方案

序号	测试介质	支撑剂粒径 / 目	铺砂浓度 /（kg/m²）
1	清水	30/50	5
2	清水	40/70	5

30/50 目中密陶粒测试分析：实验结果表明，随闭合压力的升高，导流能力呈指数递减关系降低。在低闭合压力 6.9MPa 下，第一组测出的导流能力为 123.4D·cm，第二组为 113.58D·cm，平均为 118D·cm，随着闭合压力增高，导流能力明显下降，当闭合压力继续增加到 69MPa 时，第一组测出的导流能力为 34.65D·cm，第二组为 32.95D·cm，平均为 33.8D·cm，如图 2-38 所示。

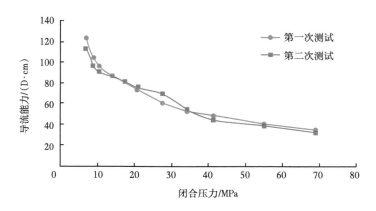

图 2-38　30/50 目中密陶粒导流能力测试曲线

40/70 目中密陶粒测试分析：试验结果表明，随闭合压力的升高，导流能力呈指数递减关系降低，两次测试结果比较接近。在低闭合压力 6.9MPa 下，第一组测出的导流能力为 42.27D·cm，第二组为 46.07D·cm，平均为 44.17D·cm，随着闭合压力增高，导流能力明显下降，当闭合压力继续增加到 69MPa 时，第一组测出的导流能力为 12.16D·cm，第二组为 10.14D·cm，平均为 11.15D·cm，如图 2-39 所示。

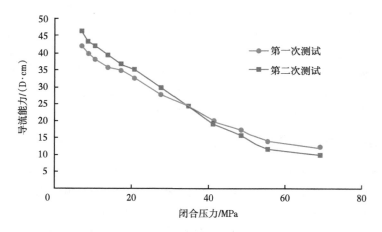

图 2-39　40/70 目中密陶粒导流能力测试曲线

致密砂岩储层通常具有超低孔、低渗的特点，自然产能极低，往往需要采用水力压裂的方式来达到增产的目的，其中裂缝导流能力的大小是评价压裂施工成功与否的关键。致密砂岩储层压裂施工后，在地层闭合压力的作用下，支撑剂会不可避免地嵌入到裂缝壁面中，支撑剂的嵌入会降低已形成裂缝的有效缝宽，从而引起裂缝导流能力的下降。因此，研究支撑剂嵌入对致密砂岩储层裂缝导流能力的影响，能够为现场压裂施工选择合适的支撑剂及其他施工参数提供参考[20]。

支撑剂类型：为考察不同类型支撑剂嵌入对致密砂岩储层裂缝导流能力的影响，分别采用石英砂和陶粒开展了不同闭合压力时支撑剂嵌入对缝宽和裂缝导流能力的影响试验，支撑剂粒径均为 20~40 目，铺砂浓度均为 7.5kg/m²。试验结果如图 2-40 和图 2-41 所示。

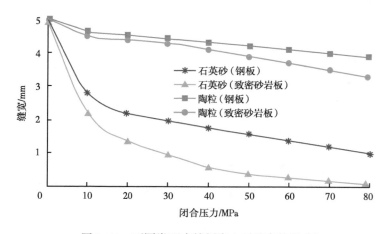

图 2-40　不同类型支撑剂嵌入对缝宽的影响

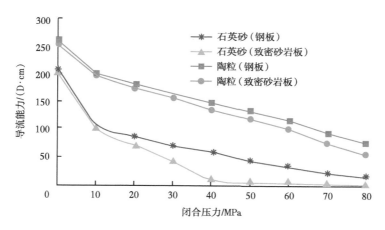

图 2-41　不同类型支撑剂嵌入对裂缝导流能力的影响

由图 2-40 可见，随着闭合压力的逐渐增大，石英砂和陶粒在致密砂岩板上的嵌入程度均逐渐增大，缝宽逐渐下降。其中石英砂由于圆球度和硬度均小于陶粒，其在致密砂岩板上的嵌入程度要高于陶粒。由此可见，使用陶粒作为支撑剂的岩板，其缝宽远远大于石英砂。

由图 2-41 可见，不同类型支撑剂嵌入后对致密砂岩储层裂缝导流能力的影响差别较大，当闭合压力为 80MPa 时，石英砂和陶粒作为支撑剂时嵌入引起导流能力的下降幅度分别为 91.4% 和 22.3%，陶粒的导流能力明显高于石英砂。这既与石英砂在致密砂岩板上的嵌入程度高于陶粒有关，也与石英砂的强度较低、在高闭合压力条件下其破碎率较高有关，支撑剂破碎后对裂缝产生堵塞也会导致导流能力的下降。因此，在致密砂岩储层压裂施工过程中，应选择嵌入程度较小的陶粒作为支撑剂。

支撑剂粒径：为考察不同粒径支撑剂嵌入对致密砂岩储层裂缝导流能力的影响，分别采用不同粒径的陶粒开展了不同闭合压力时支撑剂嵌入对缝宽和裂缝导流能力的影响试验，铺砂浓度均为 $7.5kg/m^2$。试验结果如图 2-42 和图 2-43 所示。

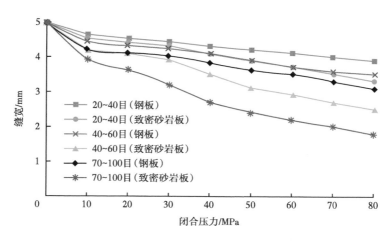

图 2-42　不同粒径支撑剂嵌入对缝宽的影响

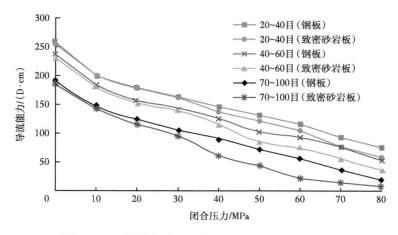

图 2-43　不同粒径支撑剂嵌入对裂缝导流能力的影响

　　由图 2-42 可见，随着闭合压力的增大，不同粒径的陶粒支撑剂在致密砂岩板上的嵌入程度均逐渐增大，缝宽逐渐下降，并且随着支撑剂粒径的减小，缝宽下降的幅度越来越大。由此说明支撑剂粒径越小，有效缝宽越小。

　　由图 2-43 可见，不同粒径的陶粒支撑剂嵌入对裂缝的导流能力均产生了一定的影响。当闭合压力较低时，支撑剂嵌入对裂缝导流能力的影响较小；而当闭合压力较高时，支撑剂嵌入对裂缝导流能力的影响程度增大。并且随着支撑剂粒径的减小，支撑剂嵌入导致裂缝导流能力下降的幅度越来越大，当闭合压力为 80MPa 时，20~40 目、40~60 目和 70~100 目陶粒支撑剂嵌入引起导流能力的下降幅度分别为 22.3%、35.4% 和 65.2%。这是由于支撑剂粒径越大，裂缝的有效缝宽越大，其导流能力值就越大，因此，为了降低支撑剂嵌入对裂缝导流能力的影响，在条件允许的情况下，应尽可能选择粒径较大的支撑剂。

　　铺砂浓度：为考察不同铺砂浓度时支撑剂嵌入对致密砂岩储层裂缝导流能力的影响，在铺砂浓度分别为 5.0kg/m²、7.5kg/m²、10kg/m² 时开展了不同闭合压力时支撑剂嵌入对缝宽和裂缝导流能力的影响试验，支撑剂均为 20~40 目陶粒。试验结果如图 2-44 和图 2-45 所示。

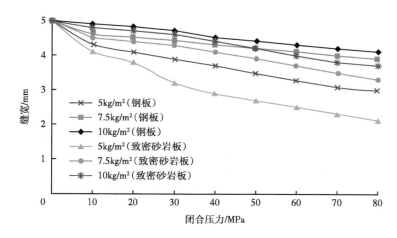

图 2-44　不同铺砂浓度时支撑剂嵌入对缝宽的影响

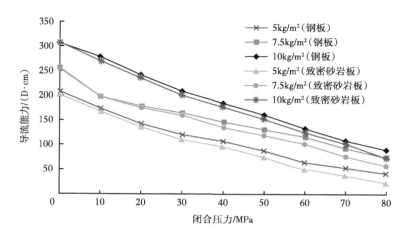

图 2-45　不同铺砂浓度时支撑剂嵌入对裂缝导流能力的影响

由图 2-44 可见，随着闭合压力的增大，不同铺砂浓度的支撑剂在致密砂岩板上的嵌入程度均逐渐增大，缝宽均逐渐下降，并且随着铺砂浓度的增大，缝宽下降的幅度越来越小，即铺砂浓度越大，有效缝宽越大。

由图 2-45 可见，铺砂浓度越大，裂缝的导流能力越大，在不同铺砂浓度条件下陶粒支撑剂嵌入对裂缝的导流能力均产生了一定的影响，并且随着铺砂浓度的增大，支撑剂嵌入对裂缝导流能力的影响越来越小。当闭合压力为 80MPa，铺砂浓度分别为 $5.0kg/m^2$、$7.5kg/m^2$、$10kg/m^2$ 时，陶粒支撑剂嵌入引起导流能力的下降幅度分别为 52.2%，22.3%，16.6%。这是由于当铺砂浓度越大时，支撑剂铺展的层数就越多，裂缝的初始导流能力就越大，而随着闭合压力的升高，支撑剂逐渐嵌入岩板，在低铺砂浓度下，嵌入层数占总铺砂层数的比例就相对较大，低铺砂浓度支撑剂嵌入对裂缝导流能力的影响程度就大于高铺砂浓度。因此，在致密砂岩储层压裂施工过程中，为保证裂缝具有良好的导流能力，应尽可能采用相对较高的铺砂浓度进行压裂，以降低支撑剂嵌入对裂缝导流能力的影响[21]。

2.3.3　自支撑裂缝导流能力评价

致密储层具有低孔低渗的特点，水力压裂是致密储层高效开发的必要手段。水力压裂形成的裂缝包括颗粒支撑裂缝和自支撑裂缝，泵入的支撑剂一般在裂缝底部沉积，在裂缝中上部则存在大量没有支撑剂的自支撑裂缝。由于缝网压裂的广泛应用，自支撑裂缝面存在滑移，使得裂缝表面存在自支撑结构，从而产生导流空间。在一定滑移范围内，自支撑裂缝的导流能力与相对滑移量成正比，当相对滑移量达到 10mm 以上时，裂缝导流能力不再增加。同时，在低闭合应力下裂缝表面以点状支撑为主，具有较强应力敏感性，而在高闭合应力下裂缝表面大量微凸起被压碎，裂缝几乎完全闭合[22]。

致密油藏自支撑裂缝导流能力影响因素：

致密油藏通过大规模水力压裂形成复杂缝网、增大改造体积、提高单井控制程度。压裂泵入的支撑剂一般在裂缝底部沉积，在裂缝中上部及裂缝远端形成大量没有支撑剂的自支撑裂缝，裂缝错位距离是自支撑裂缝的关键特征。压裂后生产过程中，通过改变油嘴更换频率、关井等手段可恢复井底压力，而储层液体返排导致盐度变化等过程均影响致密油藏自支撑裂缝导流能力[23]。

油嘴更换频率：现场生产过程中，通常会采用不同尺寸的油嘴进行生产以控制生产过程中的井底压力，调节生产速度。不同的油嘴更换频率会导致地层净应力变化梯度不同，进而影响裂缝的导流能力。采用错位距离为 0.5mm 的自支撑裂缝岩心模型，设置了 3 种不同的净应力递减梯度：梯度 1 为 10MPa、15MPa、20MPa、25MPa、30MPa、35MPa、40MPa；梯度 2 为 10MPa、20MPa、30MPa、40MPa；梯度 3 为 10MPa、25MPa、40MPa，模拟不同的油嘴更换频率，通过式（2-3）计算导流能力，结果如图 2-50 所示。

$$K_\mathrm{f} w_\mathrm{f} = \frac{K_\mathrm{f} w_\mathrm{fi}}{K_\mathrm{f} w_\mathrm{fMax}} \tag{2-3}$$

式中，$K_\mathrm{f} w_\mathrm{f}$ 为无量纲裂缝导流能力；$K_\mathrm{f} w_\mathrm{fi}$ 为裂缝导流能力，D·cm；$K_\mathrm{f} w_\mathrm{fMax}$ 为最大裂缝导流能力，D·cm。

由图 2-46 可知，随净应力增大，裂缝无量纲导流能力逐渐下降，降幅为 80.2%~88.1%；低净应力时，不同应力变化梯度对导流能力的影响差别不大，在高净应力下，油嘴更换 6 次比更换 2 次时裂缝无量纲导流能力提高了 7.9%。分析表明：净应力较低时，裂缝两侧壁面因滑移而形成的不规则凸起能够较好支撑裂缝，形成较大的渗流空间；随着净应力逐渐增大和滑溜水压裂液的持续冲刷，由于岩心黏土矿物含量较高，遇水膨胀、水化，其抗压强度逐渐降低，而当净应力增大至缝面凸起部分的抗压强度时，矿物发生破碎，降低了裂缝宽度，引起裂缝导流能力降低。因此，致密油藏压裂后生产过程中，增加生产油嘴尺寸更换频率，可使裂缝受到的净应力变化较为缓慢，自支撑裂缝的导流能力下降幅度较低，更有利于为致密油提供高渗透流动空间。

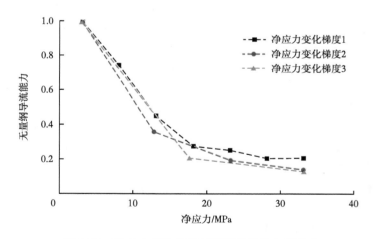

图 2-46 净应力变化梯度对裂缝导流能力的影响

开关井次数：油藏生产过程中近井压力逐渐降低，会在生产一段时间后关井，待井底压力恢复后再次开井生产。采用错位距离为 0.5mm 的自支撑裂缝岩心模型，模拟了开井—关井—再开井等共 4 次开关井过程，考察地层净应力循环次数对裂缝导流能力的影响，结果如图 2-47 所示。

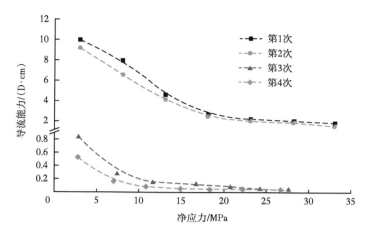

图 2-47　开关井次数对裂缝导流能力的影响

由图 2-47 可知，随开关井次数增加，相同净应力下裂缝导流能力有所减小，尤其第 3 次比第 1 次下降了 91.7%～98.5%，第 3 次、第 4 次开井时在高净应力下裂缝导流能力极低，几乎为 0。分析表明：实验用致密砂岩岩心黏土矿物含量较高，抗压强度较低，随着净应力的增加，其逐渐超过裂缝表面抗压强度，裂缝表面凸起破碎程度逐渐加剧，原本错位的裂缝出现闭合现象，导致缝宽减小，裂缝导流能力减小；而随着净应力循环加载，破碎后的矿物残渣等细小颗粒不断增多，逐渐堵塞裂缝凹陷壁面，减小了裂缝空间，造成裂缝导流能力降低。因此，在致密油藏生产过程中，压裂形成的大量自支撑裂缝，在多次开关井后存在闭合的可能性，不再贡献渗流通道。为保持自支撑裂缝导流能力，应尽量控制生产速度，减缓近井压力下降速度，减少关井恢复压力次数。

自支撑裂缝错位距离：在水力压裂造缝过程中，裂缝通常会受到不同程度的剪切应力，产生滑移错位。由于裂缝表面凹凸不平，虽然部分裂缝中未充填支撑剂，裂缝表面不均匀结构也可以相互支撑，为气体导流贡献能力。实验采用 0.5mm、1.0mm 厚的铜片固定在岩心裂缝两端，实现对裂缝不同错位距离的精准控制。不同净应力条件下的导流能力如图 2-48 所示。

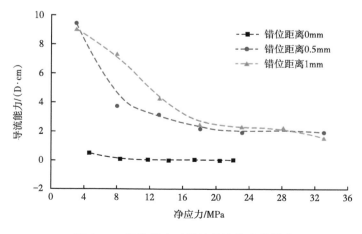

图 2-48　错位距离对裂缝导流能力的影响

　　由图 2-48 可知，随裂缝错位距离的增大，其导流能力有明显提高，可达 18.1~140.4
倍，低净应力下提升效果尤为明显；错位距离为 1.0mm 的裂缝导流能力略高于错位距离
为 0.5mm 的裂缝，且均远大于无错位的裂缝；无错位裂缝在低净应力时存在一定的导流
能力，当净应力增至 8MPa 以上，裂缝接近闭合，基本无导流能力。分析表明：错位距离
对裂缝导流能力的影响与储层骨架颗粒性质（矿物类型、尺寸、形状、硬度等）、胶结物
性质（成分、含量、排布等）以及外来水与胶结物的作用等影响密切相关。在裂缝开裂过
程中，裂缝一侧壁面产生的凸起或凹陷部分未被对侧壁面包裹时，则在裂缝中间形成较大
的渗流空间，大幅度改善流动通道，裂缝导流能力则呈现数倍增长。因此，错位距离对裂
缝导流能力的影响主要体现在有无错位的区别上。当裂缝产生一定错位后，其导流能力并
非线性增长，而是在一定范围内波动并呈现一定的随机性；当裂缝没有错位时，高净应力
下裂缝两侧壁面容易恢复至未开裂的紧密咬合状态，裂缝中的流动空间极其有限，导流能
力极差，裂缝丧失了贡献气体流动空间的能力。因此，在致密油藏压裂造缝过程中，裂缝
形成一定的错位距离，可大幅度改善自支撑裂缝导流能力，提高气井产能。

　　压裂后返排液矿化度：在现场压裂过程中，使用地表水配制的压裂液矿化度较低（一
般为 100~1000mg/L），而致密油储层地层水矿化度较高。向地层中注入低矿化度水会造成
裂缝壁面黏土矿物发生水化膨胀，导致黏土矿物和骨架颗粒发生运移，进而影响裂缝导流
能力。利用 0.5mm 错位裂缝岩心模型，配制矿化度分别为 0mg/L、5000mg/L、10000mg/L、
15000mg/L、20000mg/L、25000mg/L 的滑溜水压裂液，研究不同矿化度压裂液对裂缝导
流能力的影响，结果如图 2-49 所示。

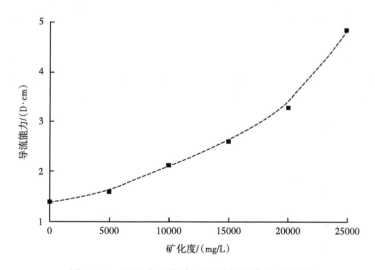

图 2-49　压裂液矿化度对裂缝导流能力的影响

　　由图 2-49 可知，随压裂液矿化度逐渐上升，裂缝导流能力随之升高，矿化度从 0 提
升至 25000mg/L，裂缝导流能力提升 3.45D·cm。分析认为：储层中含有一定的黏土等胶
结物，低矿化度下水对黏土矿物水化抑制作用较差，此时产出液有细小矿物颗粒和胶结物
碎屑排出；在高矿化度下，水溶液中的静电斥力较强，抑制黏土矿物晶间层的斥力，进而
抑制了水化作用，有助于保留裂缝空间，进而使得裂缝导流能力得到提升。因此，致密储

层水力压裂后，低矿化度压裂液大量赋存于地层，此时自支撑裂缝导流能力较低，随着后续高矿化度地层水驱替压裂液排出，地层流体矿化度逐渐升高，自支撑裂缝导流能力相较刚开井时会有一定程度的提升。

为了认识研究区致密油储层在没有支撑剂条件下的自支撑裂缝的导流能力，利用该井的取样岩心制备岩板，采用人工劈裂的方式模拟压裂时形成的裂缝，剪切错位使其形成自支撑，参考压裂支撑剂填充层短期导流能力测试标准 SY/T6302—2019《压裂支撑剂导流能力测试方法》，进行导流能力测试。

自支撑裂缝导流能力测试是在室内条件下，模拟现场清水压裂后地下岩体自支撑裂缝的渗流形态，其实验结果可用于评价局部自支撑裂缝导流能力。自支撑裂缝导流能力测试的原理是达西定律。

如图 2-50 所示，该岩样自支撑裂缝导流能力随着闭合应力（即闭合压力）的增大而减小，其变化过程大体上可分为 3 个阶段。第一阶段（闭合应力小于 6.9MPa），当闭合应力在低应力下时，随着闭合应力的增加，自支撑裂缝导流能力降低，但降低幅度较小。第二阶段（闭合应力介于 6.9MPa 到 13.8MPa 之间），当闭合应力增大时自支撑裂缝导流能力迅速降低。第三阶段（闭合应力大于 13.8MPa），当闭合应力增大时自支撑裂缝导流能力逐渐减小，在闭合压力为 20MPa 时，仍具有 10D·cm 的导流能力。研究区储层闭合压力为 11MPa 左右，实现分析表明，在储层闭合压力作用下，自支撑裂缝能够提供足够的导流能力。

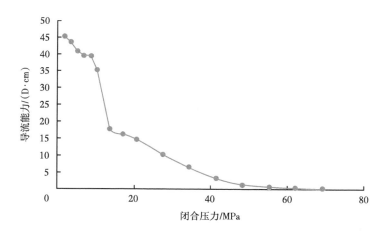

图 2-50　自支撑导流能力随闭合应力变化规律

致密砂岩储层矿物水化膨胀、分散、运移，结合应力作用，自支撑裂缝闭合后壁面更平整，壁面硬度平均降低了 34.5%。水化结合应力作用加速了裂缝壁面平整化，减小裂缝空间，进而降低自支撑裂缝导流能力。针对储层沉积及矿物特征，可考虑加入黏土稳定剂保护自支撑裂缝导流能力。

致密油藏生产制度对自支撑裂缝导流能力影响巨大。生产油嘴尺寸变化越频繁，自支撑裂缝导流能力下降幅度越低，油嘴更换 6 次比更换 2 次时裂缝无量纲导流能力提高了 8%。在前几次开井生产过程中自支撑裂缝可贡献导流能力，多次关井恢复压力后，裂缝存在闭合的可能，因此在现场生产过程中应尽量提高生产油嘴尺寸更换频率并减少开关井次数[23]。

　　合理设计压裂及返排工艺可提高自支撑裂缝导流能力。相比无错位，错位自支撑裂缝导流能力可提高 18.0~138.5 倍。现场压裂施工造缝时应尽量使裂缝形成一定程度的错位，可极大增加裂缝导流能力。如果压裂液矿化度低于地层水矿化度，致密油储层压裂后，当地层水驱替压裂液逐渐排出后，自支撑裂缝导流能力可得到一定程度的恢复。

参 考 文 献

[1] 张矿生，唐梅荣，杜现飞，等.鄂尔多斯盆地页岩油水平井体积压裂改造策略思考 [J].天然气地球科学，2021，32（12）：1859-1866.

[2] 赵振峰，李楷，赵鹏云，等.鄂尔多斯盆地页岩油体积压裂技术实践与发展建议 [J].石油钻探技术，2021，49（4）：85-91.

[3] 陈军军，杨兴利，高月，等.安塞油田坪桥区长 6 致密油储层微观特征 [J].石油地质与工程，2022，36（5）：35-40.

[4] 田景春，梁庆韶，王峰，等.陆相湖盆致密油储集砂体成因及发育模式——以鄂尔多斯盆地上三叠统长 6 油层组为例 [J].石油与天然气地质，2022，43（4）：877-888.

[5] 王卓，赵靖舟，孟选刚，等.鄂尔多斯盆地东南部柴上塬区三叠系延长组长 6 致密油成藏主控因素及富集规律 [J].石油实验地质，2022，44（2）：251-261.

[6] 刘显阳.鄂尔多斯盆地延长组致密油成藏特征及勘探潜力分析 [D].成都：成都理工大学，2017.

[7] 钟大康.致密油储层微观特征及其形成机理——以鄂尔多斯盆地长 6—长 7 段为例 [J].石油与天然气地质，2017，38（1）：49-61.

[8] 赵向原，曾联波，祖克威，等.致密储层脆性特征及对天然裂缝的控制作用——以鄂尔多斯盆地陇东地区长 7 致密储层为例 [J].石油与天然气地质，2016，37（1）：62-71.

[9] 高雨.致密油储层脆性评价及主控因素研究 [D].西安：西北大学，2022.

[10] 于润琪.致密油藏可压性新型评价方法研究 [D].大庆：东北石油大学，2021.

[11] 信诗琪.致密砂岩储层可压性评价及应用 [D].北京：中国石油大学（北京），2018.

[12] 尚立涛，张燕明，王业晗，等.致密油气储层综合可压裂性解释方法在鄂尔多斯盆地的应用 [J].石油地质与工程，2021，35（4）：38-42.

[13] 陈诚，雷征东，房茂军，等.致密砂岩储层可压性评价与极限参数压裂技术 [J].科学技术与工程，2022，22（16）：6400-6407.

[14] 刘坤，孙建孟，陈心宇.水平井致密油储层近井和远井可压性研究 [J].测井技术，2017，41（4）：443-447.

[15] 赵宁，司马立强，刘志远，等.基于地层条件下力学试验的致密砂岩可压裂性评价 [J].测井技术，2022，46（2）：127-134.

[16] 林利飞，高毅，尹帅，等.鄂尔多斯盆地西部油区延长组致密油储层裂缝测井评价 [J].测井技术，2022，46（1）：95-101.

[17] 宫伟超.鄂尔多斯盆地延长组致密储层地质特征及压裂数值模拟 [D].北京：中国地质大学（北京），2018.

[18] 吴兵，高伟，侯山，等.苏里格致密砂岩水平井地质工程一体化压裂效果解释与评价 [J].西安石油大学学报（自然科学版），2022，37（4）：61-68.

[19] 赵传峰，曹博文，肖月，等.支撑剂铺置模式及其对水力裂缝导流能力的影响规律 [J].科学技术与工程，2021，21（19）：7997-8004.

[20] 江铭，李志强，段贵府，等.水力裂缝导流能力对深层页岩气产能的影响规律 [J].新疆石油天然气，

2023，19（1）：35-41.

[21] 沈渭滨，赵之晗 . 支撑剂嵌入对致密砂岩储层裂缝导流能力的影响 [J]. 能源化工，2022，43（1）：48-51.

[22] 肖剑锋，刘琦，何封，等 . 页岩气井体积压裂自支撑裂缝对开发效果的影响 [J]. 西安石油大学学报（自然科学版），2020，35（4）：79-85.

[23] 许鑫 . 页岩自支撑裂缝导流能力数值模拟研究 [D]. 成都：西南石油大学，2017.

第3章 鄂尔多斯盆地致密油储层改造关键技术

鄂尔多斯盆地致密油储层资源丰富，分布广泛，但由于储层孔隙度、渗透率非常低，采用常规方法开采速度慢，压力、产量衰减快。致密油储层压裂改造成为该类储层当前顺利开发乃至高效开发的重要前提。通过依次分析致密油储层压裂"甜点"选择、致密油体积压裂工艺与施工参数优选方法、压裂使用的压裂液类型及压裂液渗吸采油机理、基于示踪剂的致密油储层实时压后产能监测等，阐明致密油储层改造的特殊性，同时介绍在鄂尔多斯盆地致密油储层改造关键技术方面取得的突破。

3.1 压裂"甜点"分析

3.1.1 "甜点"概念及影响因素

（1）"甜点"的认识。

在常规储层有利开发区的评价中，"甜点"常与"差薄层"成对出现，前者指常规油气中储层质量较好、易开发的区域，后者指储层质量较差、难开发的区域。"甜点"也用来表征局部构造以及古地形条件有利于油气聚集成藏的区域。Surdam 将特定深度间隔内孔隙度和渗透率大于致密砂岩平均值的储层定义为"甜点"。Hart 等认为"甜点"是裂隙发育的脆性碳酸盐岩和净砂岩分布区，该区域内油井产量远大于邻区油井。美国地质调查局（USGS）将"甜点"定义为能够持续提供 30 年产量的致密砂岩气区。Law 定义"甜点"为致密油藏中受沉积和构造作用控制形成的局部高产区。

国家标准《致密油地质评价方法》（GB/T 34906—2017）将"甜点区"定义为烃源岩、储层和工程力学品质配置较好，通过水平井、储层改造可获得潜在开发价值的致密油分布范围。国家标准《页岩油地质评价方法》（GB/T 38718—2020）将"甜点段"定义为含油性好、储集条件优越、可改造性强，在现有经济技术条件下具有商业开发价值的页岩油层段；将"甜点区"定义为含油性好、储集条件优越、可改造性强，在现有经济技术条件下具有商业开发价值的页岩油聚集区。总体上，"甜点"概念引进中国油气领域以来得到了快速推广和应用，基本上涵盖了常规油气与非常规油气范畴，内涵也进一步扩展至地质、工程、经济三大类"甜点"[1-2]，对于非常规储层油气而言，"甜点"即为非常规地层中储层品质较好、易压裂改造、经济效益好的区域[3-5]。但需要注意的是，"甜点"概念在推广和发展的过程中出现泛化和发散，会影响"甜点"优选的精确性。

随着全球非常规油气勘探开发实践与研究认识不断深入，"甜点"概念不断扩展，不同学者提出了"甜点段""甜点层"、富集层、靶层、"甜点区"、富集区、地质"甜点"、工程"甜点"、经济"甜点"、资源"甜点"等概念，但目前尚未形成完全统一的定义[6-8]。由于非常规油气类型多样，且不同盆地石油地质条件差异明显，因此，"甜点"评价参数差异较大，"甜点"评价方法也多样[9-10]。

国内外研究人员普遍认为"甜点"分为地质"甜点"和工程"甜点"两方面内容。地质"甜点"主要指地层岩石物性好和储层有机质含量高，工程"甜点"主要指脆性较高的地层，压裂后可以形成大量的裂缝，为原油提供流动通道[11-12]。

（2）地质"甜点"。

就普遍意义上的"甜点"而言更多指代的是地质"甜点"，是油气富集的、在当前经济技术条件下可以有效开发的区域或层段（包括垂向的深度范围、平面的某一区域）。

例如，安纪星以乾安地区扶余油藏致密油水平井为研究对象进行水平井双"甜点"评价产能预测；利用测井资料求取储层脆性、应力差、裂缝指数，构建储层的工程"甜点"指数 IA[2]。罗群认为致密油"甜点"是含油气盆地细粒沉积体系中整体低丰度含油背景下的相对高丰度含油区域（或层位），致密油"甜点"可分为物性"甜点"、油藏"甜点"、工程"甜点"、产能"甜点"和经济"甜点"等 5 类，其中物性"甜点"和油藏"甜点"合称为地质"甜点"[13]；控制致密油"甜点"的主要地质因素包括岩性组合特征、源储品质、源储组合类型和裂缝发育程度；致密油"甜点"的评价与优选方法为优质烃源岩 R_o 定边界、源储组合定区带、四优（优源、优相、优缝、优配）匹配定"甜点"、多层联合定井轨迹。地质"甜点"评价的参数包括：储层规模、地层厚度、源储组合、主流喉道半径、含油饱和度、烃源规模、分布面积、成熟度、游离烃含量、总有机碳、有效孔隙度、埋藏深度、天然裂缝共 13 个参数。通过分析这些参数与同等规模压裂下产量之间的关系，进行地质"甜点"主要参数优选。Hashmy 等研究发现随钻测井和电缆测井技术能够清晰地划分优势储层和劣势储层，"甜点"的提出能够让操作人员选择合适的水力压裂间隔，以获得更大的利益。

（3）压裂"甜点"及其影响因素。

在压裂工程领域同样考虑"甜点"区。压裂"甜点"与地质"甜点"存在相似的地方，也存在一定的差异；压裂"甜点"更加体现于其压裂储层施工前的综合性选井选层，既涉及地质"甜点"，又涉及工程"甜点"。

压裂"甜点"是在致密储层背景下，经压裂改造后能够获得较高工业产能的优质储层发育区。压裂"甜点"评价领域的主要研究思路是从压裂效果影响因素出发，考虑主要参数（地质因素与工程因素）对压裂效果的影响程度。非常规储层压裂效果的好坏主要与孔隙压力梯度、微裂缝数量、破裂压力、弱层理面、脆性指数、泥质含量、脆性矿物含量、应力差异系数、最大及最小水平主应力、杨氏模量、埋藏深度、断裂韧性和泊松比有关。

综上所述，见表 3-1，地质因素主要描述储层的生产潜力，主要包括储层物性、含油气性、岩石力学等方面，具体为储层条件（埋深、温度、压力及厚度），有机质类型、含量及成熟度，泥质含量，孔隙度、渗透率，裂缝发育情况，饱和度，弹性模量、泊松比、脆性指数、断裂韧性、水平主应力差等主要参数；工程因素主要描述压裂措施能否形成有效的裂缝系统，从而实现储层有效改造，主要包括压裂施工参数、裂缝的系统形成、复杂程度、井筒的可行性等方面，具体为压裂液注入体积、支撑剂注入量、压裂级数、井筒完整性、井型及水平段长度等主要参数。这些数据可以通过测井、完井及施工资料获取。其中上述参数到底属于地质因素、还是属于工程因素，在部分文献中可能会被混淆归结，如脆性指数有可能被归至地质因素，也有可能归至工程因素。

表 3-1　压裂"甜点"涉及的地质因素与工程因素

因素类型	控制因素	数据来源
地质因素	保存条件（埋深、温度、压力及厚度）	测井、完井、测试数据
	有机质类型、含量及成熟度	分析化验资料
	页岩孔隙度、渗透率、饱和度及泥质含量	分析化验资料
	天然裂缝发育程度	地质研究、测井、监测资料
工程因素	压裂液注入体积、支撑剂注入量	压裂施工资料
	压裂级数、水平段长度	压裂施工资料
	页岩脆性指数	岩石力学实验、测井资料

3.1.2 "甜点"测评方法

"甜点"测评方法包括地质因素的测评与工程因素的测评（图 3-1），通过测井、地震、压裂施工设计等方面得到。评价优选"甜点区"也是非常规油气勘探研究的核心，贯穿整个勘探开发过程。非常规油气"甜点"测评有时也分为地质"甜点"、工程"甜点"、经济"甜点"。地质"甜点"着眼于烃源岩、储层与裂缝等综合评价，工程"甜点"着眼于埋深、岩石可压性、地应力各向异性综合评价，经济"甜点"着眼于资源规模、地面条件等评价。如当前非常规致密油气的"甜点区"评价，主要着眼于烃源层、储层、裂缝、局部构造等地质"甜点"要素评价，以及压力系数、含油气饱和度、脆性指数、地应力特性、埋深等工程"甜点"要素评价（表 3-2 和表 3-3）。

表 3-2　鄂尔多斯盆地中生界致密储层"六特性"评价参数

油气类型	烃源岩特性	岩性	物性	含油气性	脆性	地应力特性	含油气面积 /10⁴km²	储量丰度	单井产量
中生界致密油	湖相页岩，厚度 20~30m，TOC 平均值 5%~8%，R_o 值 0.7%~1.2%，Ⅰ型、Ⅱ₁型干酪根	岩屑长石砂岩	孔隙度 7%~13%，渗透率小于 1mD，孔喉半径 0.06~0.08mm	含油饱和度 60%~80%，密度 0.80~0.86g/cm³	脆性指数 35%~45%，泊松比 0.25，杨氏模量 (2~3)×10⁴MPa	水平方向主应力差 5~7MPa，压力系数 0.70~0.85	3	20×10⁴t/km²	2~3t/d
上古生界致密气	煤系、碳质泥岩，厚度 30~120m；TOC 值：煤 60%~70%，碳质泥岩 3%~5%；R_o 值 1.3%~2.5%，Ⅲ型干酪根	石英砂岩、岩屑石英砂岩	孔隙度 6%~14%，渗透率 0.03~1.00mD，孔喉半径 0.01~0.70mm	含气饱和度 50%~60%，甲烷含量大于 93%	脆性指数 40%~60%，泊松比 0.23，杨氏模量 (2.5~4.0)×10⁴MPa	水平方向，主应力差 7~8MPa，压力系数 0.70~0.95	4	(1.1~1.3)×10⁸m³/km²	(2~4)×10⁴m³/d

表 3-3　致密油气与页岩油气的地质"甜点"、工程"甜点"测评指标对比

评价标准	地质"甜点"				工程"甜点"				
	烃源层	储层	裂缝	局部构造	压力系数	含油饱和度 /%	脆性指数 /%	水平主应力差 / MPa	埋深 /m
	TOC > 2%	孔隙度 6%~12%	微裂缝发育	相对高部位	> 1	> 50	> 40	< 6	< 1500
鄂尔多斯盆地长 6 致密油气	厚 2~20m；TOC：煤 60%~70%，碳质泥岩 3%~5%，R_o 值为 1.3%~2.5%	厚度 2~20m，孔隙度 6%~12%，含油饱和度大于 50%	微裂缝发育	平缓斜坡相对高部位	0.7~0.95	> 50	40~60	< 8	500~1100

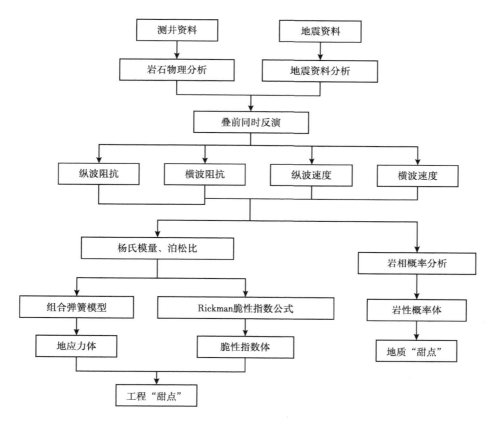

图 3-1　"甜点"测评方法

（1）地质因素测评。

针对致密油储层地质"甜点"评价预测，重点突出"六特性"分析。"六特性"评价，即烃源性、岩性、物性、脆性、含油气性与应力各向异性评价，实现烃源岩品质评价、储层品质评价和工程品质综合评价，确定储层系统油气分布的"甜点区"。"六特性"分析可通过地震、测井等手段得到。

①勘探、岩相方法评价获取。

研究人员使用勘探方法评价获取"甜点"影响因素的方法多样。例如，联合地震多属性、波阻抗反演、随机模拟反演等技术预测优势"甜点"发育区；利用 OVT 域偏移数据进行储层预测，认为"甜点"主要发育于储层厚度大、脆性强及高压的叠合区域，运用不同方位角叠前偏移数据预测储层厚度及脆性，利用有效应力与纵横波速度关系预测异常压力区；采用基于属性建模的地震正反演联合方法，证实"甜点"，并利用分频均方根振幅属性预测"甜点"的发育范围。利用叠前同时反演技术，结合岩相概率分析、Rickman 脆性指数法及组合弹簧模型，建立了一套以叠前同时反演为基础的地质工程"甜点"预测。

"甜点区"地震属性综合预测技术。利用多参数交会分析与叠前弹性反演，确定岩性、孔隙度、脆性等关键参数的平面分布；利用叠后多属性裂缝预测技术，预测和解释裂缝发育区；集成岩性、物性、脆性等多参数分析，预测"甜点区"分布。

叠前同时反演。将叠前共反射点道集按照远、中、近偏移距进行部分叠加，可通过求解 Zoeppritz 方程的近似公式等，得到纵波速度、横波速度、波阻抗等参数，间接得到杨氏模量、泊松比等参数。

岩相概率分析技术。基于叠前同时反演获得的多个弹性参数体，在钻井资料的基础上，利用概率密度函数结合弹性参数反演结果，采用贝叶斯判定公式实现从弹性参数体转化为含地质信息的概率数据体，是将反演的弹性参数转化为地质结果的主要手段之一。

烃源岩"甜点区"预测技术。通过岩样测试、声波／电阻率计算、核磁共振＋密度法等综合评价纵向烃源岩"甜点"分布，连井对比结合沉积相、地震相分析，明确烃源岩"甜点"平面分布特征。烃源性评价旨在寻找高有机质含量区；岩性评价，旨在寻找有效储层发育区。

储层"甜点区"预测技术。综合岩心实测物性资料与有利目的层段的沉积相、成岩相研究，进行孔、渗分布等多图叠合，确定储层"甜点区"。

含油性评价，主要通过烃源岩品质、成熟度、厚度和油气运移通道研究界定。

储层质量评价，主要通过构造格架（距断裂远近、断层活动性、地层倾角、钻进深度）分析，储层品质（储集岩性、总厚度、净厚度、孔隙度、含油饱和度、岩石物理类比、测试数据）分析，可采性（流体性质、原油流动性、流体品质、超压以及烃类标志物参数）分析来确定。

②测井、岩石分析方法评价获取（有时部分指标归结至工程因素）。

测井孔隙度、渗透率、含油饱和度。通过测井资料可以较快获取待压裂井层的孔隙度、渗透率、含油饱和度，为后续压裂选层提供指导。物性评价旨在筛选孔渗性（含裂缝）相对较好的"甜点"。含油气性评价旨在优选含油性好的储层。

测井资料获取岩石力学参数。主要通过以下步骤：（a）通过岩石三轴应力实验、声速测试、抗拉实验等实验获取静态岩石力学参数测试值；（b）利用时差密度拟合法、声速测试拟合法、Gristensen 公式法、基于阵列声波的纵横波拟合法等方法获取横波时差；（c）拟合测试与测井计算值，建立动静态参数转换关系；（d）利用测井资料动静态参数转换法、泥质砂岩 Q 指数法、偶极子声波法、Hoek-Brown 法、T-S 模糊神经网络法等方法进行岩石力学参数的预测。

脆性指数预测。岩石脆性是储层改造需要考虑的重要岩石力学参数之一，反映岩石在一定条件下形成裂缝的能力，脆性越强，形成的裂缝越复杂，从而有效改善储层低渗透情况，获得较高的单井产量。脆性指数的预测主要有 3 种方法：（a）利用脆性矿物含量评价岩石脆性的方法，应用石英含量脆性指数公式求得脆性指数；（b）采用岩石力学实验方法，通过应力—应变曲线直接评价岩石脆性程度，如三轴应力实验；（c）利用地球物理及测井方法求取杨氏模量、泊松比等弹性力学参数，进而通过 Rickman 脆性指数公式求得岩石的脆性指数。其中岩石力学实验费用昂贵且实验周期长，所得结果不连续，在实际应用中有较大局限；脆性矿物含量评价岩石脆性方法简单易操作，当然需注意矿物的多样性。

地应力评价技术。应力各向异性评价旨在沿地应力最小方向钻水平井，以利于储层改造。地应力在油田开发中主要被用于开发井网部署、压裂改造、钻井施工、注水管理等方面。通过岩石力学实验结合阵列声波等测井资料，计算岩石弹性模量，提供孔隙压力、上覆岩层压力、最大／最小水平应力等参数，指导井眼轨迹设计、确定压裂方式和规模。垂向地应力预测方法有分段求和法、密度曲线积分法等。水平地应力预测方法有微分模型、单轴应变模型、三轴应变模型、葛式模型、黄氏模型、组合弹簧模型、Anderson 模型、金尼克模型等。

水平主应力差预测。假设地下岩层的地应力主要为上覆压力和水平方向构造应力，且水平方向构造应力与上覆压力呈正比，考虑了构造应力的影响，但没有考虑岩性对地应力的影响，适用于构造平缓区域；对于构造运动比较剧烈的区域，水平主应力很大部分来源于地质构造运动产生的构造应力，不同性质的地层由于其抵抗外力的变形特点不同，因而其承受的构造应力也不相同，根据组合弹簧的构造运动模型推导出分层地应力计算模型，即组合弹簧模型。

（2）工程因素测评。

针对致密油储层压裂"甜点"的工程因素评价预测，参考储层可压性分析工程影响方面。井筒完整性、井型及水平段长度在完井过程中即给出。压裂施工参数（压裂液注入体积、支撑剂注入量、压裂级数等）、裂缝的系统形成、压裂裂缝的复杂程度等方面，需要在设计过程中优选得出。脆性好、可压裂性指数较大的层段容易进行压裂，而且可压裂性指数越大，压裂缝网越复杂，压裂效果越好。

断裂韧性评价。仅仅通过脆性指数无法真实反映储层的压裂难易程度，部分专家引入断裂韧性等作为可压裂性评价的参数。断裂韧性反映了水力压裂过程中，裂缝形成后维持裂缝向前延伸的能力。地层断裂韧性越小，水力裂缝对地层岩石的穿透能力越强，储层改造体积越大。因此，储层断裂韧性值越小，可压裂性越高。例如，金衍等通过围压下断裂韧性的测试，分析断裂韧性与围压、抗拉强度的关系，得出 Ⅰ 型和 Ⅱ 型断裂韧性计算公式[14-15]。

$$K_{IC} = 0.2176 p_c + 0.0059 S_t^3 + 0.0923 S_t^2 + 0.517 S_t - 0.3322 \qquad (3-1)$$

$$K_{IIC} = 0.0956 p_c + 0.1383 S_t - 0.082 \qquad (3-2)$$

$$p_c = \sigma_h - \alpha p_p \qquad (3-3)$$

式中，K_{IC} 为 I 型裂缝断裂韧性，$MPa \cdot m^{0.5}$；K_{IIC} 为 II 型裂缝断裂韧性，$MPa \cdot m^{0.5}$；p_c 为围压，MPa；S_t 为岩石抗拉强度，MPa；α 为有效应力系数；p_p 为孔隙压力，MPa；σ_h 为水平最小主地应力，MPa。

断裂韧性采用归一化指数进行表示：

$$K_n = 0.5 \frac{(K_{ICmax} - K_{IC})}{K_{ICmax} - K_{ICmin}} + 0.5 \frac{(K_{IICmax} - K_{IIC})}{K_{IICmax} - K_{IICmin}} \tag{3-4}$$

式中，K_n 为断裂韧性归一化指数；K_{ICmax}、K_{ICmin} 为最大、最小 I 型断裂韧性值，$MPa \cdot m^{0.5}$；K_{IICmax}、K_{IICmin} 为最大、最小 II 型断裂韧性值，$MPa \cdot m^{0.5}$。

综合脆性指数评价。综合脆性指数和断裂韧性指数结合最小水平主地应力，建立可压裂性定量评价方程式。最小水平主地应力越小意味着储层所受围压越小，岩石脆性越强，特别是对低强度致密储层影响更为明显；同样，最小水平主地应力同样影响储层断裂韧性，最小水平主地应力越小，断裂韧性越小，进而其临界应变能释放率越小，有利于裂缝扩展[8, 16]。

$$FI = \left[(1-w) B_{rit} + w K_n \right] / \sigma_k^G \tag{3-5}$$

式中，FI 为综合脆性指数、断裂韧性和最小水平主地应力的储层可压裂性，$MPa^{-1} \cdot m$；σ_k^G 为最小水平主地应力梯度，MPa/100m；B_{rit} 为脆性指数；w 为断裂韧性指数的权重系数，本模型取 0.5。

储层可压性。综合考虑脆性指数和断裂韧性指数的致密砂岩储层可压性表达式多样。

$$F_{rac} = (1-w) B_{rit} + w K_n \tag{3-6}$$

对脆性指数和断裂韧性指数给予相等的权重（w=0.5），并通过相互比较得到验证。本模型中的 w 取 0.5。勘探新区 X 地区致密砂岩储层综合考虑脆性指数和断裂韧性指数的可压裂性表达式为：

$$F_{rac} = 0.5 B_{rit} + 0.5 K_n \tag{3-7}$$

根据储层实际特点，可建立综合多指标的工程"甜点"分类标准及压裂增产建议，例如当取脆性指数 $B_{rit} \geq 0.48$，可压裂性 $F_{rac} \geq 0.50$ 和 FI ≥ 0.30 为 I 类工程"甜点"，见表 3-4。

表 3-4 工程"甜点"分类标准（不同储层视具体情况调整）

区块	层位	工程"甜点"分类	脆性指数 B_{rit}	可压裂性 F_{rac}	可压裂性 FI
X 地区	长 6 致密砂岩储层	I	≥ 0.48	≥ 0.50	≥ 0.30
		II	0.42~0.48	0.45~0.50	0.25~0.30
		III	≤ 0.42	≤ 0.45	≤ 0.25

除上述以外，在工程因素选井选层时应同时兼顾以下因素：首选未改造过的新层，且具有较好的代表性，同时在储层物性上兼顾到好、中、差三种类型。首先以工艺成功为目标，逐步优化工艺参数，最终达到提高单井产量的目的。

3.1.3　"甜点"综合分析

（1）"灰关联分析法"基本介绍。

本小节采用"灰关联分析法"针对长 6 段致密裂缝砂岩进行最终"甜点油层"综合分类评价，该方法的基本思想是根据各组成因子的相似程度判断其对整体的贡献[17]。该方法可以对致密裂缝砂岩储层各复杂地质及工程参数进行全面客观的分析，较好地对分类评价工作中各参数贡献量进行权重分配，并根据各自变量参数间的发展趋势的相似程度，来确定评价因素的关联程度，见式（3-8）。

$$\xi_{i0}(k) = \frac{\underset{i}{\min}\,\underset{t}{\min}\,\Delta_{i0}(k) + \rho\,\underset{i}{\max}\,\underset{t}{\max}\,\Delta_{i0}(k)}{\Delta_{i0}(k) + \rho\,\underset{i}{\max}\,\underset{t}{\max}\,\Delta_{i0}(k)} \tag{3-8}$$

式中，$\xi_{i0}(k)$ 为第 i 点 k 项时比较曲线 $\{x_i\}$ 与参考曲线 $\{x_0\}$ 的相对差值，即 x_i 对 x_0 在 k 项上的关联系数。

（2）综合评价优选模型的建立。

图 3-2 为基于"灰关联分析法"的致密裂缝砂岩"甜点油层"综合分类评价的研究流程。优选孔隙度（ϕ）、可动流体饱和度（S_{mf}）、砂岩厚度（H_s）、烃源岩厚度（H_{os}）及裂缝密度（F_d）5 个参数作为灰关联评价指标。

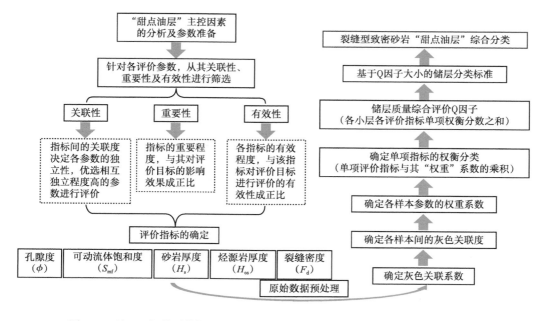

图 3-2　基于"灰关联分析法"的致密裂缝砂岩"甜点油层"综合分类评价流程

以长 6 段致密砂岩储层为例[18-19]，表 3-5 为长 6 段致密砂岩储层各参数分布范围，本小节选取各参数累积频率变化拐点及下限作为储层划分标准界限值（表 3-6）。基于灰关联度大小及权重系数（表 3-7），将各个指标进行排序，得其相关顺序。

表 3-5　长 6 段致密砂岩储层实际参数范围统计表

孔隙度 /%	可动流体饱和度 /%	砂岩厚度 /m	烃源岩厚度 /m	裂缝密度 /（条 /m）
6.11~12.93	43.87~62.19	0~25.8	0~12.5	0.5~2.5

表 3-6　长 6 段致密裂缝"甜点油层"评价标准表

评价指标	I 类	II 类	III 类	IV 类	V 类
孔隙度 /%	> 10	8~10	6~8	4~6	< 4
可动流体饱和度 /%	> 55.0	50.0~55.0	46.5~50.0	45.0~46.5	< 45.0
砂岩厚度 /m	> 12	8~12	5~8	2~5	< 2
烃源岩厚度 /m	> 12	8~12	5~8	2~5	< 2
裂缝密度 /（条 /m）	> 2.0	1.5~2.0	1.3~1.5	0.8~1.3	< 0.8

表 3-7　基于灰关联度大小的各参数权重系数统计表

评价指标	烃源岩厚度 × 裂缝密度	可动流体饱和度	砂岩厚度	孔隙度
权重系数	0.3	0.28	0.25	0.2

通过对以上各类指标的预处理，进一步将其转化为各类指标的单项评价参数，并将单项评价参数进行权重赋值，这样就能得到各类评价参数在整个评价体系中的重要性体现。具体方法是将各类评价单项参数乘以这个权重赋值。最后将所有的乘积相累加，最后的打分就是长 6 段致密砂岩储层"甜点油层"综合分类评价的得分值，也就是储层质量综合评价的 Q 因子。

将 Q 因子作为长 6 段储层分类标准的基础，并结合优选数据得到的权重及综合指标与对应井段平均日产油量分析出的相关关系，最终完成致密裂缝砂岩"甜点油层"综合分类评价研究成果（表 3-8）。由于不同的油价对应不同的产能下限，因此，可以根据不同油价下的产能下限来确定不同级别的"甜点"分布[17, 20]。

表 3-8　长 6 段储层综合评价 Q 因子等级分布表

等级	Q 因子	预计日产油 /t	占井单元总数 /%	储层评价
I 类	0.67~1.00	> 10	2.0	优质
II 类	0.60~0.67	5~10	10.0	较好
III 类	0.50~0.60	1~5	35.5	中等
IV 类	0.47~0.50	0.5~1	35.5	较差
V 类	< 0.47	< 0.5	17.0	不利

3.2　致密油体积压裂

3.2.1　致密油体积压裂技术

体积压裂是指在水力压裂过程中，使天然裂缝不断扩张和脆性岩石产生剪切滑移，形成天然裂缝与人工裂缝相互交错的裂缝网络，从而增加改造体积，提高初始产量和最终采收率[21-22]。

（1）体积压裂的作用机理。

通过水力压裂对储层实施改造，在形成一条或者多条主裂缝的同时，使天然裂缝不断扩张和脆性岩石产生剪切滑移，实现对天然裂缝、岩石层理的沟通，以及在主裂缝的侧向强制形成次生裂缝，并在次生裂缝上继续分支形成二级次生裂缝，以此类推，形成天然裂缝与人工裂缝相互交错的裂缝网络[23-24]，从而将可以渗流的有效储层打碎，实现长、宽、高三维方向的全面改造，增大渗流面积及导流能力，提高初始产量和最终采收率。

（2）水平分段压裂工艺。

目前国际上致密油藏开发中水平分段压裂工艺主要有以下两种。

①衬管固井桥塞射孔工艺。使用该完井技术需要将生产衬管下入到水平井段中，随后注入水泥进行固井，形成环形阻隔。然后将桥塞和射孔枪下放到预设深度，放开桥塞，进行射孔，将地层与井眼连接起来。起出枪壳和坐封工具，采用投球完成坐封，随后进行压裂增产。冲洗井眼，重复上述过程，达到所需级数为止。将桥塞取出，实行返排，并投产。

②裸眼多级压裂工艺。由于受裸眼的实际条件的影响较大，所以在使用水平分段压裂技术进行压裂的过程中，必须要对裸眼条件进行认真分析。采用裸眼多级压裂法，其衬管的内部分流方法有三种，包括投球分流法、桥塞射孔法以及二者结合法。其中，投球分流法是通过进入到裸眼的完井系统实现的，其成本能够重复使用，可靠性更高。具体的工艺为钻完水平段以后，将完井系统与生产衬管共同下入井眼，进行坐封，封隔器采用液压设备或机械设备。封隔器的管柱上都设有压裂孔，将合适尺寸的小球按照顺序投入，再打开压裂孔，便可以通过投球控制滑套，进而控制孔眼的开启。根据压裂级数的需要，进行顺序压裂，完成以后，便可以马上返排，随后便能够投入使用。投球分流法能够令压裂孔和地层相通，优势在于能够减少泵入量，在入球同时完成冲洗，同时每段都可以单独泵入，有效节约时间、成本，并在一定程度上降低风险性。

3.2.2　致密油体积压裂缝网模型

对于低孔隙度、低渗透、低压等因素所导致的低产储层，一般采取压裂措施产生多条裂缝以提高产量。当储层岩性脆性较高并发育天然裂缝时，水平井经分段多簇体积压裂后，通常在近井地带形成复杂裂缝网络的改造区。改造区内的裂缝网络系统以主裂缝为主干，并与多级次生裂缝及天然裂缝纵横交错。其中，裂缝网络大小、裂缝密度以及导流能力都是影响压裂后产能的主控因素[25-26]。

在体积压裂过程中，由于岩石沉积层理弱面以及天然裂缝的存在，人工裂缝在延伸过程中会与天然裂缝或弱面发生显著的相互作用，使天然裂缝不断扩张和脆性岩石产生剪切滑移，形成天然裂缝（沉积层理）与人工裂缝相互交错的裂缝网络。在裂缝型储层中，缝网延伸主要存在三种模式：天然裂缝张开、沿天然裂缝方向的剪切延伸，以及剪切缝延伸后突破裂缝尖端回到主应力方位的转向延伸。压裂裂缝、储层天然裂缝系统共同构成体积压裂缝网形成的关键因素。

（1）体积压裂缝网产生条件。

①应力诱导裂缝形成。

致密储层通常脆性较高，使得在体积压裂过程中，人工裂缝尖端会积聚大量的能量，使裂缝尖端的应力集中更加显著，压裂裂缝扩展过程中在尖端形成塑性区，当塑性区内剪应力超过地层岩石强度后，在裂缝尖端形成端部诱导裂缝（即应力释放缝），因此诱导裂缝为剪切缝。在特定条件下，随着剪切裂缝的张性扩展，在主裂缝周围形成一系列诱导裂缝。这些诱导缝如果条件允许继续扩展，将成为体积裂缝的一部分。对于非裂缝型的脆性致密砂岩储层，由于产生应力诱导缝，从天然裂缝形成的实质上，也是由于应力变化后剪应力超过岩石抗剪切强度时发生剪切破坏形成，因此，非裂缝型储层形成缝网从这种意义上讲是天然裂缝型储层形成缝网的一种特殊形式。

由于压裂裂缝尖端应力集中，压裂裂缝扩展过程中在尖端形成塑性区，当塑性区内剪应力超过地层岩石强度后，在裂缝尖端形成端部诱导裂缝。

长度为 $2a$ 的裂缝在双轴应力和内部流体压力作用下，如图3-3所示，水平最小主应力为 σ_3 垂直于裂缝表面，裂缝沿水平最大主应力（σ_1）方向扩展。假定压应力为负，则离开裂缝无限远处的应力为：

$$\sigma_{xx} = -\sigma_1, \quad \sigma_{yy} = -\sigma_3 \quad (\sigma_1 \geqslant \sigma_3 > 0) \tag{3-9}$$

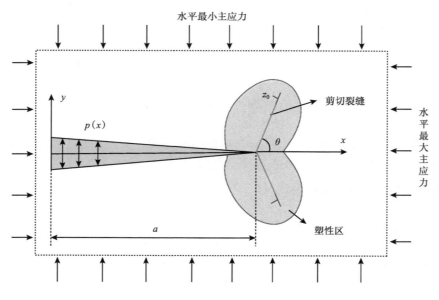

图3-3　塑性区剪切裂缝模型

裂缝尖端塑性区产生两条共轭的剪切裂缝，如图 3-3 所示，岩石的破裂准则由莫尔—库仑破坏准则来确定。

$$|\tau| + \sigma_n \tan\phi = c, \ \sigma_n < 0 \qquad (3-10)$$

式中，τ 为剪切裂缝面上的剪应力，MPa；σ_n 为剪切裂缝面上的正应力，MPa；ϕ 为内摩擦角，（°）；c 为内聚力，MPa。

$$z_0 = l\mathrm{e}^{i\theta}, \ \left|\mathrm{i}^2\right| = -1 \qquad (3-11)$$

式中，l 为裂缝长度，m；θ 为裂缝与 x 轴的夹角，（°）。

在这种情况下，平均剪切强度是正值。所以滑移面使裂缝尖端的奇点松弛。复杂的 Burgers 矢量可表示为：

$$\boldsymbol{b} = b_1 + \mathrm{i}b_2 = |b|\mathrm{e}^{\mathrm{i}\theta} \qquad (3-12)$$

根据塑性区剪切模型，剪切发生的位置、角度和强度由下面的控制条件来确定：裂缝尖端处总的应力强度因子为零；剪切裂缝所受的总应力满足莫尔—库仑准则；总的裂缝张开口处的位移达到最大值，此准则大部分情况下都不能满足。

②应力诱导裂缝延伸判别条件。

综合考虑储层应力、岩性和人工裂缝参数，研究确定应力释放缝形成地质条件，给出了关于地层内聚力、内摩擦角以及裂缝尖端压力的关系图版，建立了应力释放缝延伸的力学条件。

由公式（3-30）可知，如果公式成立，则需要 $h_0 > 0$，此即为人工裂缝尖端塑性区诱导裂缝形成的条件。此时存在条件 $h_0 > 0$，则：

$$p_0 > c / \tan\phi + (\sigma_1 - \sigma_3)\left[\sin 2\theta / \tan\phi + \frac{1}{2}(1 - \cos 2\theta)\right] \qquad (3-13)$$

式中，p_0 为裂缝尖端压力，MPa。

由公式（3-13）可知，裂缝尖端压力 p_0 与岩石强度和应力差相关，应力强度包括内聚力和内摩擦角。根据公式（3-13），可以绘制出诱导裂缝形成图版。

通过对比不同应力差条件下的诱导裂缝形成条件，可以看出裂缝尖端的临界压力随着水平应力差的增大而增大，此时越不容易形成诱导的剪切裂缝。而在同一图版中，裂缝尖端的临界压力随着岩石材料内聚力的增大而增大，这说明内聚力越大，临界压力越高，越不容易形成诱导剪切裂缝；内聚力越小，越容易形成诱导剪切裂缝。

③应力诱导裂缝延伸方向。

根据力学叠加原理，图 3-3 中复杂问题可以分解成三种简单力学问题叠加而成，如图 3-4 所示。力学问题（a）：弹性地层中没有平直裂缝的存在，即只考虑原地应力场。力学问题（b）：在没有原地应力场的条件下，材料中存在水力压裂裂缝，裂缝内部受力满足 $\sigma(x) = p(x) - \sigma_3$。力学问题（c）：考虑人工裂缝与剪切裂缝的相互作用。在图 3-4 模型中，由于塑性区相对于人工裂缝尺寸非常小，因此，$l \ll a$。对于力学问题（b），裂缝内部表面的作用力为：

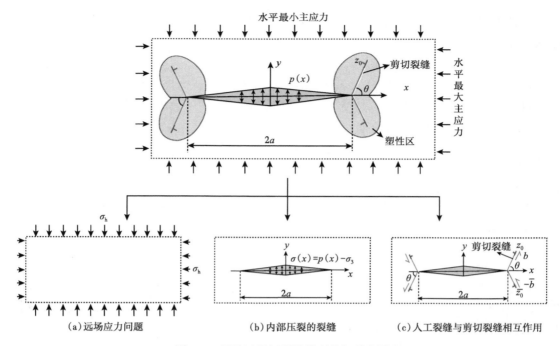

图 3-4　塑性区剪切裂缝模型分解示意图

$$\sigma(x) = p(x) - \sigma_3 \tag{3-14}$$

式中，$p(x)$ 为沿 x 方向的缝内压力；$\sigma(x)$ 为裂缝内部表面的作用力。

裂缝尖端附近，Muskhelishvili 势能可以表示为：

$$\Phi_{\mathrm{el}}(x) = \frac{K_{\mathrm{I}}^{\mathrm{el}}}{2\sqrt{2\pi z}} - \frac{\sigma(0)}{2} + O\left(\sqrt{\frac{z}{a}}\right)\sigma^*\ (|z| \ll a) \tag{3-15}$$

式中，$\Phi_{\mathrm{el}}(x)$ 为势能；$K_{\mathrm{I}}^{\mathrm{el}} = (p^* - \sigma_3)\sqrt{\pi a}$，这表示第 I 型应力强度因子；$I$ 为裂缝尖端位置；a 为裂缝半缝长。

$$p^* = \sigma_3 + \frac{1}{\pi a}\int_{-2a}^{0}\sigma(x)\sqrt{\frac{2a+x}{-x}}\mathrm{d}x \tag{3-16a}$$

$$\sigma^* = \frac{1}{4a}\int_{-2a}^{0}\frac{\sigma(x)(x-2a)}{\sqrt{-x(2a+x)}}\mathrm{d}x - 2a\int_{-2a}^{0}\frac{\sigma(x)-\sigma(0)}{x\sqrt{-x(2a+x)}}\mathrm{d}x \tag{3-16b}$$

在力学问题（b）中，在剪切 z_0 处应力表示为：

$$\begin{cases} \sigma_n^{\mathrm{B}} = \dfrac{K_{\mathrm{I}}^{\mathrm{el}}}{(2\pi l)^{1/2}}\cos^3\dfrac{\theta}{2} - [p(0)-\sigma_3] + O\left(\sqrt{\dfrac{l}{a}}\right) \\[4mm] \tau^{\mathrm{B}} = \dfrac{K_{\mathrm{I}}^{\mathrm{el}}}{(2\pi l)^{1/2}}\dfrac{1}{2}\sin\dfrac{\theta}{2} + O\left(\sqrt{\dfrac{l}{a}}\right) \end{cases} \tag{3-17}$$

式中，σ_n^B 为剪切 z_0 处的正应力；τ^B 为剪切 z_0 处的剪应力；l 为塑性区尺寸。

使用 Muskhelishvili 公式计算，在 $z=x+\mathrm{i}y=r\mathrm{e}^{\mathrm{i}\theta}$ 处正应力 $\sigma_n=\sigma_{rr}$，剪应力 $\tau=\tau_{r\theta}$。

$$\sigma_n + \mathrm{i}\tau = \Phi_c(z) + \overline{\Phi_c(z)} + \left[\overline{\Phi_c}(z) - \Phi_c(z) - (z-\overline{z})\Phi_c'(z) + \Gamma'\right]\mathrm{e}^{2\mathrm{i}\theta} \qquad (3\text{-}18)$$

$\Gamma'=0$ 为无限远处零应力的情况，K_I^{el} 独立于 l，从以上公式得到：

$$\frac{K_I^{el}}{\sqrt{\pi a}} = O(1), \frac{K_I^{el}}{\sqrt{\pi l}} = O\left(\sqrt{\frac{a}{l}}\right), l \ll a \qquad (3\text{-}19)$$

假定当 $l\to 0$，并且压强分布式为 $p(x)$ 时，a 是一个常数。则 $\sigma(x)=p(x)-\sigma_3$，或者独立于 a，或者是：以上关系式保持不变，而 l 是固定的，并且 $a\to\infty$。对于每一种情况，裂缝尖端总的应力强度因子为零。力学问题（c）中 K_I^d 由两项剪切导致，但右裂缝尖端的应力强度因子将 K_I^{el} 抵消；其中 K_I^{el} 参考力学问题（b）中方向。

$$K_I^{el} + K_I^d = 0 \qquad (3\text{-}20)$$

由于剪切诱发的应力强度因子可以由一般公式得到：

$$K_I + \mathrm{i}K_{II} = \lim_{z\to 0}\left[2\sqrt{2\pi z}\,\Phi(z)\right] \qquad (3\text{-}21)$$

由于对称性，剪切产生的 I 型应力强度因子在 z_0 和 $\overline{z_0}$ 处是相等的。裂缝剪切图中 K_I 的精确值如图 3-5 所示。可以很方便得到 K_I^d 的渐近表达式，可得到：

$$\frac{1}{2}K_I^d = -\frac{2\pi D|b|\sin\theta}{(2\pi l)^{1/2}}\left[3\cos\left(\frac{\theta}{2}\right) - \sqrt{\frac{2l}{a} - O\left(\frac{l}{a}\right)}\right], l \ll a \qquad (3\text{-}22)$$

式中，b 为外载；l 为图 3-5 中剪切区长度。

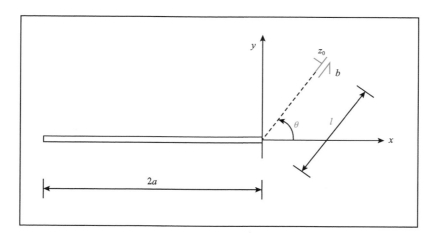

图 3-5 无载裂缝与一个受外载 b 作用的位错之间相互作用的弹性问题

式（3-22）给出了 $|b|$ 和 l 的关系式，此式不仅和 K_I^{el} 有关，而且和人工裂缝的半长 a 有关。把式（3-16b）代入式（3-22），可以得到应力的渐近扩展二项式：

$$\sigma_n^C = \left[\frac{K_I^{el}}{(2\pi l)^{1/2}} + \frac{K_I^{el}}{(\pi a)^{1/2}} \frac{1}{3\cos(\theta/2)} \right] \times$$

$$\left[\frac{\cot\theta + \sin(2\theta)}{6\sin\theta\cos(\theta/2)} - \frac{9\cos^2\theta + 12\cos\theta - 1}{48\cos^2(\theta/2)} + O\left(\frac{l}{a}\right) \right] \tag{3-23}$$

$$+ \frac{K_I^{el}}{3(\pi a)^{1/2}} \cos^2\frac{\theta}{2}, l \ll a$$

$$\tau^C = -\left[\frac{K_I^{el}}{(2\pi l)^{1/2}} + \frac{K_I^{el}}{(\pi a)^{1/2}} \frac{1}{3\cos(\theta/2)} \right] \times$$

$$\left[\frac{1}{6\sin\theta\cos(\theta/2)} + O\left(\frac{l}{2}\right) \right] + \frac{K_I^{el}}{(2\pi l)^{1/2}} \frac{\sin\theta}{6}, l \ll a \tag{3-24}$$

式中，σ_n^C 为剪切 z_0 处、渐近扩展形式表示的正应力；τ^C 为剪切 z_0 处、渐近扩展形式表示的剪应力。

在力学问题（a）中，远处应力场由式（3-25）给出，在错位平面的韧性位错为 z_0，则：

$$\sigma_n^A = -\frac{\sigma_1 + \sigma_3}{2} + \frac{\sigma_1 - \sigma_3}{2}\cos(2\theta), \tau^A = \frac{\sigma_1 - \sigma_3}{2}\sin(2\theta), \sigma_1 \geqslant \sigma_3 > 0 \tag{3-25}$$

考虑式（3-19），力学问题（a）、（b）、（c）叠加后得到表达式：

$$\sigma_n = \frac{K_I^{el}}{(\pi a)^{1/2}}\left[\sqrt{\frac{a}{l}} + \frac{\sqrt{2}}{3\cos(\theta/2)} \right] f_2(\theta) - p(0) - \frac{\sigma_1 - \sigma_3}{2}\left[1 - \cos(2\theta) \right] + O\left(\sqrt{\frac{l}{a}}\right) \tag{3-26}$$

$$\tau = \frac{K_I^{el}}{(\pi a)^{1/2}}\left[\sqrt{\frac{a}{l}} + \frac{\sqrt{2}}{3\cos(\theta/2)} \right] f_1(\theta) + \frac{\sigma_1 - \sigma_3}{2}\sin(2\theta) + O\left(\sqrt{\frac{l}{a}}\right) \tag{3-27}$$

应力在裂缝位错处的 $z_0 = le^{i\theta}$。

$$f_1(\theta) = \frac{3\sin^2\theta\cos^2(\theta/2) - 1}{6\sin\theta\cos(\theta/2)}$$

$$f_2(\theta) = \frac{3\sin^2\theta\cos^2(\theta/2) - 1}{6\sin\theta\cos(\theta/2)} - \frac{9\cos^2\theta + 12\cos\theta - 1}{48\cos^3(\theta/2)} + \cos^3(\theta/2) \tag{3-28}$$

在以上公式中，$f_2(\theta)$ 总是正值，θ 介于 0 和 π 之间变化主要的条件 $K_I^{el}/l^{1/2} = O(a/l)^{1/2}$ 使 σ_n 为正值。应力在后两项 $O(l)$ 为负的情况下也可能变为负值。将式（3-26）和式（3-27）代入式（3-10），得到：

$$\frac{K_I^{el}}{(2\pi l)^{1/2}}\left[\pm f_1(\theta) + \tan\phi f_2(\theta) \right] \pm \frac{\sigma_1 - \sigma_3}{2}\sin(2\theta) -$$

$$\tan\phi\left\{ p(0) + \frac{\sigma_1 - \sigma_3}{2}\left[1 - \cos(2\theta) \right] \right\} = c \tag{3-29}$$

省略无穷小项，整理得到：

$$\sqrt{\frac{l}{a}} = \frac{1}{\sqrt{2}} \frac{f_1(\theta) + f_2(\theta)\tan\phi}{h_0} \quad (3\text{-}30)$$

$$h_0 = \frac{c}{\Delta p} - \frac{\sigma_1 - \sigma_3}{2\Delta p}\sin(2\theta) + \tan\phi\left\{\frac{p(0)}{\Delta p} + \frac{\sigma_1 - \sigma_3}{2\Delta p}[1 - \cos(2\theta)]\right\} \quad (3\text{-}31)$$

$$\theta = 70.5 \quad (3\text{-}32)$$

由公式（3-32）可知，人工裂缝尖端诱导形成剪切裂缝的方位与水平最大应力夹角为70.5°，形成一对由裂缝尖端出发的共轭剪切裂缝。

（2）体积压裂缝网渗流模型。

目前，对水平井体积压裂后形成裂缝网络的表征以及渗流模型的建立主要有两类处理方法。即 Brown、Ozkan、Imad 等国外学者将改造区内的裂缝网络（各压裂段之间）完全等效为双重孔隙介质，通过耦合线性流模型对其流动过程进行建模；国内学者苏玉亮引入体积压裂带宽的概念对缝网表征方法及渗流模型进行了扩展，认为在段间距较大时，各段之间的部分区域仍未被改造，即段间同时包含了改造区和未改造区。以上学者均是将缝网等效为双重孔隙介质，所建立的渗流模型对压裂优化设计和压后产能评价具有一定的指导意义。但当段间距、簇间距较大以及天然裂缝发育程度较低，即缝间距较大时，缝网可能达不到等效为双重孔隙介质的要求。

假设在一个压裂段内，存在天然缝与人工缝，各段内人工缝条数对应分簇数，天然裂缝等间距分布在人工缝上，并与其正交，相邻段有以下三种基本模式：①压裂段相互独立，各缝网系统不相交，如图 3-6（a）所示；②压裂段重叠，缝网系统通过天然缝沟通，如图 3-6（b）所示；③压裂段既重叠又独立，重叠部分通过天然缝沟通，如图 3-6（c）所示。地层流体从基质向生产井筒流动中，存在基质到天然裂缝、基质到人工裂缝、天然裂缝到人工裂缝和人工裂缝到井筒四个流动过程。前两种为油藏流动，后两者为缝网内部流动。

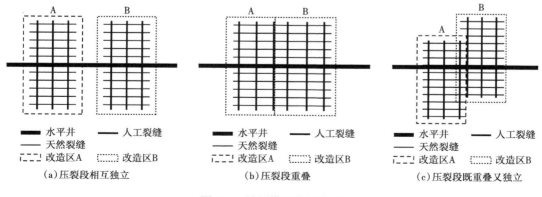

图 3-6　缝网模型表征模式

压裂基本参数：水平井共进行了 M_F 段压裂，每段有 S_F 簇，段间距为 L_D，簇间距为 L_S，每条压裂缝完全穿透储层，人工缝半长为 L_F，导流能力为 $K_F w_F$；天然缝与人工缝正交，天然缝长度为 L_f，导流能力为 $K_f w_f$，以密度 ρ_f 等间距分布在人工缝上；油层为均质、等厚、上下封闭无界油藏；忽略油藏中流体、基质和裂缝的可压缩性，即地层流体流动为单相稳态渗流（图 3-7）。

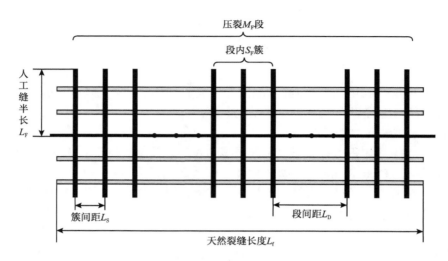

图 3-7　体积压裂缝网示意图

首先，将人工缝和天然缝离散为若干微元，各裂缝微元有不同的压力和流量。每条人工裂缝半长等分为 N_F 个长度为 ΔL_F 的微元；每条天然裂缝等分为 N_f 个长度为 ΔL_f 的微元，则缝网中共有微元 N_S 个，$N_S = M_F S_F N_F + \rho_f L_f N_f$。其次，将人工裂缝微元从下到上，从左到右依次编号，则第 i 条人工裂缝中的第 j 个微元编号为 $N_F(i-1)+j$，其中，$1 \leqslant i \leqslant M_F S_F$，$1 \leqslant j \leqslant N_F$。同理，将天然裂缝微元从左到右，从下到上依次编号，则第 i 条天然裂缝中的第 j 个微元编号为 $M_F S_F N_F + N_f(i-1)+j$，其中，$1 \leqslant i \leqslant \rho_f L_f$，$1 \leqslant j \leqslant N_f$。

①油藏流动方程。

由势方程可知，第 i 个裂缝微元在油层 $M(x,y)$ 点产生的势为：

$$\Phi_{M,i}(x,y) = \frac{q_{Ffi}}{2\pi h}\phi_{Mi}(x,y) \tag{3-33}$$

其中，$1 \leqslant i \leqslant N_S$，$\Phi_{M,i}(x,y)$ 为油层中 $M(x,y)$ 点的势函数，m^2/d；$\phi_{M,i}(x,y)$ 为势函数的几何部分；q_{Ffi} 为油层流向裂缝微元的流量，m^3/d；h 为油层厚度，m。

设供给边界处的势为 Φ_e，由叠加原理可得，体积压裂水平井正常生产时在点 $M(x,y)$ 产生的势为：

$$\Phi_M(x,y) = \Phi_e(x_e,y_e) - \frac{1}{2\pi h}\sum_{i=1}^{N_S} q_{Ffi}\left[\phi_{e,i}(x_e,y_e) - \phi_{Mi}(x,y)\right] \tag{3-34}$$

将式（3-34）应用于裂缝网络中的全部微元，则每个裂缝微元压力与流量的关系矩阵为：

$$A_{N_S \cdot N_S} \cdot \boldsymbol{q}_{Ff} = -\alpha \left(\boldsymbol{p}_e - \boldsymbol{p}_{Ff} \right), \quad \boldsymbol{q}_{Ff} = \begin{bmatrix} q_{Ff1} & q_{Ff2} & q_{Ff3} & \cdots & q_{FfN_S} \end{bmatrix}^T,$$

$$\boldsymbol{p}_{Ff} = \begin{bmatrix} p_{Ff1} & p_{Ff2} & p_{Ff3} & \cdots & p_{FfN_S} \end{bmatrix}^T, \quad \alpha = \frac{2\pi K_m h}{\mu} \tag{3-35}$$

式中，p_e 为供给边界处的压力，MPa；p_{Ffi} 为第 i 个裂缝微元的压力，MPa；K_m 为油层渗透率，mD；μ 为地层流体黏度，mPa·s；$\phi_{i, j}$ 和 $\phi_{e, j}$ 分别表示第 j 个裂缝微元在第 i 个裂缝微元中心及供给边界处产生势的几何部分。给定裂缝微元压力 p_{Ffi}，q_{Ffi} 为油层到裂缝微元的流量。

②裂缝网络内部流动方程。

先不考虑人工缝与天然缝正交所形成的交汇流动，通过组合两种缝的离散控制方程，形成包含人工缝和天然缝的拟缝网流动；再利用星三角变换法对相交的裂缝微元控制方程进行变换，进而修正之前得到的拟缝网流动方程来体现两种缝的交汇流动。

拟缝网流动。人工缝与天然缝内流动为一维稳态渗流。以人工缝为例，其稳态流动表达式为：

$$\frac{\partial^2 \boldsymbol{p}_{Ff}}{\partial \varepsilon^2} + \frac{\mu}{K_F w_F} \frac{\boldsymbol{q}_{Ff}}{h} = 0 \tag{3-36}$$

离散式（3-36）为有限差分形式，则对于任意裂缝微元，其离散后的控制方程为：

$$\begin{cases} TY p_{Ffi-1} - 2TY p_{Ffi} + TY p_{Ffi+1} = -q_{Ffi} \\ TX p_{Ffi-1} - 2TX p_{Ffi} + TX p_{Ffi+1} = -q_{Ffi} \end{cases} \tag{3-37}$$

式中，$TY = K_F w_F h / (\mu \Delta L_F)$，$TX = K_f w_f h / (\mu \Delta L_f)$；$K_F w_F$ 为人工缝导流能力，D·cm；$K_f w_f$ 为天然缝导流能力，D·cm；ΔL_f 为天然裂缝微元长度，m。

人工缝与天然缝交汇流动。以人工缝与天然缝的某一正交单元为研究对象，示意图如图 3-8 所示。图 3-8 中标号 1、3 表示天然缝微元，标号 2、4 表示人工缝微元，标号 0 为交汇单元。由于交汇点导流能力与裂缝微元相近，流动截面积相同，因此各裂缝微元与交汇单元之间的传导率为：

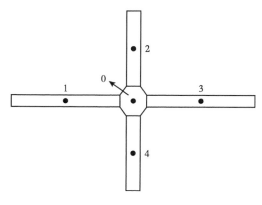

图 3-8　人工裂缝与天然裂缝正交单元

1，3—天然缝微元；2，4—人工缝微元；0—交汇单元

$$\begin{cases} T_{10} = 2TX, T_{30} = 2TX \\ T_{20} = 2TY, T_{40} = 2TY \end{cases} \tag{3-38}$$

人工缝与天然缝交汇流动时，需知交汇单元 0 及裂缝微元的压力，才能确定缝网内流体在裂缝微元之间的流动方向及流量分配。但在油藏流动中，交汇单元相对于裂缝微元体积太小，不能作为源项来处理，即不能作为计算点。因此，交汇单元在油藏流动和缝网流动耦合时为奇异点。为消除交汇点，引入星三角变换法来等效处理。经以上变换后，消除了交汇点，使得裂缝微元直接相邻，其相互之间的流体流向及流量大小由裂缝微元的压差和传导率决定。依据星三角变换法，两个裂缝微元间的传导率由式（3-39）计算：

$$T_{ij} = T_{i0} T_{j0} \Big/ \sum_{k=1}^{4} T_{k0} \tag{3-39}$$

以图 3-8 中标号为 4 的人工缝微元为例，假设与其相邻的另一人工缝微元标号为 5。在不考虑人工缝与天然缝交汇流动时，根据等式（3-37），其流动方程：

$$TY p_{\mathrm{Ff2}} - 2TY p_{\mathrm{Ff4}} + TY p_{\mathrm{Ff5}} = -q_{\mathrm{Ff4}} \tag{3-40}$$

③油藏与缝网耦合流动。

油藏流动中，要得到油层流向裂缝微元的流量 q_{Ff}，必须已知裂缝微元的压力 p_{Ff}；而在缝网内部流动中，要求解裂缝微元的压力，则须已知油层流向裂缝微元的流量。该两个流动方程的求解是相互耦合的过程。利用油藏流动等式和经星三角变换法修正后的缝网内部流动等式，消去 q_{Ff}，得计算 p_{Ff} 等式：

$$\left(A_{N_{\mathrm{S}} \times N_{\mathrm{S}}} C_{N_{\mathrm{S}} \times N_{\mathrm{S}}} - \alpha I \right) p_{\mathrm{Ff}} = A_{N_{\mathrm{S}} \times N_{\mathrm{S}}} D_{N_{\mathrm{S}} \times N_{\mathrm{S}}} - \alpha p_{\mathrm{e}} \tag{3-41}$$

式中，I 为 $N_{\mathrm{S}} \times N_{\mathrm{S}}$ 单位矩阵；$C_{N_{\mathrm{S}} \times N_{\mathrm{S}}}$，$D_{N_{\mathrm{S}} \times N_{\mathrm{S}}}$ 为油藏流动方程、拟缝网流动联合消去 q_{Ff} 过程的变换矩阵。将求解的 p_{Ff} 代回，便求得 q_{Ff}，进而得到缝网中每条裂缝的产量和体积压裂水平井总产量。

3.2.3 致密油压裂水平井产能模型

致密油藏储层致密，孔渗条件不好，储层流体渗流时所遇阻力较大，需要考虑启动压力梯度。由于压裂工艺复杂、涉及地质 / 工程参数多，油井生产过程中压裂产生的多条裂缝之间会产生干扰现象，这些均会使压裂后水平井产能计算难度增大。结合致密油藏水平井压裂的渗流过程和致密油的渗流特征，应用复位势理论和势叠加原理，建立考虑启动压力梯度和裂缝干扰现象的压裂水平井产能预测模型[27-29]。

（1）压裂水平井产能预测模型。

致密油藏压裂水平井的整个渗流过程可以分为基质—裂缝和裂缝—井筒两个部分，经压裂改造获得的 N 条裂缝同时生产，各条裂缝全部点汇对第 i 条裂缝左翼尖端产生的压降表达式为：

$$\left(p_i - p_{\mathrm{fl}i} - Gr \right)\big|_N = \sum_{k=1}^{N} \left(\begin{array}{l} \displaystyle\sum_{j=1}^{n} \frac{q_{\mathrm{fl}kj}\mu B}{4\pi Kh} \left\{ -\mathrm{Ei}\left[-\frac{\left(x_{\mathrm{fl}i} - x_{\mathrm{fl}kj}\right)^2 + \left(y_{\mathrm{fl}i} - y_{\mathrm{fl}kj}\right)^2}{4\eta t} \right] \right\} \\ + \displaystyle\sum_{j=1}^{n} \frac{q_{\mathrm{fr}kj}\mu B}{4\pi Kh} \left\{ -\mathrm{Ei}\left[-\frac{\left(x_{\mathrm{fl}i} - x_{\mathrm{fr}kj}\right)^2 + \left(y_{\mathrm{fl}i} - y_{\mathrm{fr}kj}\right)^2}{4\eta t} \right] \right\} \end{array} \right) \tag{3-42}$$

式中，$p_{\mathrm{fl}i}$ 为第 i 条裂缝左翼尖端的压力，Pa；G 为启动压力梯度，Pa/m；r 为油藏某点距井筒的距离，m；$q_{\mathrm{fl}kj}$ 为第 k 条裂缝右翼上第 j 个点汇的产量，m³/s；$q_{\mathrm{fr}kj}$ 为第 k 条裂缝右翼上第 j 个点汇的产量，m³/s；$(x_{\mathrm{fl}kj}, y_{\mathrm{fl}kj})$ 为第 k 条裂缝左翼上第 j 个点汇坐标；$(x_{\mathrm{fr}kj}, y_{\mathrm{fr}kj})$ 为第 k 条裂缝右翼上第 j 个点汇坐标。

　　t 时刻经压裂改造获得的 N 条裂缝同时生产，各条裂缝全部点汇对第 i 条裂缝右翼尖端产生的压降表达式为：

$$\left.\left(p_i - p_{\mathrm{fr}i} - Gr\right)\right|_N = \sum_{k=1}^{N}\left(\begin{array}{l}\displaystyle\sum_{j=1}^{n}\frac{q_{\mathrm{fl}kj}\mu B}{4\pi Kh}\left\{-\mathrm{Ei}\left[-\frac{\left(x_{\mathrm{fr}i}-x_{\mathrm{fl}kj}\right)^2+\left(y_{\mathrm{fr}i}-y_{\mathrm{fr}kj}\right)^2}{4\eta t}\right]\right\}\\[2mm]\displaystyle +\sum_{j=1}^{n}\frac{q_{\mathrm{fr}kj}\mu B}{4\pi Kh}\left\{-\mathrm{Ei}\left[-\frac{\left(x_{\mathrm{fr}i}-x_{\mathrm{fr}kj}\right)^2+\left(y_{\mathrm{fr}i}-y_{\mathrm{fr}kj}\right)^2}{4\eta t}\right]\right\}\end{array}\right) \tag{3-43}$$

式中，$p_{\mathrm{fr}i}$ 为第 i 条裂缝右翼尖端的压力，Pa。

　　求出裂缝左、右两翼尖端压力之后，可以用二者的平均值来近似表示该裂缝的尖端压力，因此，根据式（3-42）和式（3-43）可以得出 N 条裂缝同时生产时，t 时刻各裂缝全部点汇对第 i 条裂缝尖端所产生的平均压力为：

$$
\begin{aligned}
p\left(x_{\mathrm{fi}}, y_{\mathrm{fi}}, t\right) &= \frac{p_{\mathrm{fl}i} + p_{\mathrm{fr}i}}{2} \\[2mm]
&= p_i - Gr - \frac{1}{2}\left[\begin{array}{l}\displaystyle\sum_{k=1}^{N}\left(\begin{array}{l}\displaystyle\sum_{j=1}^{n}\frac{q_{\mathrm{fl}kj}\mu B}{4\pi Kh}\left\{-\mathrm{Ei}\left[-\frac{\left(x_{\mathrm{fl}i}-x_{\mathrm{fl}kj}\right)^2+\left(y_{\mathrm{fl}i}-y_{\mathrm{fl}kj}\right)^2}{4\eta t}\right]\right\}\\[2mm]\displaystyle +\sum_{j=1}^{n}\frac{q_{\mathrm{fr}kj}\mu B}{4\pi Kh}\left\{-\mathrm{Ei}\left[-\frac{\left(x_{\mathrm{fl}i}-x_{\mathrm{fl}kj}\right)^2+\left(y_{\mathrm{fl}i}-y_{\mathrm{fl}kj}\right)^2}{4\eta t}\right]\right\}\end{array}\right)+ \\[4mm]\displaystyle\sum_{k=1}^{N}\left(\begin{array}{l}\displaystyle\sum_{j=1}^{n}\frac{q_{\mathrm{fl}kj}\mu B}{4\pi Kh}\left\{-\mathrm{Ei}\left[-\frac{\left(x_{\mathrm{fr}i}-x_{\mathrm{fl}kj}\right)^2+\left(y_{\mathrm{fl}i}-y_{\mathrm{fl}kj}\right)^2}{4\eta t}\right]\right\}\\[2mm]\displaystyle +\sum_{j=1}^{n}\frac{q_{\mathrm{fr}kj}\mu B}{4\pi Kh}\left\{-\mathrm{Ei}\left[-\frac{\left(x_{\mathrm{fr}i}-x_{\mathrm{fr}kj}\right)^2+\left(y_{\mathrm{fr}i}-y_{\mathrm{fr}kj}\right)^2}{4\eta t}\right]\right\}\end{array}\right)\end{array}\right]
\end{aligned} \tag{3-44}
$$

　　设第 k 条裂缝的产量为 $q_{\mathrm{f}k}$，裂缝左翼的长度为 $L_{\mathrm{fl}k}$，裂缝右翼的长度为 $L_{\mathrm{fr}k}$。根据假设条件，所有流体沿裂缝面均匀流入裂缝，因此，第 k 条裂缝左、右两翼的产量可按裂缝长度所占权重分别表示为：

$$q_{\mathrm{fl}k} = \frac{L_{\mathrm{fl}k}}{L_{\mathrm{fl}k} + L_{\mathrm{fr}k}}q_{\mathrm{f}k}, \quad q_{\mathrm{fr}k} = \frac{L_{\mathrm{fr}k}}{L_{\mathrm{fl}k} + L_{\mathrm{fr}k}}q_{\mathrm{f}k} \tag{3-45}$$

式中，q_{flk} 为第 k 条裂缝左翼的产量，m^3/s；q_{frk} 为第 k 条裂缝右翼的产量，m^3/s。

将第 k 条裂缝左、右两翼分成 n 份，则每一份的产量即每一个点汇的产量为左、右两翼产量的 $1/n$，因此裂缝左、右两翼第 j 个点汇的产量分别为：

$$q_{flkj} = \frac{L_{flk}}{(L_{flk} + L_{frk})n}q_{fk}, q_{frkj} = \frac{L_{frk}}{(L_{flk} + L_{frk})n}q_{fk} \quad (3-46)$$

将式（3-46）中的 q_{flkj}、q_{frkj} 代入式（3-44）中可得到：

$$
\begin{aligned}
&p_i - p(x_{fi}, y_{fi}, t) - Gr \\
&= -\frac{1}{2}
\begin{bmatrix}
\sum_{k=1}^{N}\left(
\begin{array}{l}
\sum_{j=1}^{n}\dfrac{\frac{L_{flk}}{(L_{flk}+L_{frk})n}q_{fk}\mu B}{4\pi Kh}\left\{-\text{Ei}\left[-\dfrac{(x_{fli}-x_{flkj})^2+(y_{fli}-y_{flkj})^2}{4\eta t}\right]\right\} \\
+\sum_{j=1}^{n}\dfrac{\frac{L_{frk}}{(L_{flk}+L_{frk})n}q_{fk}\mu B}{4\pi Kh}\left\{-\text{Ei}\left[-\dfrac{(x_{fli}-x_{flkj})^2+(y_{fli}-y_{flkj})^2}{4\eta t}\right]\right\}
\end{array}\right) \\
+\sum_{k=1}^{N}\left(
\begin{array}{l}
\sum_{j=1}^{n}\dfrac{\frac{L_{flk}}{(L_{flk}+L_{frk})n}q_{fk}\mu B}{4\pi Kh}\left\{-\text{Ei}\left[-\dfrac{(x_{fri}-x_{flkj})^2+(y_{fli}-y_{flkj})^2}{4\eta t}\right]\right\} \\
+\sum_{j=1}^{n}\dfrac{\frac{L_{frk}}{(L_{flk}+L_{frk})n}q_{fk}\mu B}{4\pi Kh}\left\{-\text{Ei}\left[-\dfrac{(x_{fri}-x_{frkj})^2+(y_{fri}-y_{frkj})^2}{4\eta t}\right]\right\}
\end{array}\right)
\end{bmatrix}
\end{aligned}
\quad (3-47)
$$

油藏流体由第 i 条裂缝流向水平井井筒的过程可以看成是一个小型平面径向流油藏，其边界压力为第 i 条裂缝尖端压力 $p(x_{fi}, y_{fi}, t)$，井底流压为第 i 条裂缝起裂点处的压力 p_{wfi}，地层厚度为第 i 条裂缝的厚度 w_{fi}，利用流动面积相等的原理计算得到其流动半径为 $\sqrt{(L_{fli} + L_{fri})h/\pi}$。因此第 i 条裂缝向水平井井筒的渗流过程可以表示为：

$$p(x_{fi}, y_{fi}, t) - p_{wfi} = \frac{q_{fi}\mu B}{2\pi K_{fi}w_i}\ln\left[\frac{\sqrt{(L_{fli} + L_{fri})h/\pi}}{r_w} + s\right] \quad (3-48)$$

式中，q_{fi} 为第 i 条裂缝的产量，m^3/s；K_{fi} 为第 i 条裂缝的渗透率，D；w_{fi} 为第 i 条裂缝的缝宽，m；h 为储层厚度，m；s 为聚流效应导致的附加表皮系数；r_w 为水平井井筒半径，m。

压裂水平井的整个渗流场可以分为基质—裂缝和裂缝—井筒，因此，联立式（3-47）和式（3-48）可以得到压裂水平井的产能公式：

$$
\begin{aligned}
p_i - p_{\mathrm{wf}i} - Gr = \frac{1}{2}
\left[
\begin{array}{l}
\sum\limits_{k=1}^{N}
\left(
\begin{array}{l}
\sum\limits_{j=1}^{n} \dfrac{\frac{L_{\mathrm{fl}k}}{(L_{\mathrm{fl}k}+L_{\mathrm{fr}k})n} q_{\mathrm{f}k}\mu B}{4\pi Kh}
\left\{ -\mathrm{Ei}\left[-\dfrac{\left(x_{\mathrm{fl}i}-x_{\mathrm{fl}kj}\right)^2+\left(y_{\mathrm{fl}i}-y_{\mathrm{fl}kj}\right)^2}{4\eta t} \right] \right\} \\
+ \sum\limits_{j=1}^{n} \dfrac{\frac{L_{\mathrm{fr}k}}{(L_{\mathrm{fl}k}+L_{\mathrm{fr}k})n} q_{\mathrm{f}k}\mu B}{4\pi Kh}
\left\{ -\mathrm{Ei}\left[-\dfrac{\left(x_{\mathrm{fl}i}-x_{\mathrm{fl}kj}\right)^2+\left(y_{\mathrm{fl}i}-y_{\mathrm{fl}kj}\right)^2}{4\eta t} \right] \right\}
\end{array}
\right) + \\
\sum\limits_{k=1}^{N}
\left(
\begin{array}{l}
\sum\limits_{j=1}^{n} \dfrac{\frac{L_{\mathrm{fl}k}}{(L_{\mathrm{fl}k}+L_{\mathrm{fr}k})n} q_{\mathrm{f}k}\mu B}{4\pi Kh}
\left\{ -\mathrm{Ei}\left[-\dfrac{\left(x_{\mathrm{fr}i}-x_{\mathrm{fl}kj}\right)^2+\left(y_{\mathrm{fl}i}-y_{\mathrm{fl}kj}\right)^2}{4\eta t} \right] \right\} \\
+ \sum\limits_{j=1}^{n} \dfrac{\frac{L_{\mathrm{fr}k}}{(L_{\mathrm{fl}k}+L_{\mathrm{fr}k})n} q_{\mathrm{f}k}\mu B}{4\pi Kh}
\left\{ -\mathrm{Ei}\left[-\dfrac{\left(x_{\mathrm{fr}i}-x_{\mathrm{fr}kj}\right)^2+\left(y_{\mathrm{fr}i}-y_{\mathrm{fr}kj}\right)^2}{4\eta t} \right] \right\}
\end{array}
\right)
\end{array}
\right] \\
+ \frac{q_{\mathrm{f}i}\mu B}{2\pi K_{\mathrm{f}i}w_i}\ln\left[\frac{\sqrt{(L_{\mathrm{fl}i}+L_{\mathrm{fr}i})h/\pi}}{r_{\mathrm{w}}} + s \right]
\end{aligned}
\tag{3-49}
$$

如果不考虑水平井井筒中的压降，则各条裂缝的起裂点处的压力相等，即 $p_{\mathrm{wf}1}=p_{\mathrm{wf}2}=\cdots=p_{\mathrm{wf}}$，式（3-49）可以写成：

$$
\begin{aligned}
p_i - p_{\mathrm{wf}} - Gr = \frac{1}{2}
\left[
\begin{array}{l}
\sum\limits_{k=1}^{N}
\left(
\begin{array}{l}
\sum\limits_{j=1}^{n} \dfrac{\frac{L_{\mathrm{fl}k}}{(L_{\mathrm{fl}k}+L_{\mathrm{fr}k})n} q_{\mathrm{f}k}\mu B}{4\pi Kh}
\left\{ -\mathrm{Ei}\left[-\dfrac{\left(x_{\mathrm{fl}i}-x_{\mathrm{fl}kj}\right)^2+\left(y_{\mathrm{fl}i}-y_{\mathrm{fl}kj}\right)^2}{4\eta t} \right] \right\} \\
+ \sum\limits_{j=1}^{n} \dfrac{\frac{L_{\mathrm{fr}k}}{(L_{\mathrm{fl}k}+L_{\mathrm{fr}k})n} q_{\mathrm{f}k}\mu B}{4\pi Kh}
\left\{ -\mathrm{Ei}\left[-\dfrac{\left(x_{\mathrm{fl}i}-x_{\mathrm{fl}kj}\right)^2+\left(y_{\mathrm{fl}i}-y_{\mathrm{fl}kj}\right)^2}{4\eta t} \right] \right\}
\end{array}
\right) + \\
\sum\limits_{k=1}^{N}
\left(
\begin{array}{l}
\sum\limits_{j=1}^{n} \dfrac{\frac{L_{\mathrm{fl}k}}{(L_{\mathrm{fl}k}+L_{\mathrm{fr}k})n} q_{\mathrm{f}k}\mu B}{4\pi Kh}
\left\{ -\mathrm{Ei}\left[-\dfrac{\left(x_{\mathrm{fr}i}-x_{\mathrm{fl}kj}\right)^2+\left(y_{\mathrm{fl}i}-y_{\mathrm{fl}kj}\right)^2}{4\eta t} \right] \right\} \\
+ \sum\limits_{j=1}^{n} \dfrac{\frac{L_{\mathrm{fr}k}}{(L_{\mathrm{fl}k}+L_{\mathrm{fr}k})n} q_{\mathrm{f}k}\mu B}{4\pi Kh}
\left\{ -\mathrm{Ei}\left[-\dfrac{\left(x_{\mathrm{fr}i}-x_{\mathrm{fr}kj}\right)^2+\left(y_{\mathrm{fr}i}-y_{\mathrm{fr}kj}\right)^2}{4\eta t} \right] \right\}
\end{array}
\right)
\end{array}
\right] \\
+ \frac{q_{\mathrm{f}i}\mu B}{2\pi K_{\mathrm{f}i}w_i}\ln\left[\frac{\sqrt{(L_{\mathrm{fl}i}+L_{\mathrm{fr}i})h/\pi}}{r_{\mathrm{w}}} + s \right]
\end{aligned}
\tag{3-50}
$$

因此，可以得到一个含 N 个未知数，N 个方程的线性方程组，该方程组可利用高斯消去法线性求解。

由于仅仅考虑流体经裂缝流入水平井井筒，而不考虑流体由基质直接流入水平井井筒，故水平井的产量为裂缝产量之和，即：

$$Q = \sum_{i=1}^{N} q_{fi} \tag{3-51}$$

累计产油量的计算需要选取合理时间间隔，设前一段时间为 t_i，后一时间为 t_{i+1}，则累计产油量可以表示：

$$Q_c = \frac{Q(t_{i+1}) + Q(t_i)}{2}(t_{i+1} - t_i) \tag{3-52}$$

（2）压裂水平井全周期产能预测模型。

当压裂水平井生产时，裂缝内、近井筒基质内和远井筒基质内这3个渗流区域同时流动，依据质量守恒原理，相邻两个渗流区交界面处的流量和压力是相等的，由此可消去其交界面的压力。联立3个流量方程，即可得到考虑基质启动压力梯度、基质和裂缝应力敏感效应影响下的致密油储层水平井的单条压裂裂缝的产能预测模型：

$$
\begin{aligned}
m(p_e) - m(p_{wfi}) =& \frac{\mu_o q_i (x_{Fi} - h/2)}{2K_{F0} w_{Fi} h x_{Fi}} + \frac{\mu_o q_i}{2\pi K_{F0} w_{Fi}} \ln \frac{h/2}{r_w} + \\
& \frac{\beta_F q_i^2 \rho_o}{4e^{\alpha_F(p_e - p_{wfi})} w_{Fi}^2} \frac{x_{Fi} - h/2}{x_{Fi}^2 h^2} + \frac{\beta_F q_i^2 \rho_o}{4e^{\alpha_F(p_e - p_{wfi})} w_{Fi}^2} \frac{1}{\pi^2} \left(\frac{1}{r_w} - \frac{2}{h} \right) + \frac{\mu_o q_i}{2\pi K_{m0} h} \ln \frac{a_i + \sqrt{a_i^2 - x_{Fi}^2}}{x_{Fi}} + \\
& \frac{2 x_{Fi} G_T}{\pi} (sh\xi_i - sh\xi_{Fi}) + \frac{\mu_o q_i}{2\pi K_{m0} h} \ln \frac{r_e}{r_{\xi i}} + G_T (r_e - r_{\xi i})
\end{aligned} \tag{3-53}
$$

式中，p_{wfi} 为第 i 条压裂裂缝处的井底流压，MPa；r_ξ 为交界面处距井轴的距离，m；a_i 为第 i 条裂缝的泄流椭圆长半轴长，m；q_i 为第 i 条裂缝的流量，m³/d。

考虑裂缝间相互干扰的致密油多级压裂水平井的单条裂缝的产能预测模型为：

$$
\begin{aligned}
m(p_e) - m(p_{wfi}) =& \frac{\mu_o q_i (x_{Fi} - h/2)}{2K_{F0} w_{Fi} h x_{Fi}} + \frac{\mu_o q_i}{2\pi K_{F0} w_{Fi}} \ln \frac{h/2}{r_w} + \\
& \frac{\beta_F q_i^2 \rho_o}{4e^{\alpha_F(p_e - p_{wfi})} w_{Fi}^2} \frac{x_{Fi} - h/2}{x_{Fi}^2 h^2} + \frac{\beta_F q_i^2 \rho_o}{4e^{\alpha_F(p_e - p_{wfi})} w_{Fi}^2} \frac{1}{\pi^2} \left(\frac{1}{r_w} - \frac{2}{h} \right) + \frac{\mu_o q_i}{2\pi K_{m0} h} \times \\
& \frac{\pi [x_{Fi} + r_e(t)] \sqrt{2 x_{Fi} r_e(t) + r_e^2(t)}}{\pi [x_{Fi} + r_e(t)] \sqrt{2 x_{Fi} r_e(t) + r_e^2(t)} - S_i} \times \ln \frac{x_{Fi} + r_e(t) + \sqrt{2 x_{Fi} r_e(t) + r_e^2(t)}}{x_{Fi}} + \\
& \frac{2 x_{Fi} G_T}{\pi} \frac{\pi [x_{Fi} + r_e(t)] \sqrt{2 x_{Fi} r_e(t) + r_e^2(t)} - S_i}{\pi [x_{Fi} + r_e(t)] \sqrt{2 x_{Fi} r_e(t) + r_e^2(t)}} (sh\xi_i - sh\xi_{Fi}) + \frac{\mu_o q_i}{2\pi K_{m0} h} \ln \frac{r_e}{r_{\xi i}} + G_T (r_e - r_{\xi i})
\end{aligned}
$$

$$\tag{3-54}$$

当水平井的所有横向裂缝引起的椭圆渗流区均相互干扰时，考虑启动压力梯度、应力敏感效应、以及裂缝间相互干扰影响的致密油压裂水平井的产能模型为：

$$Q = \sum_{i=1}^{n} q_i \qquad (3-55)$$

式中，n 为水平井水力压裂裂缝条数，条。

3.2.4　储层改造评价技术

（1）储层改造评价技术。

体积压裂施工过程与施工结束后，压裂效果的监测与评价是判别体积压裂成功与否的重要手段[30]。目前频繁应用的裂缝监测方法种类多，例如微地震、测斜仪以及电位法等，各种监测方法的应用，逐步更精准解决对裂缝体积监测问题。目前常用方法整体上可分为三大类：间接监测法、直接近井筒监测方法以及远场监测法[31-33]。不同方法对比见表 3-9。

表 3-9　目前裂缝检测方法的能力与局限性

类型	裂缝检测法	主要的局限性	检测裂缝参数的能力							
			缝长	缝高	对称性	缝宽	裂缝方位	裂缝倾角	体积	裂缝导流能力
间接监测法	净压力分析	结果依据油藏描述与假设模型得出；需要用直接裂缝监测结果进行校正	%	%	□	%	□	□	%	%
	试井	结果依据假设模型得出；需要精准的孔隙度和油藏压力来推算	%	□	□	%	□	□	□	%
	生产分析	结果依据假设模型得出；需要精准的孔隙度和油藏压力来推算	%	□	□	%	□	□	□	%
直接近井筒监测法	放射性同位素示踪剂法	无法监测远井筒和大斜度井的裂缝；不可能做到真正的零污染，存在很大的安全和健康危害；光谱伽马射线测井只是在井筒中测量，只能大致确定裂缝的高度，对于裂缝的长度等信息无法得知；如果裂缝和井眼轨迹方向不同，则只能提供裂缝高度下限值	□	%	□	%	%	□	□	□
	DIS	不同地层的热传导性不同，影响测量结果；很难实现水平井多段压裂油层分离的监测；一些流体冷却发生在非压裂段，影响监测结果	%	□	□	□	√	√	□	□
	DAS	容易受井下噪声的干扰，要求高质量的压裂施工；在压裂过程中实时记录大量数据，后期数据处理任务量大；无法确定复杂裂缝的尺寸	%	□	□	□	√	√	□	□
	井筒成像测井	只能在裸眼段监测；只能在近井筒处监测	□	%	□	%	%	%	□	□
	井下录像	不能在裸眼段使用，只能在下套管井段进行监测；只能提供生产区的区域和射孔信息	□	%	□	□	□	□	□	□

续表

类型	裂缝检测法	主要的局限性	检测裂缝参数的能力							
			缝长	缝高	对称性	缝宽	裂缝方位	裂缝倾角	体积	裂缝导流能力
远场监测法	微地震监测	对监测井要求高；反演依靠速度模型进行修正，新裂缝会导致速度模型变化；不能监测支撑剂的分布以及有效裂缝形态信息；很难获得高分辨率、高信噪比的地震资料	√	√	√	□	√	%	□	□
	地面测斜仪监测	不能分辨单一裂缝和复杂裂缝的尺寸；测量的精度随深度增加而降低	%	%	%	□	%	%	%	□
	井下测斜仪监测	随着监测井距离的增加，监测缝长和缝宽精度降低；受监测井位置是否合理或者存在的影响；不能监测支撑剂的分布以及裂缝的有效尺寸	√	√	√	%	%	□	√	□
	电位法裂缝监测	对于存在边、底水的油藏无法测量；需要充电形成很大的大地电场，成本高，技术要求高；不同油藏的导电性不同	√	%	√	%	√	□	□	□

注：√—能够监测；%—可能监测；□—不能监测。

（2）微地震监测评价压裂效果。

微地震监测是实时观测水力压裂效果的重要手段，在非常规油气开发过程中有着极其重要的作用，目前地震与微地震相结合的综合解释技术是解释工作的发展趋势（图3-9）。

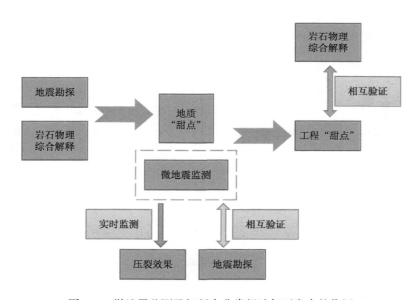

图3-9　微地震监测及解释在非常规油气开发中的作用

致密砂岩储层以"陆相"浅水三角洲沉积环境为主，高能水道"优质"砂岩与低能水道"致密"砂岩叠置，多夹层，储层交错叠置，非均质性强，且吸附气含量低。微地震结果显示致密砂岩储层缝网规律较明显，容易形成规律性较强的主裂缝网络。

微地震监测水力压裂裂缝解释，主要是利用已有的微地震监测成果资料开展裂缝解释工作，根据水力压裂破裂机理、事件点的破裂时间先后顺序、空间组合特征和事件的可信度进行事件筛选与优化，对压裂裂缝的几何特征（缝长、缝宽、缝高）、SRV 体积进行量化解释。由于微地震的产生具有不确定性，定位时也有一定的误差，一般要根据压裂井的实际情况给予合理的解释，如果同一区块做过多口井的微地震监测工作，那么可以进行综合对比分析。在进行天然裂缝与水力裂缝组合进行分类的时候，可将微地震解释结果与现场加砂量结合起来，若二者出现矛盾（即微地震监测水力裂缝长，而现场加支撑剂量小），微地震解释结果的可信度低，则应该以现场实际加砂施工排量对应的结果为准。微地震监测结果与加砂量吻合较好，即加砂量大对应微地震监测解释出的水力裂缝长度大，反之亦然。由于二者具有很强的相关性，利用主成分分析理论可以将二者定义为一个新的变量，从而减少多变量的维数，简化分类过程（微地震监测裂缝组合分析过程如图 3-10 所示）。

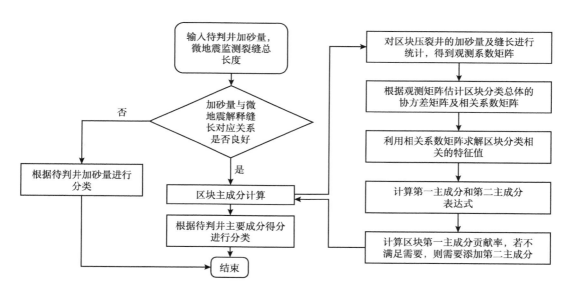

图 3-10　微地震监测裂缝组合模式分类流程示意图

3.3　压裂施工参数

水平井压裂设计需要对施工参数进行合理设计，确定压裂液量、支撑剂量、砂比和排量等。缝网压裂通过分段多簇射孔，采用大排量、高液量等方式在储层中形成网状裂缝，该裂缝系统可以有效增大储层的渗透率、渗流面积及裂缝的导流能力，实现对储层岩石在立体上的全方位改造，极大提高单井产量。与常规压裂相比，缝网压裂一般采用低黏度压裂液体系，采用分段多簇工艺，减小段间距，增加裂缝间干扰带，采用小粒径、高排量等施工工艺，可在储层中形成区分于常规压裂单一裂缝的网状裂缝。

3.3.1 压裂液与添加剂

按照常规压裂液基液种类，可将压裂液分为几种：油基压裂液、水基压裂液、泡沫基压裂液、乳状压裂液以及清洁压裂液[34-36]。其中，瓜尔胶压裂液与清洁压裂液是目前国内采用较为广泛的两种压裂液体系。

随着鄂尔多斯盆地致密油勘探开发的不断深入，压裂液技术也取得了长足的发展，形成了以低浓度瓜尔胶、EM50 可回收系列及滑溜水为代表的主体压裂液，为提高单井产量提供了技术支撑。从降低储层伤害和提高工厂化效率角度出发，研发的阴离子表面活性剂、酸性压裂液、纳米滑溜水及可变黏滑溜水等特色技术也取得了一定进展[37-40]。

瓜尔胶压裂液，即羟丙基瓜尔胶（HPG）压裂液，是目前国内外应用最成熟、最广泛的一类水基压裂液体系，但是瓜尔胶原粉含有较多不可降解的残渣或水不溶物，其稳定性差、易变质、温度适应范围窄。此外，瓜尔胶压裂液体系在回收应用过程中面临硼离子处理设备成本高的问题、大量压裂返排液的处理速度与现场体积压裂改造提速提效的矛盾。延长油田在特低渗透油藏压裂改造过程中，从降低瓜尔胶压裂液伤害入手，开展 HPG 压裂液添加剂优选与研究，形成了以降低瓜尔胶用量，优化交联剂配比为主体，氧化物和酶协同破胶的低伤害瓜尔胶压裂液体系。

滑溜水压裂液。一是线性胶压裂液，该配方主要由清水、线性聚合物、黏稳剂、表面活性剂组成；二是减阻水、滑溜水压裂液，主要由清水、减阻剂、黏稳剂、反转剂组成。由于滑溜水压裂液体系整体的黏度很低，支撑剂输送性能不足，为了提高携带支撑剂的能力，通常需要提高液体注入速度；管路中液体流速的增加会导致管路摩擦阻力的进一步增加，减阻剂是决定滑溜水压裂液减阻性能的主要因素，阶段常用的滑溜水压裂液体系中的减阻剂多为聚合物型减阻剂。延长油田某油藏线性胶压裂液配方为0.35%~0.40% 瓜尔胶 +1.0%~2.0%KCl+1.0%BA1-13（黏土稳定剂）+0.1%pH 值调节剂 +0.5%BA1-5（助排剂）+0.12%BA2-3（杀菌剂）+0.5%BA1-8（破胶促进剂）。通过添加优选的纳米颗粒与常规滑溜水压裂液体系进行复配，以体系粒径、体系黏度和体系减阻率为评价指标，对纳米颗粒的添加量进行优化，最终得到了纳米复合滑溜水压裂液体系。延长油田南泥湾采油厂提出了在 JHFR-2 减阻剂 +JHFD-2 多功能添加剂滑溜水压裂液体系中加入 HE-BIO 生物驱油剂，研制了集压裂、增能、驱油为一体的致密油新一代驱油型滑溜水压裂液体系。

清洁压裂液。清洁压裂液以其简单的配制工艺，稳定的流变性能，以及较强的携砂能力和较小的油气藏储层伤害，得到了迅速的发展。清洁压裂液能够在目的储层压裂出更为理想的、有更强导流能力的裂缝。清洁压裂液是由若干种事先选定的黏弹性表面活性剂和几种配好的盐溶液相混合而形成的一种凝胶液。表面活性剂分子中一般包括水溶性基团和油溶性基团。阴离子型表面活性剂和阳离子型表面活性剂分子均可用来配制清洁压裂液。如延长油田甘谷驿采油厂长 6 储层清洁压裂液前置液排量控制在 3.5~4.0m³/min，携砂液排量控制在 4.0~4.5m³/min。

生物压裂液，即采用瓜尔胶稠化剂、生物表面活性剂类破乳助排剂（属微生物产物）、生物杀菌剂（杀死压裂液中的微生物，防止压裂液被微生物降解）和生物酶破胶剂（属微生物产物）等作为压裂液添加剂，以硼砂作为交联剂形成的压裂液体系。在瓜尔胶压裂液对储层岩心的伤害中，水锁和破胶残渣对地层的伤害最为严重，分别占到10%~20%和20%~30%。针对低压、高泥质含量油层，延长油田在特低渗透油藏的压裂改造过程中，形成了使用高效生物类破乳助排剂降低瓜尔胶压裂液的表面张力来削弱潜在的水锁伤害，采用生物表面活性剂类杀菌剂代替醛类杀菌剂降低对人员、环境伤害，采用生物酶和微生物降解方法降低破胶液残渣，从而达到降低压裂液对储层伤害目的的生物压裂液体系。

低温压裂液研制。针对渭北油田长 3 储层埋藏浅、地层温度低、压后破胶返排难度大等难点，相关学者开展了低温压裂液研制，该主力产层长 3 储层平均埋深 550m、平均孔隙度 12.2%、平均渗透率 0.76mD、平均地层温度 34.5℃、平均压力系数 0.6。通过开展压裂液破胶机理研究，研制形成了以过渡金属阳离子作低温激活剂的低温压裂液体系。该低温压裂液体系在 30℃ 条件下剪切 1.5h 后表观黏度保持在 160mPa·s 以上、悬砂 30min 以上 8h 内破胶液黏度仅 3.1mPa·s、滤失系数 $0.68×10^{-3}m/min^{1/2}$、残渣含量 239mg/L、储层伤害率仅 27.84%，完全满足超浅层低温油藏储层改造需要。现场施工成功率达 97.1%，压后初期平均日产油 2.7t，实现了超浅层低温油藏压裂后快速破胶，降低了储层伤害，增产改造效果显著。

可回收压裂液。由于水平井单井压裂规模达数千立方米，甚至上万立方米，传统水基压裂液技术面临配液用水严重不足、压裂返排液处理费用高、经济效益低等问题。针对此问题，中国石油长庆油田将反相乳液合成聚合物作为压裂液，并将返排液回收再利用。一方面，减少了压裂对河水、地下水的使用量，降低了压裂液用水的成本；另一方面，减少了整个采油系统的污水。该压裂液主剂以丙烯酰胺（AM），丙烯酸（AA），2- 丙烯酰胺基 -2- 甲基丙磺酸（AMPS）为聚合单体，并引入耐盐型功能单体，采用反相乳液聚合，合成了乳液型聚合物。该聚合物遇水后能够快速水合破乳、溶解、增稠。该技术通过优化乳化体系，确定了烷醇酰胺油酸醇 M83VG 为主要的乳化剂。建议配方为：乳化剂占总质量分数 3.2%，水解度为 40%，聚合单体的质量分数为 33%，反应温度控制在 42~45℃。引发剂占总质量的 0.03%，最佳反应时间为 4h。在此基础上，中国石油长庆油田也开发出了其他产品。例如利用小分子和线性交联特点，研制了一套低伤害可回收小分子线性胶压裂液（压裂破胶液 ＋ 1%~1.2% 压裂液稠化剂 ＋ 0.2% 压裂液助剂）；压裂液具有良好的耐温抗盐剪切、黏弹性、抗黏土防膨和助排性能；其回收重复使用性能与初次压裂液性能基本相当。

二氧化碳压裂液。根据二氧化碳的使用方式，涉及二氧化碳泡沫压裂、增能压裂、干法压裂以及超临界二氧化碳压裂。（1）二氧化碳泡沫 / 增能压裂液是由液态二氧化碳、水基冻胶和各种化学添加剂组成的液—液两相混合体系，泡沫结构的存在使其具备了低滤失、低密度和易返排的特性。二氧化碳泡沫压裂液是水基压裂液的一种，大多采用交联瓜尔胶冻胶或交联改性瓜尔胶冻胶作为 CO_2 泡沫压裂液的增稠剂，但是存在破胶后残渣含量大、伤害地层的缺点；研究可降解、低残渣的聚合物增稠剂是提高 CO_2 泡沫压裂施工效果的方向。（2）二氧化碳干法压裂，采用 $100\%CO_2$（液态）或添加其他化学添加剂作为携砂液，通过一个专用高压密闭混砂车，将支撑剂混于液态 CO_2 中，然后通过常规泵送设备送入地层，产生并延伸裂缝，当达到地层平衡温度、压力后，液态 CO_2 完全气化，迅速从地层返排出来，在地层中只留下高度清洁的支撑剂充填层。二氧化碳干法压裂既可以压裂形成复杂缝网，又避免水锁效应造成的地层伤害，具有非常明显的优势。（3）超临界态 CO_2 压裂工艺使用 100% CO_2 作为压裂介质，因而保留了传统 CO_2 干法压裂的几乎所有优点。二者的区别主要在于，超临界态 CO_2 压裂工艺使用的 CO_2 工作液初始温度较高，因此可以在井筒中达到临界温度，转化为超临界态。

3.3.2　水平井分段及射孔技术

（1）水平井分段压裂工艺。

致密油藏开发表明，直井开发效果差，水平井分段压裂可有效增大单井控制面积，获得理想开发效果。如图 3-11 所示，水平井分段压裂在原先的分段压裂技术中，一段内射出多个孔眼，同时压开多条裂缝。该工艺目前在世界范围内的低渗透储层开发中最为常用，可以达到油气增产的目的。分段压裂时多条裂缝间会出现地应力干扰，有利于在储层中形成以水力裂缝为主裂缝和以天然裂缝为次裂缝的复杂裂缝网络，实现储层的有效改造，并大幅度提高单井产能。

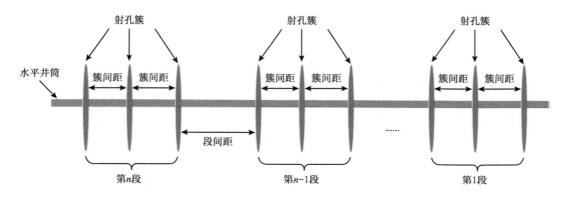

图 3-11　水平井分段多簇压裂示意图

水平井分段设计的方法包括数值模拟与水电相似模拟。模拟发现，适当增加水平井压裂段数有利于改善致密砂岩油藏的开发效果，但过多的压裂段数对初期产能提高影响有限。随着压裂段数的增多，水平井端部裂缝离注水井的距离更短，在生产一段时间后注入水更容易沿着水平井端部裂缝流入井底，致使含水率上升、储层最终采收率降低。因此，在确定了最优裂缝展布形态后，综合考虑最终采出程度和含水率等因素，确定水平井合理压裂段数。高黏度、高排量的压裂容易形成宽而短的裂缝，这类裂缝允许大颗粒的支撑剂流入，更利于形成高导流通道，而低黏度和低排量压裂会产生较窄而长的裂缝，可能会影响支撑剂的运移，进而影响压裂效果。随着砂比增加，压裂裂缝高度增加，长度变短，此时压裂裂缝中支撑剂分布浓度增大，导致流体黏度增大，同时裂缝远端缝宽变小，裂缝内流体流动受阻，可能会导致砂堵。簇间距设计对裂缝扩展影响较大，簇间距增大应力阴影效应减小、裂缝更容易独立扩展；簇间距减小应力阴影效应变大、中间裂缝扩展会受到抑制。

为了能够更加适应各种地层以及不同特点的水平井，所采用的压裂方式也各不相同。

水平井分段压裂工艺涉及套管分流压裂、双封隔器单卡压裂、限流分段压裂、水力喷砂分段压裂、裸眼封隔器分段压裂、快速桥塞分段压裂等技术。

套管分流压裂技术，主要利用炮眼球来实现对不同层段的封堵，并且为了让压裂液转向分流，需要确定所产生的裂缝条数。在施工前，需要按照储层情况制定并优选最佳射孔方案，射孔密度尽量低，利用吸液炮眼产生的摩阻进行大排量施工，提前下入的套管短节与分流压裂管柱相互配合，并使井底压力增大，令压裂液流向各个压裂层段，使其同时被压开产生水力裂缝，大大提高了压裂施工效率。

双封隔器单卡压裂技术，优势是有效避免压裂后管柱砂卡。通过无数压裂实践证明，水平井与直井压裂有很大的区别，水平井在施工中暴露了更多的问题，比如入井工具不能顺利通过井筒造斜段、水平段中力锚的有效工作问题、发生管柱被卡时油井难以恢复生产的问题和压后封隔器胶筒的回收等诸多问题。而双封隔器单卡压裂技术采取上提式压裂，只需下入一次管柱，即可实现对不同目的层段的压裂改造，主要利用导压喷砂封隔器坐封水平段，使压裂更具有针对性。该技术设计较小的喷砂口与封隔器胶筒的距离，可以有效防止管柱砂卡，使压裂施工的安全性能被有效提高。

限流分段压裂技术，指在选择合适的压裂液后，将其泵入井底，随着压裂液排量增大，井底压力也持续升高，当井底压力增大到每个裂缝的破裂压力之后，就会形成多簇裂缝同时扩展。如果进行多层多段同时压裂施工时，地面泵组的功率和设备极限以及多层段的物性差异就会导致各条裂缝不均匀扩展，有的裂缝由于干扰甚至不会开启，最后压裂效果不佳。因此限流分段压裂技术虽然施工简单、时间短、风险小，但是压裂效果难以保证。

水力喷砂分段压裂技术，按照下入管柱的特点不同该技术也可以分为以下三类：第一类常规管柱拖动式特点是下入井内的工具简单，外径小，不易发生管柱砂卡；第二类连续油管功能丰富，对于已经压开的层段，为了提高施工效率，可以对其进行封堵，进行喷砂射孔作业和环空加砂压裂，并且连续油管还可以作为冲砂洗井管柱，另外该方式砂塞滞留在井下，安全性能更高；第三类不动管柱式水力喷砂压裂技术，该方法是下入不动管柱，该管柱有反洗通道，应用更加高效便捷。

裸眼封隔器分段压裂技术，首先在井下放入不动管柱，在压裂施工时利用投球打开滑套，实现分段压裂；生产时它又是生产管柱，此技术的特点就是快捷简单；还有一类是遇油膨胀封隔器 + 滑套技术，封隔器遇油就会膨胀坐封环空，不需要进行机械操作，然后地面投球打开滑套进行压裂。

快速桥塞分段压裂技术，该技术施工效率高，它将射孔作业与封堵桥塞同步进行，不需要分段进行操作，压裂段数比常规分段压裂更多，一次性可以进行大排量施工同时压开多段多簇裂缝。压裂后为了防止桥塞对地层产生二次污染，需要利用钻头将其钻掉，从而使其从地层中排出，不会影响后续生产。

（2）配套射孔工艺。

射孔对后续诱导压裂裂缝延伸方向具有影响。射孔参数的合理设计是保障射孔作业效果的关键所在，目前关于射孔参数的选取和设计方法主要是基于射孔表皮计算的参数敏感性分析，依据不同孔密或孔径下穿深对产能比的影响分析进行参数设计。目前常用的表皮主要有射孔表皮、钻井污染表皮、井斜表皮和打开不完善表皮等。其中，对于一口既定的油井，井斜角和打开程度为定值，即井斜表皮和打开不完善表皮为一定值。同时，钻井作业结束后钻井表皮也是一定值，与射孔穿深的关系不大。射孔井随着射孔穿深变化的表皮主要为射孔表皮。射孔参数的改变本质上是改变射孔孔间距，孔间距决定孔眼之间的连通性，影响近井筒裂缝扩展形态和岩石破裂压力；射孔孔径和射孔密度的增加，减小孔间距，有利于裂缝间相互沟通，降低近井筒裂缝复杂性和岩石破裂压力；射孔相位的增大，增大孔间距，易产生分层复杂裂缝，岩石破裂压力增高。当射孔间距较小时，裂缝起裂压力较高，高度与宽度较小，且延伸形态较为复杂，裂缝偏向最小水平主应力方向延伸；随着射孔间距增大，裂缝起裂压力降低，高度与宽度增加，裂缝延伸逐渐回归到最大水平主应力方向；射孔间距达到一定数值时，裂缝起裂压力与几何形态基本不再发生变化，所有裂缝不再偏转，压裂效果最佳。

确定射孔方案的方法和原则：根据预测产能和工艺技术条件确定各压裂层段裂缝数目和每个层段的炮眼个数；确定射孔井段时，应选油层发育较好部位布孔，避开套管接箍、扶正器及套管外封隔；应保证产生足够的炮眼摩阻值，要尽可能地提高施工排量，要求一次施工压开所有裂缝。

水平井体积压裂施工多采用多簇射孔方式，由于射孔孔眼是井筒与储层连接的通道，其完善程度对近井裂缝的形成及施工压力产生重要影响。延长特低渗透油藏多簇射孔主要参考水平井体积压裂射孔工艺参数，结合前面分析的多簇射孔间的相互影响作用，以实现多缝同时起裂、缝间相互干扰，促进立体缝网的形成。射孔位置一般选择在岩石应力、弹性模量、泊松比等力学参数基本相当的储层段，易于多条裂缝在不同射孔簇间同时开启和延伸。直（定向）井的射孔簇间隔一般为6~10m，孔密为8~12孔/m；水平井的射孔簇间隔为20~25m，孔密为10~20孔/m，每个压裂段的射孔簇为3~4簇。

目前，延长油田长6段等开发层系，基本都采用电缆传输正压射孔。一般来说，正压射孔在射开油层的瞬间，射孔液就会压入射孔道，并经孔道壁侵入地层。由此可见，正压射孔一方面由于射孔的压实作用会造成射孔道渗透率降低，另一方面射孔液会渗入储层，对地层造成伤害。因此，对于压力系数低、易受到伤害的脆弱储层，采取负压射孔，既可以避免射孔液侵入地层，又可在射孔后，在地层压力的作用下，使钻井液造成的伤害得到一定的解除。在此基础上，复合高能气体压裂，可进一步提高穿透效率和穿透深度。在2009年深层勘探试油中，采用负压复合射孔工艺在部分井应用后洗井即出现油花，显示较大的优越性和适应性。因此，推荐在深层压裂中采用负压复合射孔工艺。

对于负压复合射孔工艺，枪型选用深穿透大孔径的102枪/127弹，射孔液采用"清水＋助排剂＋黏土稳定剂"的优化配方。并根据措施井的具体情况，确定相适应的负压值，最大限度地减少了射孔造成的油层伤害。同时，为了确保射孔时的施工安全，在射孔时井口安装了单闸板防喷器。射孔液采用活性水配方：1.0%KCl+0.5%YC-PRZP-1破乳助排剂。

射孔技术要求：①射孔前用 ϕ118mm×2.0m 通井规通井，实探人工井底，若实探人工井底位置与油层段底界距离小于30m时，要求钻水泥塞面，直至满足间距（30m左右）要求；②射孔前用清水反洗井至进出口水色一致，洗井排量大于500L/min；③用配制的射孔液洗井一周；④降低液面至1500m；⑤按射孔方案要求进行电缆复合射孔，射孔时井口要安装好防喷器；⑥射孔后注意观察井口显示情况，若有溢流，及时进行控制放喷，并进行有毒有害气体检测，确认具备安全施工条件后方可下入压裂管柱。

射孔负压值。根据地层的渗透率和污染程度选择合适的负压值，负压值过小则不能完全清洗射孔孔道的污染，负压值过大则可能破坏地层骨架结构。因此负压值的选择要合理，既能把射孔碎屑及压实层清除干净，又不会破坏地层。目前常用的最小负压值的计算方法有 W.T.Bell 经验关系、美国岩心公司经验公式（油层）。

3.3.3　泵注程序

（1）常规泵注程序原则与方法。

压裂设计中规模、前置液量、排量、加砂浓度等参数对缝长和裂缝导流能力都有较强的敏感性，其中加砂浓度对导流能力的敏感性最大，加砂浓度是否合理将直接影响压裂措施效果的有效性、长期性和经济性[41-43]。

泵注程序由砂浓度渐进增加的加入表组成，反映的是获得理想裂缝长度的压裂液用量、黏度剖面与获得理想导流能力的支撑剂数量与类型，在压裂过程中使支撑剂加入速度程序化是很重要的。一个合理的泵注程序应当是这样的：前置液全部滤失进地层，泵注结束时支撑剂到达裂缝端部，形成充满支撑剂的裂缝，获得相当均匀的支撑宽度和足够的导流能力，使生产过程中的压力降最小。为了使支撑剂最大限度地填充裂缝，必须使支撑剂到达预期缝长的同时，前置液滤失完毕。此时的前置液量为最经济的前置液量，能实现这一目标，并能满足压裂导流能力要求的泵注程序称为最佳的泵注程序设计。

采用多级渐进式加砂模式，设计多段分段式加砂梯度，突出主砂段，严格控制顶替液量，尾追陶粒，确保缝口有效支撑。

根据压裂液效率确定最优化前置液量与支撑剂泵注程序的方法如下。

①计算无量纲携砂液泵注时间 t_{DP}：

$$t_{DP} = \frac{t_f}{t_i} = \frac{\eta}{1 - \dfrac{22.46 h_f c x_f}{q_i \sqrt{t_i}} \left[0.67\eta + 0.571(1-\eta)\right]} \approx \frac{2\eta}{1+\eta} \tag{3-56}$$

②最少的前置液量 v_{pad} 由式（3-57）给出：

$$v_{pad} = v_i\left(1 - t_{DP}\right) \approx v_i \frac{(1-\eta)}{(1+\eta)} \tag{3-57}$$

式中，t_{DP} 为携砂液无量纲泵注时间；t_i 为总的泵注时间，min；t_f 为撑剂从开始注入至输送到裂缝端部所经过的时间，min；η 为压裂液效率；h_f 为裂缝高度，m；x_f 为裂缝半长，m；c 为压裂液综合滤失系数，$m/min^{1/2}$；q_i 为泵注排量，m^3/min；v_i 为总用液量，m^3；v_{pad} 为前置液量，m^3。

③确定压开裂缝被支撑剂最大覆盖的泵注程序。

计算泵注携砂液的压裂液效率 η：

$$\eta = \frac{\overline{c_p}}{c_f} = \frac{v_f}{v_i} \times \frac{\text{裂缝支撑剂体积}}{\text{裂缝体积}} \tag{3-58}$$

在某一时间 t 时，支撑剂被输送至 x_{ft} 处的支撑剂平均浓度可按式（3-59）确定：

$$c_p(t) = c_f\left(\frac{t - t_{pad}}{t_i - t_{pad}}\right)$$

$$(3\text{-}59)$$

式中，施工结束时裂缝内最终的支撑剂浓度 $c_f = \dfrac{w_p}{v_f} = \dfrac{w_f}{\eta v_i} = \dfrac{\text{支撑剂质量}}{\text{裂缝体积}}$ ；$\overline{c_p}$ 为施工中泵

注支撑剂的平均浓度，$\overline{c_p} = \dfrac{w_p}{w_{ip}} = \dfrac{\text{支撑剂质量}}{\text{总携砂液量}}$ ；η 为泵注携砂液时的压裂液效率；c_p 为支撑

剂浓度，kg/m^3 ；c_f 为施工结束时裂缝内最终的支撑剂浓度，kg/m^3 ；t 为泵注时间，min ；
t_i 为总关井时间，min ；t_{pad} 为泵注前置液的时间，min 。

（2）均匀铺置浓度泵注方法。

压裂的过程中通过对液体效率的现场分析诊断，根据不同的液体效率，合理匹配压裂施工参数，改变了以往单纯的依据施工经验的泵注方法（图3-12），采用不同阶段砂液比上提速度不同均匀铺置浓度加砂程序，确定了各段裂缝填砂所应具有的铺砂浓度，使压裂支撑剂进入地层后能均匀铺置，从而在确保泵注安全的前提下提高了压裂设计的有效性和储层的改造程度。

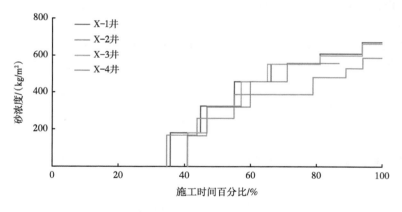

图3-12　经验式泵注程序

当前置液全部滤失进地层，泵注结束时支撑剂到达裂缝端部，最大限度地填充裂缝，获得均匀连续不间断的支撑裂缝和足够的导流能力，此时的支撑剂铺置浓度可以称之为均匀铺置。采用该泵注程序得到如图3-13所示的模拟结果，说明了从泵注结束到闭合过程中支撑剂的运移情况。泵注结束时得到了一个均匀的混砂液浓度，裂缝闭合后混砂液的继续移动在裂缝中形成了一个相当均匀的支撑剂铺置剖面。

压裂加砂程序的优化方案为：尽可能精确地确定液体效率。根据不同液体效率确定不同的提高砂液比时间间隔，确保每种液体效率下的泵注程序，都有前期砂液比上提速度较快、后期减缓的特点。液体效率越高，砂液比提高的时间间隔越小，砂液比提高速度越快，平均砂液比越高，泵注就越接近真正的均匀铺置浓度泵注程序。在进行均匀铺置浓度泵注程序时，排量与液体效果保持相关，因在其他条件相同时，提高排量相当于提高液体效率。当混砂液进入裂缝时，其中任何一段的砂浓度随液体滤失而提高，混砂液的液体滤

失与裂缝宽度剖面决定了支撑剂的铺置浓度，液体效率决定支撑剂加砂程序。采用不同阶段砂液比上提速度不同，作出一个直观可行的图版，使得支撑剂的"加入速度"程序化。如图 3-14 所示，不同液体效率下的加砂程序不同，当液体效率低，加砂梯度趋于直线；当液体效率高，初始砂浓度必须快速提高到一定程度，后期再逐渐减缓，以确保裂缝铺置均匀。

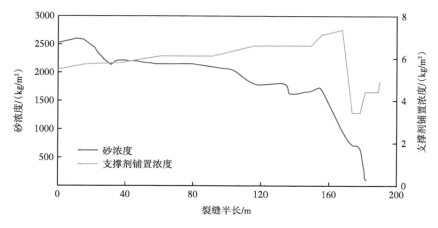

图 3-13　均匀铺置浓度示意图

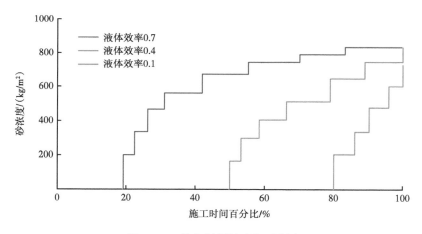

图 3-14　均匀铺置浓度加砂程序

3.4　致密油储层压裂液渗吸采油

低渗透致密油藏主要开发方式为体积压裂，很多研究者在此基础上提出了"体积压裂 + 渗吸采油"的开发模式，利用低渗透致密油藏细小孔喉产生的强毛细管力，在压裂液体系中加入渗吸剂，在形成人工缝网后闷井，所形成的破胶液在毛细管力作用下进入储层，置换原油，进一步提高压裂后的产量。这种开发模式同时也解决了压裂返排液难处理、回收利用率低、资源浪费等问题[44-46]。

目前对于渗吸采油压裂液的研究为润湿性、界面张力、渗透压、闷井时间及储层渗透率、孔隙孔喉半径等因素对渗吸效果的影响，并未考虑破胶液中残渣含量及稠化剂破胶后的相对分子质量对渗吸采收率的影响[47-48]。部分研究者采用过滤后的破胶液研究其渗吸采收率，而在现场施工过程中压裂后就进行闷井，无法进行过滤。

3.4.1 致密油储层压裂液渗吸采油机理

（1）渗吸采油机理。

低渗透油藏中，渗吸方式分为顺向渗吸及逆向渗吸。当岩石表面为亲水时，在毛细管力的驱动下，湿相流体被吸入岩石基质，当吸入方向与非润湿相被排出岩石的方向相反时，称之为逆向渗吸。当岩石亲油时，毛细管力为渗吸阻力，此时重力在渗吸中占主导地位，逆向渗吸可以转化为顺向渗吸[49-50]。

20世纪90年代，Schcchter、Zhou等先后研究了重力和毛细管力的平衡关系：

$$N_B^{-1} = \frac{C\sigma\sqrt{10^{11} \times \dfrac{\phi}{K}}}{\Delta\rho gh} \tag{3-60}$$

式中，N_B^{-1} 为渗吸判别参数；σ 为油、水界面张力，mN/m；ϕ 为多孔介质的孔隙度；K 为多孔介质的渗透率，mD；$\Delta\rho$ 为油水密度差，g/cm³；g 为重力加速度，cm/s²；h 为多孔介质高度，cm；C 为与多孔介质的几何尺寸有关的常数，对圆形毛细管而言，C 为0.4。

当 N_B^{-1} 很大时，毛细管力在渗吸中起主导作用，此时主要发生逆向渗吸；当 N_B^{-1} 接近于0时，重力主导渗吸过程，此时主要发生顺向渗吸作用；当界面张力中等且 N_B^{-1} 较低时，关于重力和毛细管力的作用需要另行讨论。

2009年，姚同玉等对 Schcchter 等提出的 N_B^{-1} 进行了修正：

$$N_{Bm}^{-1} = \frac{2C\sigma\cos\theta\sqrt{10^{11} \times \dfrac{\phi}{K}}}{\Delta\rho gh} \tag{3-61}$$

式中，N_{Bm}^{-1} 为修正后的渗吸判别参数；θ 为润湿接触角，（°）。

根据渗吸采油原理，体积改造后油藏的渗吸采油速度可用低速非达西渗流理论公式表示：

$$q_{smf} = K_{ro}(p_{cow} - \lambda\Delta d)\frac{\sigma_K V_m K_m}{\mu_o} \tag{3-62}$$

式中，q_{smf} 为体积改造范围内基质与裂缝间的渗吸采油速度，m³/d；K_{ro} 为油相相对渗透率；p_{cow} 为油水毛细管压力，MPa；λ 为启动压力梯度，MPa/m；Δd 为流体在基质与裂缝间的驱动距离，m；σ_K 为基质被裂缝切割的程度（由 Kazemi 公式计算可得），$\sigma_K = \dfrac{4}{L_x^2 + L_y^2 + L_z^2}$；$V_m$ 为基质岩块体积，m³；K_m 为基质渗透率，mD；μ_o 为原油黏度，mPa·s；L_x，L_y，L_z 为 x，

y，z 方向上的长度，m。

渗吸机理的研究始于 20 世纪 50 年代，国内外的许多学者对渗吸机理开展了广泛而深入的研究。2011 年，李爱芬等通过室内实验，分析了岩心在地层水、表面活性剂等溶液中的渗吸现象，实验结果表明：渗透率大小和油水界面张力控制着亲水岩心的渗吸方式，岩心的渗吸驱油采收率有最佳的渗透率值范围和油水界面张力值范围。润湿性、流体黏度是渗吸效率的主要影响因素，温度通过影响流体黏度间接对渗吸效率产生影响。2012 年，K.Makhanov 等提出压裂液返排率低的现状需引起关注，尽管现在有大量的研究，但仍有一个主要问题未解决，即未返排的压裂液去向。他们针对此问题做了蒸馏水和盐水的渗吸实验，解释了测井数据并分析了润湿性、渗透率及矿物组分等对渗吸作用的影响。2014 年，Z.Zhou 和 B.Hoffman 针对压裂液在页岩储层返排率极低但关井一段时间产量上升的现象开展渗吸研究，通过室内实验研究页岩储层不同压裂液体系的自发渗吸规律，并进行岩性、储层物性和流体性质等渗吸影响因素分析。2022 年，通过研究 W 区的储层特征了解该区渗吸条件，然后结合渗吸理论设计压裂液渗吸实验，分析压裂液的渗吸现象、渗吸力学机制及渗吸影响因素，选择合适的渗吸模型对实验结果进行标度，并应用实验结果预测压裂液渗吸驱油效率和压裂液返排率。

（2）压裂渗吸采油方法。

基于"体积压裂 + 渗吸采油"开发方式，建立了 2 种超低渗透油藏开发新模式，即"有效驱替 + 渗吸采油"和"多轮次体积压裂 + 注水吞吐渗吸采油"。

"有效驱替 + 渗吸采油"开发模式适用于储层纵向跨度大、储量丰度较高、主力层不明显、常规压裂难以建立有效驱替系统的超低渗透油藏。该模式开发思路是：采用直井体积压裂技术，将井筒附近油藏改造成具有一定带宽的裂缝网络系统，先期以建立有效驱替体系为目标，后期灵活注水，充分利用油藏渗吸作用改善开发效果，实现超低渗透油藏的经济有效开发。这种开发模式也可称为"直井缝网压裂 + 有效驱替 + 渗吸采油"。

"多轮次体积压裂 + 注水吞吐"模式适用于具有 2 类地质特点的油藏：一类是储量丰度低、油层纵向集中、主力层明显且分布稳定，适合采用水平井开发，但储层物性极差、注水难以受效的油藏；另一类是储量丰度较高、油层纵向分散，适合直井开发，但储层物性极差、砂体窄小，且连通率低、难以形成经济注采井网的油藏。该开发模式的整体开发思路是：不分油、水井别，对所有生产井进行大规模体积改造，尽可能将单一介质油藏整体改造成基质和裂缝并存的双重介质油藏，大幅度提高储量动用程度和单井产能；初期衰竭开采，地层能量下降之后，采用注水吞吐渗吸采油的方式持续补充地层能量，提高驱油效率；后期采用多轮次体积改造的方式，不断提高储量动用程度，形成持续有效的复杂裂缝网络，大幅提高渗吸采油速度，提高累计产油量，快速收回投资。这种开发模式也可称为"水平井 / 直井多轮次体积压裂 + 注水吞吐渗吸采油"。

3.4.2　致密油储层压裂液渗吸对产量影响

（1）渗吸采油影响因素与规律。

基质岩石体积与裂缝发育的影响。一方面，体积改造后油藏的渗吸采油速度与基质岩石体积 V_m 相关，改造后规模越大，参与渗吸的裂缝与基质越多，整体渗吸采油速度越快。另一方面，渗吸采油与裂缝发育程度相关。裂缝越发育，被切割的基质块越小，形状

因子 σ_K 值越大，则渗吸作用越强；同时，Δd 越短，所需驱动压差越小，渗吸采油速度越快。由于体积改造在井筒附近较大范围内形成了复杂的裂缝网络系统，相比常规油藏，σ_K 值呈数量级增加，同时超低渗透油藏毛细管压力远高于中高渗透油藏，从而为渗吸采油提供了得天独厚的条件。

毛细管力的影响。根据岩心压裂液渗吸规律研究，毛细管力作为渗吸采油的动力，是影响渗吸采收率的重要因素。储层渗透率越小，含水饱和度越低，对应的毛细管力值越大。致密砂岩储层由于基质渗透率低，对应的毛细管力非常大，一般都在 5MPa 以上。国内外多名学者认为基质孔隙的超高毛细管力是使压裂液滞留在地层中的根本原因，由于毛细管力导致的渗吸作用，注入地层中的压裂液自发运移进入到储层基质，进而导致较低的压裂液返排率。在评价储层初期产能时不能忽略毛细管力的作用。

破胶液残渣含量影响。通过调整瓜尔胶浓度控制破胶液中的残渣含量，研究破胶液中的残渣量对渗吸采收率影响。随破胶液残渣含量增加，渗吸采收率降低，当破胶液中残渣粒径大于孔喉时，残渣会直接堵塞流动通道。在实际压裂过程中，大粒径的残渣高压下会在储层表面形成滤饼，阻碍渗吸剂进入，同时也阻碍原油置换；当残渣粒径小于孔喉时，微粒进入岩心中也会减小渗流半径，降低导流能力，增大原油流动阻力甚至阻止原油置换。残渣含量越多，对岩心的伤害越严重，渗吸采收率呈下降趋势。为保证渗吸采油压裂液达到预期效果，体系应采用低残渣的压裂液、清洁稠化剂，且稠化剂可彻底破胶，保证破胶液低残渣、低相对分子质量。

稠化剂的影响。随破胶液中稠化剂相对分子质量的增加，渗吸采收率呈现下降的趋势，稠化剂平均相对分子质量较小时，稠化剂分子会随着渗吸剂少量进入岩心中，吸附在孔喉表面，形成吸附膜，导致岩心中大孔隙减少，渗吸毛细管半径减小，原油流动通道减小、流动阻力增大，渗吸采收率减小；随着平均相对分子质量增加，吸附膜厚度增加，微粒架桥增加，储层伤害程度迅速增加，导流能力下降幅度增大。同时，相对分子质量大的稠化剂分子会吸附在岩心表面，导致渗吸剂更难渗吸进入岩心、原油更难排出，渗吸采收率大幅度降低。为提高渗吸采收率，要求渗吸采油压裂液彻底破胶，破胶后稠化剂相对分子质量要尽可能低。

压裂液黏度的影响。随着压裂液黏度的增加，压裂液在渗吸作用下越难进入到岩心深部，较高的压裂液黏度会使压裂液滞留在地层中，返排生产过程中不能排出，从而导致较低的压裂液返排率，致使岩心初始渗吸效率低，采收率也随压裂液黏度增加而降低。

压后关（闷）井时间。由于渗吸作用具有时间效应，关井时间也是影响压后产能的重要因素。关井时间越长，渗吸作用进行得越充分，压后初期产量越高，含水饱和度呈现出近井低远井高的特征。同时关井时间越长，压裂液向储层基质运移越远，压裂液返排率也越低；关井后 40d 内的压裂液吸入速度远远大于 40d 以后。

（2）压裂液渗吸采油应用研究。

缝网压裂—蓄能增渗采油。随着油田开发的不断进行，越来越多老油田面临着地层能量不足、产液量严重下降等问题。大庆油田、吉林油田、吐哈油田、华北油田以及延长油田将地层补能与压裂改造结合，形成了"缝网压裂—蓄能增渗"采油技术，通过大液量、低砂比的高前置液比例泵注模式，增加压裂前入地液量，有效提高目标区块地层压力，实现区块前置增能，同时改善储层孔隙结构。以延长油田 FL121 平 2 井为例，平均单段用液量为 910m³，其中前置液用量为 684m³，较邻井增加 2.35 倍，压后产量为 8.9t/d，较邻井提高 1.68 倍。

压裂驱油—闷井渗吸采油，目前面临的非常规储层通常具有更差的物性、更复杂的地质条件。在注采井之间建立有效的驱替系统是储层改造的难点，压裂驱油—闷井渗吸采油技术应运而生。其主要包括以胜利油田为代表的注入井正向压驱和以鄂尔多斯盆地为代表的生产井反向压驱。长庆油田提出"压—增—渗"一体化压裂技术。首先采用细分密切割体积压裂技术打碎储层，同时通过泵注大量前置液实现地层增能，地层压力系数由 0.8 上升到 1.3，最后通过闷井渗吸，油水在裂缝—基质系统中发生置换，大幅度提高驱油效果。

如表 3-10 所示，经过多年的持续攻关与技术发展，压裂渗吸驱油技术在提高缝控程度、扩大波及体积、改善渗流通道、补充地层能量以及提高驱油效果方面取得突破性成果，形成一系列关键技术：①细分切割体积压裂，提高缝控程度；②近破裂压力注水，形成微裂缝，扩大波及体积；③高压力持续注水，增加孔喉尺寸，改善渗流通道；④前置大液量注入，补充地层能量；⑤闷井渗吸置换，提高驱油效果；⑥添加压驱化学剂，增强洗油效率。

表 3-10　压裂渗吸驱油技术发展

研究阶段	研究区块	储层类型	技术特征	研究方法
（2015—2016 年）缝网压裂—蓄能增渗采油	吐哈油田鲁克沁区块	低孔特低渗透砂砾石（渗透率 0.5~50.0mD，孔隙度为 10%~18%）	注水蓄能＋压裂	渗吸置换室内评价＋现场试验
	渤海油田	中渗透砂岩油藏（渗透率 50~500mD，孔隙度为 25%~30%）	微压裂增注工艺	数值模拟＋现场试验
	吉林油田 Q246 区块	致密砂岩（渗透率 0.04~0.32mD，孔隙度为 8%~12%）	蓄能体积压裂	产能模型＋渗吸试验＋核磁共振
	华北油田二连探区	低渗透砂砾岩	蓄能缝网压裂	施工经验＋现场试验
（2017 年至今）压裂驱油—闷井渗吸采油	大庆油田萨中开发区	中、低渗透砂岩（渗透率 0~500mD 孔隙度 25%~30%）	压裂驱油	现场实施经验总结
	大庆油田杏北开发区	中、低渗透砂岩（渗透率 100mD，孔隙度 27%）	压裂渗滤强化采油	压驱实验＋数值模拟
	大庆油田葡 333 区块	超低渗透致密油藏（渗透率 1.0mD）	体积压裂—渗吸采油	施工经验＋现场试验
	大庆油田长垣油田	低孔低渗透砂岩（渗透率 10~50mD，孔隙度 23.2%）	压裂驱油	实验研究＋数值模拟
	长庆油田含水地区延长组（长 8 段）	低孔特低渗透（渗透率 0.01~2.40mD，孔隙度 3%~13%）	压裂液—渗吸驱油	渗吸实验＋核磁共振
	长庆油田华庆地区延长组（长 6 段）	超低渗透致密油藏（渗透率 0.3mD，孔隙度 11.5%）	储能压裂—原缝复压—加密布缝	物理模拟实验＋数值模拟
	长庆油田庆城延长组（长 7 段）	低孔特低渗透页岩（渗透率为 0.01~0.40mD，孔隙度为 2%~10%）	"压—增—渗"一体化压驱技术	渗吸实验＋核磁共振
	延长油田南部油区长 7 段、长 8 段	致密油藏（渗透率小于 0.5mD，孔隙度小于 15%）	前置增能体积压裂	裂缝岩心＋渗吸—驱替＋常温常压
	延长油田杏子川油区长 6 段	特低渗透油藏（渗透率为 0.26mD，孔隙度为 14.845%）	渗吸驱油	高温高压＋自发渗吸＋CT、核磁共振
	胜利油田牛庄、滨南区块沙 4 段	低渗透滩坝砂储层（渗透率 0.13mD，孔隙度 7.58%）	压裂驱油技术	数值模拟＋现场实施

3.5 基于示踪剂的实时监测压后产能评价技术

水平井示踪剂监测是利用不同种类的示踪剂物质标记不同层段压裂液，压裂完成后，监测返排流体中示踪剂的浓度[51-52]。由于储层间的非均质性和各向异性，各层段地质条件存在差异，故压裂形成的裂缝形态不同，所排出的示踪剂起始浓度、峰值含量以及持续时间也不同，通过监测返排液中示踪剂浓度和返排时间等，分析各段生产情况，判断储层主产段、潜力段及不产段裂缝形态等。示踪剂监测技术是储层产能测试的重要技术手段，评价水平井分段压裂后各段的产量，要求同体系示踪剂的种类多[53-55]，投放化验操作简单，化学及物理性质稳定无害。

（1）示踪剂整体类型。

经多年技术攻关，示踪剂可分为放射性元素、稳定同位素和化学物质等体系，各类示踪剂体系特点见表3-11。荧光素系列、氟苯酸类等有机化合物示踪剂种类虽多，但稳定性差、测试易受干扰、地层吸附较大，压裂监测应用效果较差。碘化钾、硫氰酸铵及溴化钠等无机类化学示踪剂精度低、现场用量较大。放射性元素使用受到限制。无机离子与荧光染料尽管无害，但无机离子探测时间偏长，荧光染料在高温储层下易分解，这些缺陷限制了常规示踪剂的应用。

表 3-11　不同示踪剂工艺特点与局限性

类型	工艺特点	分析仪器	局限
化学示踪剂	种类丰富、检测简便、操作安全、应用广	分光光度计、色谱仪	用量大、耐温耐酸差、精度较低
放射性同位素	利用自然射线分析示踪剂的运移情况，分析精度高	液相闪烁仪	存在放射性、操作复杂、具有潜在危害
非放射性同位素	无放射性、用量少、操作简便、检测精度高	中子活化分析仪	种类少、分析测试烦琐、费用昂贵
微量物质	种类丰富、安全稳定、检测精度高	电感耦合等离子体质谱	检测费用高、解释方法待完善

（2）示踪剂监测、解释方法。

示踪剂监测技术是一种新兴的压裂监测技术，具有操作安全简便、成本低廉和结果准确等优势。通过将稳定性、吸附性、与压裂液配伍性良好的无机盐类水溶性示踪剂或油、气体示踪剂随压裂液注入地层，返排开始后一段时间内定期对返排液进行取样，分析其中的示踪剂浓度，结合压裂液注入参数进行解析计算后得到各层产能、返排率、产液贡献率等，从而为压裂措施制定、压裂液体系优化以及返排方案制定等提供指导。从目前各大油气田的应用案例来看，监测介质少见水溶性有机微量物质示踪剂，且监测作用局限于分层返排效率监测，在暂堵转向压裂监测中应用少。

示踪剂监测结果定量解释方法主要有数值法、解析法和半解析法等3种，数值法结果准确度较高，但工作量大，且易受人为因素影响，实际应用较少；解析法最为简便，但获取参数有限，实际应用同样较少；半解析法综合了前述两者的优缺点，实用性较强，目前应用较为广泛。飞行时间法是一种改进后的解析法，理论上具有效率高、操作简便等优点，并克服了传统解析法准确度不高的缺点。

3.5.1　同位素示踪剂

放射性同位素示踪剂使用放射性同位素及其化合物作为示踪剂。这种示踪剂的优点是现场作业用量较少，作业成本相对较低，分析检测时的灵敏度非常高，而且能够同时监测多个不同层位。缺点是放射性压裂支撑剂中添加的放射元素会实时释放出 γ 射线，要求分析放射性的专业仪器和技术人员进行检测，同时对环境有一定污染，在井间示踪剂监测上的应用近年来呈逐步减少的趋势。其中放射性产品在西方发达国家已经有 30 多年的使用历史，对油气的增采增收有明显的促进作用。放射性同位素示踪剂主要是含氚化合物，应用于压裂的放射性同位素示踪剂已经演变成示踪陶粒技术。

非放射性同位素示踪剂又称稳定同位素示踪剂，是使用没有放射性、半衰期长的同位素及其化合物作为示踪剂，分析检测时通常使用中子活化技术。这种示踪剂的优点是现场作业用量较少，化学稳定性较好，分析检测时的灵敏度非常高，能够同时跟踪监测多个不同层位，而且对环境无放射性污染；缺点是符合作业条件的同位素较少，其分析检测手段中子活化技术只能在室内由原子能机构实现，技术复杂且费用非常昂贵，在油田的应用受到了限制。非放射性压裂支撑剂由高中子俘获截面元素和普通的压裂支撑剂混合而成，在用中子发生器和中子源轰击样品时，其中包含的高中子俘获截面元素会捕获中子，即时产生短半衰期和超短半衰期的同位素，借助 γ 探测仪或热中子监测设备可以获取油气井下压裂裂缝的高度、宽度、倾角等信息，是同位素标记压裂支撑剂研究的热点之一。

3.5.2　化学示踪剂

化学示踪剂优点是检测技术成熟、方法简便、检测精度较高，缺点是用量大、需作业泵入、易吸附、易生物降解、成本高、测试精度低、部分药剂对原油后加工及环境存在影响，以及与地层配伍性不确定等。化学示踪剂虽然呈现逐渐被淘汰的趋势，但当需求的示踪剂种类过多时仍然是考虑的对象；尤其是大规模压裂改造施工，对化学示踪剂和检测技术的需求增加。较理想的化学示踪剂应满足地层中背景浓度低、在地层中滞留量少、配伍性能好、化学稳定性好、安全环保、易于分析检测等性能要求。

（1）常用化学示踪剂。

化学示踪剂主要包括荧光染料、易溶的无机盐（SCN^-、NO_3^-、Br^-、I^-）、卤代烃和低分子醇（如一氟三氯甲烷、三氯乙烯、甲醇、乙醇、正丙醇、丁醇、戊醇等）。

无机盐示踪剂是一种应用较早的化学示踪剂，由于其与水具有较好的流动同步性、地层吸附量小等特点，目前仍在油田继续使用，例如硫氰酸盐、溴盐、硝酸盐等。例如，溴化钾或溴化钠加入到注入水中用作井间监测示踪剂，应用效果良好。但由于压裂返排液基质组成复杂，含有聚合物、交联剂、破胶剂等干扰物，对无机盐示踪剂的检测精度和准确性造成不利影响。

（2）智能化学示踪剂。

近年来，挪威 RESMAN 和英国 Tracerco 公司研发了智能化学示踪剂技术。该技术利用专用的选择性惰性化学示踪剂，智能示踪剂的核心是一种新型聚合物，由聚乙烯和聚丙烯乙二醇合成，示踪剂的使用年限主要受温度影响，一般可用若干年。设计的油示踪剂材料接触原油时可以释放其独特的化合物，而接触水时则呈现惰性，不释放任何化合物；反之，设计的水示踪剂材料接触水时可以释放其他不同且独特的示踪剂，而与原油接触时则呈现惰性。示踪剂材料包裹在设计好的固态薄条状或细绳状聚合物中，可以永久地插入或缠绕在任何类型的完井设计结构中。水平井的多个完井井段可以放置不同示踪剂材料。安装智能示踪剂系统的水平井可以实现监测示踪剂通量沿井分布情况、判断产油剖面是否均匀、是否存在"跟—趾效应"、识别见水时间及位置等目的。到目前为止，这项技术已经成功应用于全球 50 个油田 160 多口井，监测效果良好，接受度正在持续增加。

LAN-Tracer 示踪剂作为一种微量物智能示踪剂，系统是水敏性的或油敏性的或气敏性的，在碰到目标流体前是不会有任何反应的。油敏性系统在遇到水时不会反应，同样水敏性系统在遇到油时也不会反应。LAN-Tracer 示踪剂的主要特点有：①无毒、无放射性，对环境无污染；②稳定性好、吸附小，与地层配伍性好，应用范围广；③用量少，对压裂液性能无影响；④易于检测、检测精度高，检测限小于或等于 10^{-12}mg/L；⑤耐酸碱，耐温高于 300℃，一般环境下均可正常使用；⑥压力对示踪剂无影响。

（3）化学示踪剂分段检测现场施工工艺。

根据监测目标和设计要求，不同监测层段加入指定的一种单独的油/水/气的可识别化学物质。压裂第一个层段时，按设计用量加入第一层段的示踪剂，随压裂液一起进入地层，然后进行封堵，验证密封合格后才可进行下一段施工，防止不同的示踪剂在相邻地层间互窜，以保证后期资料的准确性。在压裂第二层段时，按设计用量加入第二层段的示踪剂，随压裂液一起进入地层；其他层段依此类推。

示踪剂的注入量，取决于各层段压裂液注入量及分析仪器的最低检测限。水平井压裂液包括前置液、携砂液和顶替液 3 部分，示踪剂一般在前置液和携砂液注入过程中直接从地面加入。

示踪剂取样和测试化验。水平井各层段压裂完成后进行一次性全井钻塞排液，此时开始取样。

从现场运到实验室的试样经过滤、消解、蒸干、冷却、酸稀，最终制成待测试样。经由电感等离子体质谱仪测量，进行蒸发、解离、原子化、离解等过程，通过高速顺序扫描分离测定所有离子，浓度线性动态范围达 12 个数量级，得到各种示踪剂产出曲线。由检测结果可以评价各层段的压裂效果，为后期压裂效果分析和改进压裂工艺提供依据。

3.5.3　痕量化学示踪剂

痕量化学示踪剂即微量物质示踪剂，为 20 世纪 90 年代提出的一类新型化学示踪剂，是目前发展的方向。它利用在地层及其所含流体中没有或者含量极微的微量物质作为示踪剂，包括各类荧光物质、稀土元素、微量离子等。微量物质示踪剂既具有非放射性同位素示踪剂的优点，又不需要中子活化的过程，其最优检测手段和方法也基本成熟。

相对于无机盐、放射性同位素和稳定性同位素示踪剂，微量元素示踪剂具有明显优势：一是种类多，彼此无干扰，可以满足单井组、多个相邻井组或区块整体同步测试以及分层测试要求；二是微量元素示踪剂无毒、无放射性，无环境及安全隐患，注剂、取样无须专业授权，油田工人即可独立完成；三是微量元素具有优异的热稳定性和生物稳定性，满足长时间、大井距、高温等复杂油藏条件监测要求，而且用量少，测样仪器及相关配套技术日臻完善。

水相痕量化学示踪剂能够合理地对储层改造后进行返排过程监测。它是通过压裂液注入地层，在作业完成后，通过返排液携带出地层，根据不同层段返出的示踪剂类型及质量分数情况，判断出各压裂段出水情况，判断各压裂段是否存在机械或压力阻塞情况，掌握返排过程中各主力段的贡献率，随后结合前期物探、地质数据资料判断各段产能。

痕量示踪剂应用及分析原理。利用多种水溶性示踪剂分别标记不同层段所用的压裂液，首先依据每种元素的检出限及施工井所用液量预估出每种元素的使用量，并使用输液器加样的方法在混砂车中加入示踪剂样品，依据压裂设计每层段的施工时间确定加样流量，在压裂过程中随各层压裂液体系注入地层；在压裂液返排过程中对返排液进行连续的样品采集，从井口的泄压阀处取样。通过对不同时段多个返排液样品进行检测，分析各返排液体样品中各层段所用标记物排出的浓度。依据浓度—时间曲线、面积计算得到压裂液返排及各层段动用情况。例如常青介绍了镧系金属示踪剂的研制及其应用，镧系金属元素示踪剂即为微量物质示踪剂中的一类，利用不同种类的镧系金属元素标记不同层段的压裂液，通过返排液中标记物排出浓度、时间差异，分析返排液体中各层段所用压裂液排出情况，从而了解各层段压裂液返排贡献率及各层段动用顺序等。丁卯介绍了新型痕量化学示踪剂的产出剖面测试技术，有利于了解压裂水平井各压裂段产出情况，评价压裂效果；作业时只需将不同种类的痕量化学示踪剂随压裂液泵入地层，在随后的生产期间，通过分析采样流体中各组分示踪剂浓度，可以精确定量刻画各段动态产出量。

3.5.4　量子示踪剂

量子点标记示踪剂是通过胶体合成的一种纳米晶体。将示踪剂通过量子点技术标记在聚合物中，聚合物吸附在压裂砂、陶粒或石英砂等支撑剂表面形成聚合物涂层。当油、气、水与支撑剂表面的聚合物涂层接触后，释放出示踪剂。通过对产出流体中所含示踪剂进行分类、化验分析和计算，得到各层段体积改造后的产液贡献率，从而评价不同层段储层物性及不同改造工艺对油井产能的影响。

碳量子点示踪剂因其特殊的荧光属性、化学传感和生物成像功能得到迅速发展。其自身无毒性，耐光褪色，高温、高 pH 值下稳定性好，引进表面功能团或与杂原子混合可增强荧光属性；碳量子点可与亲水基及非亲水基形成官能团，显现强烈荧光属性，制备出水溶性、油溶性和气溶性示踪剂。碳量子点（Carbon quantum dots，CQD）是由分散的类球状碳颗粒组成，尺寸极小（在 10nm 以下），是具有荧光性质的新型纳米碳材料，不同粒径的碳量子点或者掺杂不同元素能够显示不同的光谱特征。缓释量子点产出剖面测试技术是新兴的一项生产测井技术，这项技术具有适用性广、成本低、长期监测水平井产液剖面的特点，在技术和成本上具有显著优势。

量子点标记示踪剂在水平井压裂中不改变、不影响现有压裂工艺，不增加额外设备的工作量的情况下，提供长期的连续生产动态监测数据。通过对分层压裂井各层段示踪剂产出特征曲线的分析而得出各层（段）的贡献率，定量刻画各水平段油气水动态产出剖面。通过产液剖面监测，对分层（段）压裂效果综合评价，以及今后进一步优化设计、指导施工提供了重要依据。

参 考 文 献

[1] 邱祥亮，兰铮，黄琼，等．鄂尔多斯盆地环江地区长 8 致密油有效储层识别及甜点优选 [C]．2022 油气田勘探与开发国际会议论文集Ⅳ，2022：627-635．

[2] 安纪星，邢成婧玉，唐振兴，等．致密油水平井双甜点评价及产能预测技术 [J]．测井技术，2022，46（5）：606-610．

[3] 刘松泽．X 区块致密油储层综合甜点评价研究 [D]．大庆：东北石油大学，2022．

[4] 薛佳奇，李锦锋，杨静，等．下寺湾油田长 8 致密油甜点分类评价方法研究 [J]．石油化工应用，2022，41（3）：100-104．

[5] 陈义国，贺永红，王超，等．鄂尔多斯盆地三叠系延长组 8 段非常规油藏成因与成藏模式——以盆地东南部甘泉西区为例 [J]．石油学报，2021，42（10）：1270-1286．

[6] 阎媛子．鄂尔多斯盆地湖盆中心长 7 致密油源 - 储识别与评价 [D]．西安：西北大学，2020．

[7] 江昊焱．X 地区致密砂岩储层岩石力学特性及体积压裂甜点研究 [D]．西安：西安石油大学，2020．

[8] 夏宏泉，梁景瑞，文晓峰．基于 CQ 指标的长庆油田长 6—长 8 段致密油储层划分标准研究 [J]．石油钻探技术，2020，48（3）：114-119．

[9] 刘聘．鄂尔多斯盆地西部延长组致密油"甜点"综合评价 [D]．北京：中国石油大学（北京），2019．

[10] 孟祥振，刘聘，孟旺才，等．鄂尔多斯盆地西南部延长组长 7 段致密油地质"甜点"评价 [J]．特种油气藏，2018，25（6）：90-95．

[11] 周学慧．鄂尔多斯盆地定边油田长 7 段致密油工程甜点评价方法研究及应用 [D]．北京：中国地质大学（北京），2018．

[12] 史晓东．致密油藏体积压裂缝网形成及控制方法研究 [D]．大庆：东北石油大学，2017．

[13] 罗群，张泽元，袁珍珠，等．致密油甜点的内涵、评价与优选——以酒泉盆地青西凹陷白垩系下沟组为例 [J]．岩性油气藏，2022，34（4）：1-12．

[14] 金衍，陈勉，王怀英，等．利用测井资料预测岩石Ⅱ型断裂韧性的方法研究 [J]．岩石力学与工程学报，2008（S2）：3630-3635．

[15] 陈勉，金衍，袁长友．围压条件下岩石断裂韧性的实验研究 [J]．力学与实践，2001（4）：32-35．

[16] 郭轩豪．陇东地区长 7 致密砂岩储层特征及综合评价技术研究 [D]．西安：西安石油大学，2021．

[17] 刘亮，丁慧，潘和平，等．考虑裂缝规模的红河油田延长组油层产能模糊识别方法 [J]．吉林大学学报（地球科学版），2023，53（1）：297-306．

[18] 萧高健．鄂尔多斯盆地红河油田长 8 段致密裂缝砂岩储层表征及"甜点油层"综合评价研究 [D]．北京：中国地质大学（北京），2022．

[19] 李菲．红河油田长 8 储层成岩相分析及测井评价 [D]．青岛：中国石油大学（华东），2018．

[20] 李俊秋．红河油田长 8 段致密储层测井评价技术研究 [D]．青岛：中国石油大学（华东），2016．

[21] 胡景宏，陈琦，余国义，等．致密油藏压裂双水平井参数优化研究 [J]．现代地质，2021，35（6）：1880-1890．

[22] 任科屹．致密油藏水平井分段压裂试井及产能评价方法研究 [D]．成都：西南石油大学，2020．

[23] 李见龙．致密油藏水力压裂裂缝扩展及产能分析一体化模拟研究 [D]．成都：西南石油大学，2019．

[24] 徐加祥，丁云宏，杨立峰，等．致密油藏分段多簇压裂水平井复杂缝网表征及产能分析 [J]．油气地质与采收率，2019，26（5）：132-138．

[25] 朱争，孙兵华，尹虎，等．致密油藏水平井分段压裂集成开采实践 [J]．非常规油气，2019，6（4）：76-80，93．

[26] 张亦弛．致密砂岩油藏水平井水力压裂产能预测 [D]．北京：中国石油大学（北京），2019．

[27] 杨兆中，陈倩，李小刚．致密油藏水平井分段多簇压裂产能预测方法 [J]．特种油气藏，2017，24

（4）：73-77.

[28] 王蔓颖. 致密油藏分段压裂水平井产能评价模型 [D]. 北京：中国石油大学（北京），2017.

[29] 张琦. 致密油水平井分段压裂产能影响因素研究 [D]. 北京：中国石油大学（北京），2016.

[30] 王嘉晨，张海江，赵立朋，等. 基于地面微地震监测定位和成像的煤层气水力压裂效果评价研究 [J]. 石油物探，2023，62（1）：31-42，55.

[31] 李颖涛，杨国旗，冯洋，等. 基于井中微地震监测方法的压裂效果评价——以延安探区 YP5-1 井为例 [J]. 非常规油气，2022，9（6）：114-120.

[32] 罗睿乔. 非常规气藏储层改造体积评价方法研究 [J]. 能源与环保，2022，44（2）：220-226.

[33] 张矿生，唐梅荣，杜现飞，等. 鄂尔多斯盆地页岩油水平井体积压裂改造策略思考 [J]. 天然气地球科学，2021，32（12）：1859-1866.

[34] 俞天军，翟中波，漆世伟，等. 鄂尔多斯盆地南缘山 1 盒 8 储层混二氧化碳压裂技术新探索 [J]. 钻采工艺，2022，45（5）：63-68.

[35] 徐延勇，韩旭，张兵，等. 鄂尔多斯盆地东缘临兴区块盒 8 段致密砂岩储层天然气低产原因剖析 [J]. 河南理工大学学报（自然科学版），2022，41（1）：52-58.

[36] 胡光明，姬随波，高宇. 鄂尔多斯盆地东部纤维携砂压裂技术研究及应用 [J]. 石油机械，2021，49（10）：78-84.

[37] 马德敏，董丽娜，侯彬彬，等. Frac-H 型清洁高温压裂液性能评价研究 [J]. 广东化工，2021，48（16）：100-101.

[38] 王娜，王蕾，龚浩研，等. 自交联乳液混合水体系性能评价及其在鄂北致密气储层的应用 [J]. 能源化工，2021，42（2）：48-53.

[39] 蒋文学，张满，张进科，等. 低伤害可回收小分子线性胶压裂液的研究与应用 [J]. 长江大学学报（自然科学版），2020，17（6）：7，55-61.

[40] 刘俊杰. 鄂尔多斯盆地致密砂岩储层高温高压动态渗吸实验 [J]. 大庆石油地质与开发，2020，39（6）：161-168.

[41] 杨兆中，陈倩，李小刚，等. 鄂尔多斯盆地低渗透致密砂岩气藏水平井分段多簇压裂布缝优化研究 [J]. 油气地质与采收率，2019，26（2）：120-126.

[42] 付玉通，桑树勋，崔彬，等. 延川南区块深部煤层气 U 型分段压裂水平井地质适用性研究 [J]. 煤田地质与勘探，2018，46（5）：146-152.

[43] 刘哲. 低渗透油藏水平井分段压裂优化研究 [D]. 大庆：东北石油大学，2018.

[44] 胡伟，张蕾，石立华，等. 致密油藏动态渗吸实验及主控因素 [J]. 科学技术与工程，2023，23（10）：4157-4167.

[45] 蒲春生，康少飞，蒲景阳，等. 中国致密油藏水平井注水吞吐技术进展与发展趋势 [J]. 石油学报，2023，44（1）：188-206.

[46] 郭建春，马莅，卢聪. 中国致密油藏压裂驱油技术进展及发展方向 [J]. 石油学报，2022，43（12）：1788-1797.

[47] 王代刚，马玉山，宋考平，等. 致密多孔介质自发渗吸采油相场模拟 [C]. 第十二届全国流体力学学术会议摘要集，2022：679.

[48] 石立华，程时清，常毓文，等. 致密油藏非等径毛细管微观渗吸影响因素 [J]. 大庆石油地质与开发，2023，42（2）：68-76.

[49] 李毓. 特低渗透致密油藏渗吸采油效果评价及作用机理分析 [D]. 大庆：东北石油大学，2022.

[50] 刘昀枫. 致密油藏水平井多级压裂开发渗流规律及产量预测研究 [D]. 北京：北京科技大学，2022.

[51] 池晓明，李旭航，张世虎，等. 瓜胶压裂液体系示踪剂的筛选 [J]. 钻井液与完井液，2015，32（5）：83-85，107.

[52] 常青，刘音，卢伟，等 . 微量物质示踪剂对页岩油水平井压后排液诊断技术 [J]. 油气井测试，2021，30（3）：32-38.

[53] 张龙健 . 同位素示踪测井技术原理及应用探讨 [J]. 化学工程与装备，2020（1）：49-50.

[54] 张立，张慧，张卫东，等 . 用于多段压裂的化学示踪剂性能研究 [J]. 化学世界，2019，60（9）：618-621.

[55] 马云，池晓明，黄东安 . 用于多段压裂的微量物质示踪剂与压裂液的配伍性研究 [J]. 精细石油化工，2016，33（2）：50-53.

第4章 新一代滑溜水压裂液体系

随着我国石油与天然气消费量日益增长，油气自主供应能力不足，对外依存度持续提高，严重影响我国能源安全[1-5]。非常规油气资源作为清洁能源的重要组成部分，是我国调整能源结构的一项重要内容。目前，非常规油气开采核心技术主要是滑溜水（减阻水）体积（缝网）压裂技术和水平井技术，其中滑溜水压裂液中的核心组分减阻剂是实现体积压裂改造的重要物质基础之一[6-10]。压裂液由高压泵注增压后通过管柱高速泵入地层，但在高速泵注下，管内会出现严重的湍流摩阻增加现象。加入减阻剂不仅降低施工摩阻，改善裂缝复杂度，而且减少设备对水马力的要求，避免设备因作业过程中的高速冲击造成磨损。1948年Toms无意中发现聚甲基丙烯酸甲酯能有效减小湍流的流动摩擦阻力。自此，国内外学者对高分子聚合物的流动特性、减阻效果和减阻机理等方面进行了深入的研究，并且将聚合物减阻剂成功应用于页岩储层压裂[11-14]。但聚合物在高温、强机械剪切等条件下会被降解，其湍流减阻能力明显下降，甚至永久性丧失。20世纪70年代以来，人们发现某些小分子表面活性剂也能起到减阻的作用，并具有剪切恢复特性，应用潜力大[15-17]。近年来，纳米技术发展迅速，纳米材料减阻性能优异，并能提高某些聚合物和表面活性剂的湍流减阻效果及耐久性，应用前景良好[18]。

4.1 环保低伤害滑溜水减阻剂

4.1.1 高分子聚合物减阻剂减阻机理

聚合物类减阻剂主要有人工合成聚合物，如聚氧化乙烯、聚丙烯酰胺及其衍生物等，天然聚合物，如瓜尔胶、羧甲基纤维素、黄原胶等。聚合物减阻效果较好，受到了广泛的关注。Warholic等[19]首次借助粒子图像测速仪（PIV）研究了高分子聚合物减阻剂湍流结构的特点。刘宽等[20]制备的疏水缔合聚合物抗盐型减阻剂抗盐达25×10^4 mg/L，在吉林某油田现场试验的减阻率达78.2%。Fan等[21]采用室内可视化裂缝摩阻测试系统研究了以聚丙烯酰胺为减阻剂的滑溜水压裂液在裂缝中的减阻规律，结果表明无论在管线中还是裂缝中，高流速下聚合物的结构伸展有利于改善减阻效果。冯炜等[22]通过自主研制的高精度环路摩阻测试系统研究了聚丙烯酰胺类减阻剂的减阻规律，发现聚合物减阻剂3次剪切后的减阻性能最大下降达65%。

虽然传统的聚氧化乙烯、聚丙烯酰胺及天然聚合物等减阻剂已经应用较广，但在高温、多盐、强剪切等压裂环境中易失效、耐久性差。针对此类问题，不少研究者通过合成新的聚合物减阻剂来适应各种复杂环境。崔强等[23]采用疏水单体和亲水单体，通过聚合得到一种水溶性疏水缔合聚合物减阻剂，其疏水侧链分子内与分子间两种缔合方式，提升了聚合物的流变性能，改善了聚合物对温度、盐度的适应性。该减阻剂加量为 0.12% 时的减阻率高达 75.55%，其在配制滑溜水压裂液方面具有良好的应用前景。冯玉军等[24]采用二甲基二烯丙基氯化铵、丙烯酰胺、Span-80 等物质，合成一种两性离子聚合物"油包水"乳液减阻剂，在页岩压裂施工中的减阻率高达 70% 以上。高清春等[25]针对西部油田致密碳酸盐岩储层高温、高矿化度特点合成了聚合物 P（AM-AMPS），并成功应用于库车县境内 TH121137 井的压裂施工中，在现场温度为 140℃、矿化度为 $1×10^5$mg/L 时的减阻率达到 70% 以上，施工压力降低约 10%，具有优良的耐温、耐盐和减阻性能。

经过研究人员不懈的努力，聚合物减阻剂的耐温、耐盐、耐剪切等性能得到了较大提高，但研发高效减阻、经济环保、响应外界刺激的减阻剂以适应复杂恶劣的压裂环境仍然是业界的难点和热点之一。

从 20 世纪 50 年代开始，聚合物减阻剂获得了广泛的关注和研究。随着研究的深入，人们提出了很多假说来解释减阻机理，比较有代表性的理论包括伪塑说、有效滑移说、湍流脉动抑制说、黏弹说、黏性说等，其中被广泛接受的主要有湍流脉动抑制说和黏弹说两种[26]。

（1）伪塑说。Tom 认为聚合物稀溶液的表观黏度随着剪切速率的增加而降低，在流体流动时其阻力会降低，管壁处剪切速率大，故阻力小，流动阻力就降低了，这是最早的减阻机理。后来 Walsh 等发现典型的剪切稠化型流体（聚甲基丙烯酸溶液）也存在减阻现象，这一假说被质疑。

（2）有效滑移假说。Virk 等通过大量的实验研究后提出弹性缓冲层的流动模式，可以沿圆管径向按照流动规律不同分为黏性底层区、弹性区和湍流核心区，而牛顿流体（清水）的速度剖面中只有黏性底层区和湍流核心区[27]。弹性区的速度梯度较大，湍流核心区的速度分布曲线较牛顿流体的速度曲线上移，这两者之间的差值即为"有效滑移"。弹性区是减阻剂与流体相互作用的区域，也是减阻的发生区。随着减阻剂浓度的增加，其弹性区的厚度不断增加，直到延伸到管中心为止，此时对应着减阻率的最大值。该假说表明了管道内径可以影响减阻结果，减阻率存在最大值，这些和实验结果有着很好的一致性，但不能解释减阻剂浓度超过最大值后，减阻率反而下降的现象。

（3）黏性说。Lumley 提出在弹性层和湍流核心区存在强烈的变形速率使得聚合物分子链被拉伸，使溶液的有效黏度增加，增加弹性层的厚度，造成速度梯度降低，雷诺应力减少，减阻现象产生[28]。弹性层中被剧烈拉伸的聚合物分子阻碍了核心区产生的大涡向壁面方向的运动，在弹性层加强了流向脉动速度，降低了展向与法向的脉动速度，使其中的猝发频率降低，产生减阻现象。

（4）大分子个体作用说。何钟怡认为聚合物大分子个体或分子局部区域相互作用，形成水力学体积更大的分子聚集体来抑制湍流旋涡，从而实现减阻[29]。Abernathy 等认为在剪切流场中应变率张量使分子产生弹性变形，旋转张量使大分子旋转，抵消了变形影响[30]。他们的实验结果表明，大分子的变形阻碍了涡管的形成与发展，降低了减阻剂水溶液中湍流的猝发周期，从而达到减阻效果。

（5）湍流脉动抑制说。由于聚合物主要针对湍流才有减阻现象，对于层流几乎起不到减阻效果，因此有学者提出减阻剂能抑制湍流旋涡的产生，改变湍流旋涡结构，减弱湍流脉动强度，从而减少能量耗散，起到减阻效果[31-33]。如图 4-1（a）所示，管道流动一般分为 3 个流态：黏性底层、缓冲层、湍流层。无减阻剂时，管壁附近存在一个较窄的黏性底层，流动规则，对流与能量耗散小，摩擦阻力小；管道中心附近处于湍流状态，流动不规则，湍流旋涡大，质量和能量的平均扩散远大于层流状态；缓冲层流动介于层流和湍流之间，对流和能量扩散相对缓和[34]。而减阻剂的加入能抑制湍流脉动，减少能量耗散，增加黏性底层和缓冲层的区间，能很好地解释聚合物湍流减阻现象，如图 4-1（b）所示。

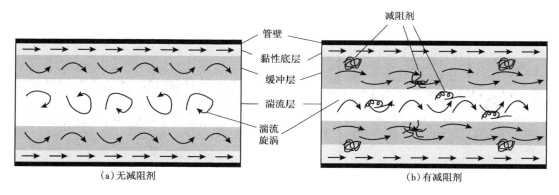

（a）无减阻剂　　　　　　　　　　　　　（b）有减阻剂

图 4-1　聚合物减阻剂抑制湍流示意图

（6）黏弹说。湍流减阻用聚合物一般都有一定的黏弹性。这些黏弹性结构与湍流旋涡相互作用，通过弹性微观结构吸收部分湍流涡流能量，当对流到低应力区（如管壁层流区）时，再将储存的能量以弹性波释放出来，显著减小湍流能量耗散，达到减阻效果[35]。当长链高分子聚合物处于蜷缩纠缠状态，分子链网状结构会吸收湍流耗散能量，如图 4-2（a）所示；由于湍流剪切与流动拉伸的双重影响，聚合物分子链会沿流动方向伸展，释放储存能量，改变涡流结构，减少涡流能耗，如图 4-2（b）所示。黏弹性理论不仅能解释许多黏弹性减阻剂的减阻现象，还能通过定量计算黏弹性应变与流体的流速关系来分析减阻率和减阻流动机理[36-37]。

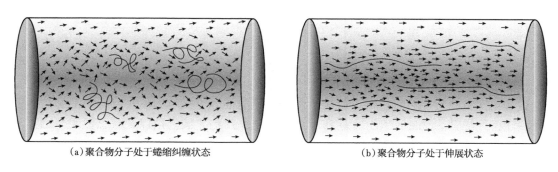

（a）聚合物分子处于蜷缩纠缠状态　　　　　　　（b）聚合物分子处于伸展状态

图 4-2　聚合物黏弹性减阻机理示意图

从分子角度解释聚合物机械降解机理来看，当聚合物不能承受湍流所施加的水动力时就会发生机械降解。大量的实验数据表明聚合物在直管湍流流动中易发生非常强烈的分子断裂[38-40]。如图 4-3 所示，通常一个卷曲的聚合物分子在断裂之前会被拉伸，拉伸后聚合物长链的中心受力最大，更易发生断裂。但聚合物分子不会被无限破坏，受平均流动拉伸和湍流剪切的作用，经过足够长的时间，聚合物分子发生断裂后，最终会达到一种湍流平衡状态，聚合物相对分子量减小到初始相对分子量的一半[41-42]。从分子角度解释聚合物机械降解规律，明确聚合物湍流减阻及其失效机理，对于新型减阻剂分子结构设计以及减阻失效控制具有较强的指导性。

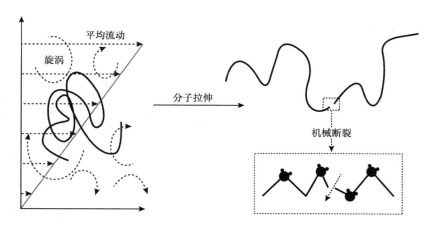

图 4-3　聚合物分子断裂示意图

4.1.2　减阻剂种类及环保低伤害减阻剂合成

滑溜水压裂液体系的核心是减阻剂，是决定压裂液的性能、制约储层开采效果的关键。伴随滑溜水压裂液的成功应用，国内外对减阻剂的研究报道与日俱增。减阻剂根据其分子结构和来源可以分成以下几种：天然生物基多糖减阻剂、聚丙烯酰胺减阻剂、新型纳米复合减阻剂。

天然生物基多糖来源广泛，可自然降解，对地层伤害小，是早期常用的生物基多糖减阻剂，主要有瓜尔胶及其衍生物减阻剂、黄原胶及其衍生物减阻剂。瓜尔胶的相对分子质量为（20~30）×10⁴，是一种半乳甘露聚糖。低浓度的瓜尔胶是最早使用的滑溜水减阻剂，成本较低。高浓度的瓜尔胶会发生交联，形成的冻胶可用于携砂，可作为稠化剂增黏使用。Singh 等 [43] 研究交联剂对瓜尔胶减阻性能的影响。通过添加微量硼，瓜尔胶的水动力学半径和减阻性能有所提高，耐剪切性能不受影响。Deshmukh 等 [44] 制备了聚丙烯酰胺接枝的瓜尔胶减阻剂，研究了其在减阻、耐剪切和生物降解等方面的性能。结果表明，聚丙烯酰胺支链的长度与数量可以影响瓜尔胶的减阻性能，接枝后瓜尔胶的耐剪切性与生物降解性得到提升。Sharma 等 [45] 制备了瓜尔胶与助排剂、破乳剂以及黏土稳定剂的复配体系。室内实验采用返排水配制，质量分数为 0.1% 时的减阻率达到 64.2%；在压裂施工现场将管道下入井深 3470m 处，减阻率可达 63.7%，现场应用良好。

黄原胶是另一类生物基多糖减阻剂。黄原胶的相对分子质量为 2×10⁶~5×10⁷，其分子结构特殊，可广泛应用于减阻剂等领域。此外，黄原胶在水中可形成稳定的刚性棒状双螺旋结构，常作为一种高效增稠剂使用。Wyatt 等 [46] 探讨了加入方式对黄原胶的减阻性能的影响。研究结果表明，质量浓度相同时，在线加入黄原胶母液配制成的溶液减阻率比预先配制溶液的性能提高 2 倍多。明华等 [47] 采用海水（矿化度 28074mg/L）配制了改性黄原胶压裂液，经测试该压裂液摩阻低、稳定性好、携砂能力强且安全环保，能在较宽温度范围（60~130℃）下应用，满足致密储层的压裂要求。然而，大多数生物基多糖减阻剂的减阻性能欠佳，且含有较多不溶性物质，对低渗透或孔隙率低的储层伤害较大。现阶段常将瓜尔胶和黄原胶作为稠化剂应用，以提高基液黏度，增强携砂能力，或者应用于三次采油工程中，增大波及系数，提高采收率。

聚丙烯酰胺是一种由丙烯酰胺和其他单体共聚得到的合成聚合物，包括阳离子、阴离子、非离子和两性离子聚丙烯酰胺等。聚丙烯酰胺是一种长链大分子，能以任意比例溶于水中，具有良好的热稳定性和减阻性能。聚丙烯酰胺的主链中有大量酰胺基团，活性高，性能可控，常以固体粉剂和液体乳剂状态应用，是目前页岩气滑溜水压裂作业中使用最广泛的水溶性减阻剂。

聚丙烯酰胺类减阻剂可分为乳剂、粉剂两大类，由于粉剂类减阻剂溶解比较困难，难以满足在线配制的要求，因此，油气田实际开采中液体乳剂聚丙烯酰胺减阻剂使用得更为广泛。乳液状的聚丙烯酰胺减阻剂为微米级大小，能快速分散，液体乳剂聚丙烯酰胺减阻剂合成方法主要包括 2 种：W/O 反相聚合、W/W 分散聚合。此外，将纳米材料引入传统高分子聚合物构建复合高分子材料，利用其交联结构，形成耐温耐盐和流变性能优异的滑溜水压裂液体系，作为一类新型减阻剂体系备受关注。

W/O 型反相聚合物减阻剂的内相为水溶性聚合物，相对分子质量较大，外相为石油烷烃聚合物，稀释后可以快速发挥作用。在国外油气田开发应用中，Kemira 研制了 KemFlow 系列反相聚合物减阻剂，添加硅聚醚构成反相乳液[48]。该体系阴离子主剂具有较强弹性，携砂量大；阳离子减阻剂主剂选用丙烯酰氧乙基三甲基氯化铵（DMAEA），可与黏土稳定剂配合，在含有超高 2 价金属离子的水溶液中依然可以稳定减阻。Innospec 研制的 HirateTM MAXX 1250 型减阻剂，主剂为阴离子聚丙烯酰胺，少量添加即可快速增黏，性能优异。Halliburton 制备了一种 PERMVISTMVFR-10 减阻剂，黏度大，易破胶返排，在高矿化度（300g/L）的水溶液中可保持 60% 以上的减阻率。国内研究领域中，兰昌文等[49]利用半连续反相微乳液聚合法制备了一种新型减阻剂 CW-1。室内实验表明，在 1.2m³/h 排量下减阻率可达到 70% 以上。卢拥军等开发了一种 FA30 速溶乳液减阻剂，应用于西南地区某页岩气井，在 16m³/min 排量下可实现 81% 减阻率。长庆油田采用了刘通义研发的新型减阻剂，将减阻率提高到 78%[50]。马国艳等[51]以长链疏水单体为原料，制备反相乳液减阻剂产品 WDRA-M，大幅提高了降阻剂的抗剪切性能，将其应用于某水平井大型压裂作业，减阻率比瓜尔胶高出 42.5%，与国外产品相比，更适合国内大排量压裂作业。由中国石化石油工程技术研究院研制的新型减阻剂在四川宜宾和涪陵等地区施工后，减阻率超过 75%[52]。另一种性能优异改性聚丙烯酰胺减阻剂 EM30，由范华波等研发，其相对分子质量为 200 万，具有良好的耐高温、耐盐和耐剪切性能[53]。目前 EM30 滑溜水压裂液作为鄂尔多斯盆地储层改造主体压裂液，可回收返排液超过 85%，成本节约 5 亿元。

W/O 型反相聚丙烯酰胺乳液原料来源广泛，合成方法简单，具有良好的溶解和增稠能力，在国内外现场应用取得了较好的作用效果。但 W/O 型反相聚丙烯酰胺乳液也存在一定不足，包括：制备过程需要消耗大量的表面活性剂；聚合物需要从油相转入水相后才能发挥作用；乳液中大量的油相会对环境造成污染等，因此，更为环保的 W/W 分散聚合物减阻剂越来越受到重视[54-55]。

W/W 分散聚合物减阻剂的制备主要采用水分散聚合法。将含有单体的水溶液与高浓度电解质混合，反应后加入引发剂得到聚合物，在水中形成稳定均匀的 W/W 溶液，粒径通常在 10μm 左右。W/W 型聚合物减阻剂不含表面活性剂和有机溶剂，溶解快、成本低、环境污染小，聚合过程简单，安全性高。BJ Services 公司研发的 W/W 分散乳液型高效减阻剂系列产品，包括 ThinfracMP、ThinfracTMHV、ThinfracTM PLUS 和 ThinfracTM PW 等，不需要加入植物胶增加携砂比，具有水化速度高、支撑剂运输力强、对地层伤害小等特点，用于北美页岩油压裂作业可提高生产率 70%，降低成本 30%[56]。

国内研究人员采用双水相分散聚合方法制备了一种新型减阻剂，室内实验在 30L/min 排量下，减阻率可达 67%。张峰三[57]通过分子设计合成双水相疏水缔合型聚丙烯酰胺（OWPAM），对延长油田志丹区域的 4 口致密油井进行试验，减阻率均大于 65%。郭粉娟等[58]采用抗盐单体丙烯酸二甲基氨基乙酯氯甲烷盐（DAC）为主剂聚合得到 W/W 乳液减阻剂 FR-4，分散时间短（5s 内），70℃下的减阻率为 71.4%；采用矿化度为 57249mg/L 的现场返排水配制时减阻率可达 71.9%，在页岩气井 J29-2HF 进行现场施工，注入后施工压力迅速降低了 2~6MPa，减阻性能优异。2011 年，中国石化北京化工研究院开发出一种高效减阻剂，黏度低，溶解时间短，能够满足压裂施工在线配液的要求。现场压裂施工结果表明，该减阻剂减阻性能优异，减阻率为 60%，与国外同类产品相媲美，成本大幅降低。孟强等采用反相乳液聚合法合成了一种新型高效减阻剂 HDR-C，具有良好的减阻效果、耐剪切性能和黏弹性能，在四川盆地某页岩区块 M-1 井压裂施工过程中成功进行了应用，在维持排量基本不变的情况下，按比例加入 HDR-C 后，施工压力迅速降低，与清水相比摩阻降低 67.5%。

聚丙烯酰胺滑溜水减阻剂的减阻性能极大地依赖于其大分子链。在高温、高盐与高剪切的油藏环境下，聚丙烯酰胺分子的酰胺键易断裂成小分子，导致其黏度大幅下降而影响甚至失去减阻效果。随着油气资源不断开采，特殊油藏已成为油气开发的主战场，传统聚丙烯酰胺减阻剂越来越难满足现阶段的开采要求。为弥补上述缺陷，新型减阻剂体系被相继研发出来。其中，纳米复合减阻剂是最具发展前景的一种。按照制备方法，纳米复合减阻剂通常可以分成 3 种。

（1）填充型聚合物纳米复合减阻剂。

此类减阻剂的制备首先要根据现场所需性能选择合适的纳米材料单体，然后将其均匀分布于聚合物基体中得到。由于纳米材料单体与聚合物的复配困难，在制备过程中通常需要对聚合物和纳米单体进行修饰，才能得到目标产品。

（2）层状硅酸盐型纳米复合减阻剂。

将有机或无机插层剂处理后的黏土与聚合物作用可以得到层状硅酸盐型纳米复合减阻剂。实验表明，复合材料的拉伸强度与抗剪切能力等性能显著增强，是开发高性能纳米复合减阻剂的新途径。

（3）有机/无机杂化纳米复合减阻剂。

通过化学反应将无机纳米材料与有机聚合物相接可以制备得到有机/无机杂化纳米复合减阻剂，利用两者协同作用强化减阻性能。

尽管纳米材料复合减阻剂的报道增多，室内评价也取得了很好的减阻效果，但从现有油田现场数据来看，尚无纳米材料复合减阻剂在油田大规模成功应用的案例，纳米材料复合减阻剂的研究尚处于起步阶段，对其减阻机理尚未进行深入透彻的研究，缺乏对纳米材料在地下运移规律与减阻性能的理论解释，影响了纳米材料复合减阻剂性能的进一步改进和提升。

4.1.3　环保低伤害减阻剂性能评价

目前在油气田压裂施工现场得到应用的滑溜水压裂液减阻剂主要有油基乳液减阻剂及水基减阻剂，部分地区仍在使用粉末减阻剂，选用比较有代表性的粉末减阻剂（1#）、油基乳液减阻剂（2#）、水基乳液减阻剂（3#）以及纳米复合水基减阻剂（4#）作为考察对象，通过对减阻剂的分散性能、抗盐性能、减阻性能、岩心伤害和残渣含量等五个方面进行比较，最终得到最优的减阻剂。

（1）减阻剂分散性能。

滑溜水压裂液在施工过程中因为无法形成有效滤饼，滤失量较大，在施工时一般是通过提高施工排量来解决这个问题，而压裂施工泵注的滑溜水压裂液一般在几分钟之内便会到达井底。因此，现场压裂施工的情况要求滑溜水压裂液的配制工艺要简单，并且要达到即配即注即起效的效果，这便要保证滑溜水压裂液中的核心助剂减阻剂需要有特别快的溶解速度，减阻剂的溶解速度快、分散时间短，减阻剂分子的分子链才能发生弹性形变伸展开来，进而吸收能量，降低流体湍流程度，滑溜水压裂液便能大幅降低施工摩阻，实现对储层的有效压裂。

①分散性能实验方法。

减阻剂的分散性能的测定方法很多，目前还没有一个统一的标准。黄趾海提出一种表征方法，该方法具体为：首先找到各种减阻剂经过充分溶胀后达到相同黏度时减阻剂的质量浓度；按照得到的质量浓度计算配制 1L 减阻剂溶液所需加入的减阻剂的量并配制 1L 的各减阻剂溶液；在配制压裂液时控制其他条件一致，并保证溶液在加入添加剂之前能各自形成相同的旋涡，加入减阻剂的同时开始计时，记录旋涡闭合所需要花费的时间，用此时间来表征减阻剂的分散性能。蒋官澄等则建立了一种减阻剂分散时间测试方法：首先配制一定浓度的减阻水溶液，使用六速旋转黏度计测量减阻剂溶液的 600r 稳定读数；按照六速旋转黏度计使用的样品杯 350mL 的体积和之前设定的减阻剂浓度，计算并称取相应质量的减阻剂；准确量取 350mL 清水于样品杯中，开启六速旋转黏度计，转速设定为 600r/min；将称量好了的减阻剂加入黏度计的样品杯中，同时开始计时；当黏度计测得的黏度达到第一次测试时的黏度时停止计时，用此时间作为分散时间。

受限于实验室条件，因此决定采用测试减阻剂溶液达到相同黏度所需的时间来作为减阻剂的分散时间，并以此来表征减阻剂的分散性能。

②分散性能实验结果。

选择 1#、2#、3#、4# 等四种减阻剂按照上述确定的分散时间测试方法进行分散时间测试实验，每种减阻剂测试三次，取平均值，实验得到的结果见表 4-1。

表 4-1　减阻剂分散时间

减阻剂	第一次测试值 /s	第二次测试值 /s	第三次测试值 /s	平均值 /s
1#	120	115	119	118.0
2#	91	92	90	91.0
3#	78	74	76	76.0
4#	26	25	25	25.3

由表 4-1 中各减阻剂的分散时间来看，测试的几种减阻剂的分散时间从大到小为：$1^{\#} >$ $2^{\#} > 3^{\#} > 4^{\#}$。由于减阻剂的分散性能是和分散时间呈负相关的关系，因此测试的几种减阻剂的分散能力从大到小依次为：$4^{\#} > 3^{\#} > 2^{\#} > 1^{\#}$，单从分散性能这一单一因素看，$4^{\#}$ 减阻剂分散性能最好，更能满足现场压裂施工需要。

（2）减阻剂抗盐性能。

滑溜水压裂液的施工规模一般较大，其一次施工所需要消耗的液量也大，单井液量在几千甚至上万立方米之间，液量如此巨大的滑溜水压裂液注入地层进行压裂储层改造后，虽然返排出的液体也较多，但返排液中的化学成分复杂，不光含有压裂液自身具有的化学物质，经过与储层的接触，会夹杂着地层中的一些物质返回地面。返排液最突出的特点便是矿化度高，矿化度高也就意味着溶液中含盐量大，主要的盐离子有 Na^+、K^+、Ca^{2+}、Mg^{2+}、Cl^-、SO_4^{2-}、HCO_3^- 等。返排液若想回收利用，处理技术及成本较高，但直接排放会造成环境及储层的损害，且会造成水资源的大量浪费。人们尝试过使用返排液作压裂液的配液用水，但这会导致压裂液性能急剧下降，不能有效降低施工摩阻，达不到压裂液施工性能要求。因此，若滑溜水压裂液的配液用水既可以使用清水又可以使用现场压裂返排液的话，不仅能起到保护环境及保护储层的作用，同时也能为压裂施工降低成本。正是因为有压裂施工现场的现实需求，因此，需要考察滑溜水压裂液的抗盐性能，具体地，是考察核心助剂减阻剂的抗盐性能。

①抗盐性能实验方法。

减阻剂抗盐性能的测试方法一般是用测试减阻剂在盐水中的减阻率来表征，本节中提出一种比较直观的方法来比较减阻剂抗盐性能，即观察减阻剂在盐溶液中的溶解状态，可以作为对减阻剂抗盐性能的第一步初步判断，后续进行减阻率测定，这样更方便和更高效判断减阻剂抗盐性能。该方法为：配制一定浓度（质量浓度，后文中若无特殊说明均指质量浓度）的盐溶液，盐浓度可以调整；按照配制好的盐溶液体积，选定一定浓度，称取一定质量的减阻剂备用；在一边搅拌的情况下向盐溶液中添加减阻剂；添加完毕，观察溶液状态，主要是观察溶液是否澄清透明，是否有未溶物、絮凝物或沉淀，并以此来判断减阻剂抗盐性能。

②抗盐性能实验结果。

设定不同盐水的浓度，按照上述方法配制的盐水分别为：

A：3% 氯化钠 +2% 氯化钙；

B：10% 氯化钠 +10% 氯化钙；

C：0.01% 三氯化铁。

选定的减阻剂浓度为 0.1%，对四种减阻剂的抗盐性能进行测试，实验结果如图 4-4 至图 4-15 所示。

如图 4-4 至图 4-7 所示，配制的盐水 A 为澄清透明状；向配制的盐水 A 中分别加入 $1^{\#}$、$2^{\#}$、$3^{\#}$ 和 $4^{\#}$ 四种减阻剂，观察其溶解情况。如图 4-4 所示，$1^{\#}$ 在盐水 A 中完全溶解，未出现絮凝物或沉淀；如图 4-5 所示，$2^{\#}$ 在盐水 A 中基本未溶解，出现了絮凝状沉淀；如图 4-6 所示，$3^{\#}$ 在盐水 A 中虽然未出现絮凝物或沉淀，但溶液浑浊；如图 4-7 所示，$4^{\#}$ 在盐水 A 中完全溶解，未出现絮凝物或沉淀，溶液澄清。

综上所述，$1^{\#}$ 和 $4^{\#}$ 在盐水 A（3% 氯化钠 +2% 氯化钙）中具有良好的抗盐性能，$2^{\#}$、$3^{\#}$ 在盐水 A（3% 氯化钠 +2% 氯化钙）中的抗盐性能差。

图 4-4 1#减阻剂在盐水 A 中的溶解情况

图 4-5 2#减阻剂在盐水 A 中的溶解情况

图 4-6 3#减阻剂在盐水 A 中的溶解情况

图 4-7 4#减阻剂在盐水 A 中的溶解情况

如图 4-8 至图 4-11 所示，向盐水配方 B 中分别加入 1#、2#、3# 和 4# 四种减阻剂，观察其溶解情况。如图 4-8 所示，1# 在盐水 B 中完全溶解，溶液澄清透明，未出现絮凝物或沉淀；如图 4-9 所示，2# 在盐水 B 中基本未溶解，出现了絮凝物，且溶液浑浊，并有较多未溶的减阻剂附着在烧杯壁上；如图 4-10 所示，3# 在盐水 B 中虽然未出现絮凝物或沉淀，但溶液浑浊；如图 4-11 所示，4# 在盐水 B 中完全溶解，溶液澄清透明，未出现絮凝物或沉淀。

图 4-8　1# 减阻剂在盐水 B 中的溶解情况

图 4-9　2# 减阻剂在盐水 B 中的溶解情况

图 4-10　3# 减阻剂在盐水 B 中的溶解情况

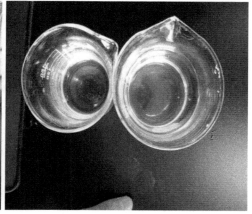

图 4-11　4# 减阻剂在盐水 B 中的溶解情况

综上所述，1#、4# 在盐水 B（10% 氯化钠 +10% 氯化钙）中具有良好的抗盐性能，2#、3# 在盐水 B（10% 氯化钠 +10% 氯化钙）中的抗盐性能差。

如图 4-12 至图 4-15 所示，向盐水配方 C 中分别加入 1#、2#、3# 和 4# 四种减阻剂，观察其溶解情况。如图 4-12 所示，1# 在盐水 C 中大部分溶解，溶液略微浑浊，有少量絮凝物或沉淀；如图 4-13 所示，2# 在盐水 C 中完全未溶解，溶液浑浊，减阻剂分子析出浮在液面上；如图 4-14 所示，3# 在盐水 C 中少部分溶解，溶液浑浊，有大量絮凝物或沉淀；如图 4-15 所示，4# 在盐水 C 中完全溶解，溶液澄清透明，未出现絮凝物或沉淀。综上所述，4# 在盐水 C（0.01% 三氯化铁）中具有良好的抗盐性能，1#、2#、3# 在盐水 C（0.01% 三氯化铁）中的抗盐性能差。

图 4-12　1# 减阻剂在盐水 C 中的溶解情况

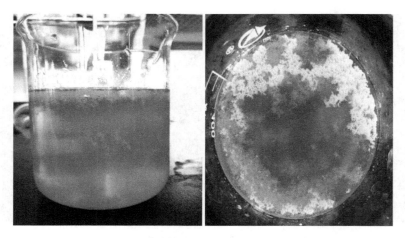

图 4-13 2$^{\#}$减阻剂在盐水 C 中的溶解情况

图 4-14 3$^{\#}$减阻剂在盐水 C 中的溶解情况

图 4-15 4$^{\#}$减阻剂在盐水 C 中的溶解情况

综合分析四种减阻剂在三种不同盐溶液中的溶解状态，单从抗盐性能这一单一因素看，4# 减阻剂抗盐性能最好，更能满足现场压裂施工需要。

（3）减阻剂减阻性能。

滑溜水压裂液是通过压裂液自身具有的动能压碎储层，从而能产生更多裂缝并形成复杂的裂缝网络，这些裂缝就是后续油气运移的通道。在滑溜水压裂过程中，滑溜水在 3~5min 内以 10~14m³/min 的速度通过 3~5in 的井筒到达油气储层实施压裂。在这么高的流速下，压裂液在注入过程中会与井筒摩擦进而产生大量湍流。湍流的产生损耗大量本应到达储层的动能，致使压裂液到达储层后无力进行有效压裂。因此，必须在压裂液中使用减阻剂来抑制湍流程度，降低动能损耗，从而实现有效压裂。减阻剂作为滑溜水压裂液中的关键添加剂，主要功能为降低压裂液在管道与储层裂缝中流动时的摩阻系数，抑制流体湍流程度，从而提高压裂液到达井底储层时的动能，实现对储层的有效压裂，同时降低施工时的压力与施工过程的难度。

由于体积压裂施工工艺的特点决定了压裂施工过程中会需要消耗大量的水资源，因此，压裂施工现场若是能靠近大型水源便能大大降低压裂施工成本，但受限于实际情况，我国的页岩气等非常规油气资源的勘探开发大部分处于水资源贫乏的地区，在这些地区进行压裂施工，无疑更加加剧了当地本就紧张的水资源使用。同时，压裂液经过储层改造后返排至地面的液体也较多且所含物质复杂，不光含有压裂液自身的物质，还会夹杂着地层中的可溶性盐返回地面。返排液若想回收利用，处理技术及成本较高，但直接排放会造成环境及储层的损害，且会造成水资源的大量浪费。人们尝试过使用返排液作为压裂液的配液用水，但这会导致压裂液性能急剧下降，从而不能降低施工压力及施工难度。因此，若在配制滑溜水压裂液时既可以使用清水又能使用压裂返排液的话，不仅能起到保护环境及保护储层的作用，同时也能为压裂施工降低成本。

因此，减阻剂的首要性能虽然是减阻性能，但在室内考察减阻剂的减阻性能时不仅仅测试其在清水中的减阻性能，同时测试其在盐水或现场返排液中的抗盐减阻性能，这对于油气田开发应用具有重大的现实意义。

①减阻性能实验方法。

目前一般采用减阻率来表征减阻剂的减阻性能，使用笔者团队已经研发的高温高压动态减阻评价系统（图 4-16），该系统主要由实验装置和数据采集处理装置两部分构成，实验装置的核心为测试管路，其中有两根管长 2m，内径分别为 6.8mm 和 10mm 的模拟管道以及循环泵，模拟管道采用耐压材料制成，能经受得住高流速下液体对管路的冲击。数据采集系统包括差压传感器、压力传感器、流量计、温度计。

减阻率的计算公式如下：

$$FR = \frac{p_0 - p}{p_0} \times 100\% \tag{4-1}$$

式中，FR 是指与清水同一测量条件下减阻剂相对清水的减阻率，%；p_0 是指清水流经管路时的稳定压差，kPa；p 是指与清水同一测量条件下加入减阻剂后流经管路时的稳定压差，kPa。

根据减阻率的计算公式，要想测得减阻剂的减阻率，则必须知道管路中清水压差和加入减阻剂后的压差。因此，具体的测试方法包含两个方面，第一步的清水压差测定以及第二步加入减阻剂后压差测定。

清水压差测定方法及步骤主要为：打开仪器及电脑上的软件及对应阀门；将称量好的 10L 清水倒入配料罐中，选择测试管路，设定流量、温度；启动循环泵，使清水进入测试管道；当软件操作界面显示达到之前预先设定的各项参数时，点击开始测试，软件自动记录差压传感器、流量传感器以及温度传感器的数据；到达设定的测试时间后，点击停止测试，系统自动保存各项参数的数据；软件自动计算出清水在该管路、该流量、该温度下的压差；打开循环泵及电动阀门，排出实验用清水，当压差归零后，关闭阀门及循环泵。

加入减阻剂后压差测定方法及步骤主要为：将配制好的 10L 减阻剂溶液倒入配料罐中；启动循环泵，使减阻剂溶液进入测试管道；当软件操作界面显示达到设定的各项参数时，点击开始测试，软件自动记录差压传感器、流量传感器以及温度传感器的数据；到达设定的测试时间后，点击停止测试，系统自动保存各项参数的数据；软件自动计算出减阻剂溶液在该管路、该流量、该温度下的压差并按公式（4-1）计算得到减阻率；打开循环泵及电动阀门，排出减阻剂溶液，当压差归零后，关闭阀门及循环泵，导出实验数据。

图 4-16　减阻率测试系统

根据需求，在对四种减阻剂样品进行减阻率测试评价时，根据经验设定减阻率测试系统的测试管路为内径 10mm，流量为 30L/min 即流速为 6.5m/s，温度为室温，测试时间为 5min，测试液体的总体积为 10L。

由于不清楚四种减阻剂的最佳浓度，因此首先是测试四种减阻剂在清水中的最佳使用浓度，然后是在最佳浓度下比较四种减阻剂在清水中的减阻率以及盐水中的减阻率，最后是测试在现场返排水中的减阻率。其中的盐水配方有两种，分别为：盐水 D，使用 $CaCl_2$、$MgCl_2$ 与 NaCl 来配制混合盐水溶液，其中 Mg^{2+} 的浓度为 600mg/L，Ca^{2+} 的浓度为 1000mg/L，用 NaCl 来调控总矿化度为 30000mg/L；盐水 E，Mg^{2+} 的浓度为 1000mg/L，Ca^{2+} 的浓度为 2000mg/L，用 NaCl 来调控总矿化度为 30000 mg/L。

返排水来自长宁区块某平台页岩气井，测试使用的返排液的 pH 值基本在 5~6 之间，返排液的总矿化度为 41570mg/L，其中主要离子含量分别为：Ca^{2+} 含量为 2743.32mg/L；Mg^{2+} 含量为 495.23mg/L；Na^+、K^+ 含量为 8044.79mg/L；Cl^- 含量为 8435.34 mg/L；SO_4^{2-} 含量为 73.17mg/L；HCO_3^- 含量为 769.56mg/L。

②减阻性能实验结果。

按照先前设定好的仪器参数与实验条件，测试四种减阻剂在浓度分别为 0.05%、0.08%、0.1%、0.12%、0.15% 时的减阻率，结果如图 4-17 所示。

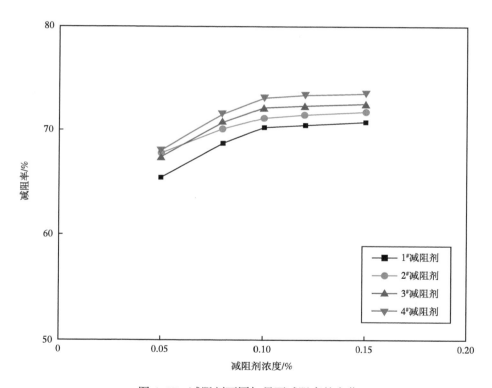

图 4-17　减阻剂不同加量下减阻率的变化

由图 4-17 可知，四种减阻剂使用的最佳浓度为 0.1%，虽然浓度为 0.12% 与 0.15% 时的减阻率更高，但相对于浓度的提高而言，减阻率的提升并不明显。因此，从经济性和实用性的角度考虑，确定减阻剂的最佳加量为 0.1%。

按照先前设定好的仪器参数与实验条件，测试四种减阻剂在相应条件下的减阻率，结果如图 4-18 至图 4-21 所示。

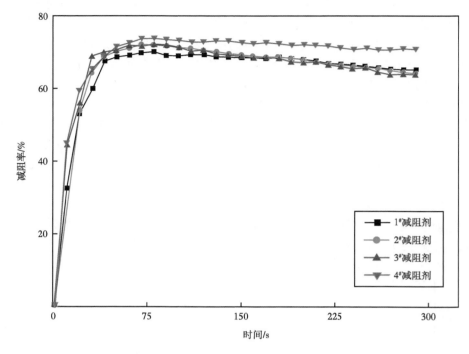

图 4-18　减阻剂在清水中减阻率的变化

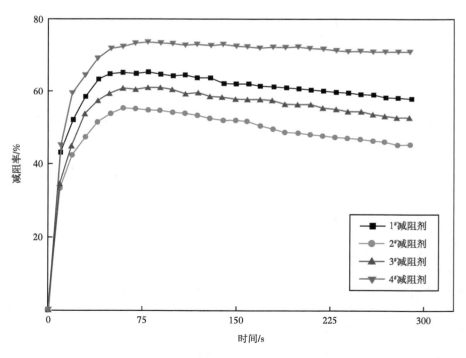

图 4-19　减阻剂在盐水 D 中减阻率的变化

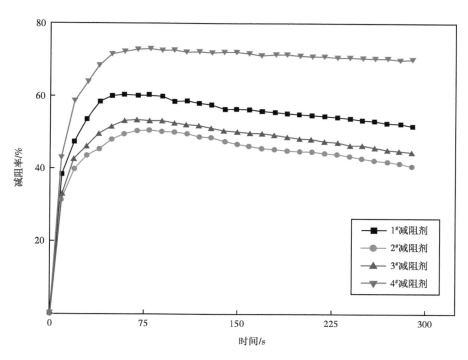

图 4-20　减阻剂在盐水 E 中减阻率的变化

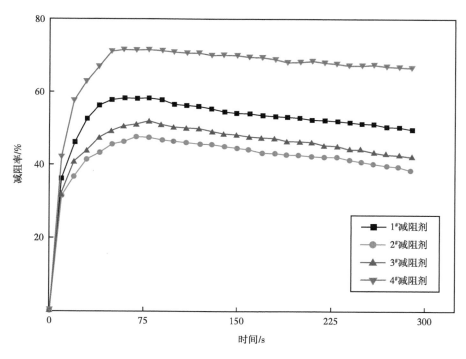

图 4-21　减阻剂在返排水中减阻率的变化

由图 4-18 可知，在清水中，4# 减阻剂的减阻率最高，2#、3#、4# 这三种减阻剂的减阻率的最大值相差不大，但都比 1# 减阻剂的减阻率高。从 5min 内的减阻率看，1# 和 4# 减阻剂的减阻率比较平稳，而 2#、3# 减阻剂的减阻率在测试后半段出现了下降，这说明 1# 和 4# 减阻剂的耐剪切性能较好，2# 和 3# 减阻剂的耐剪切性能较差。由图 4-19 至图 4-21 可知，在盐水中，和清水中的减阻率相比，4# 减阻剂的减阻率相差不大，而 1#、2#、3# 这三种减阻剂的减阻率均出现了下降，其中 2# 减阻剂的减阻率下降幅度最大，3# 减阻剂次之，1# 减阻剂减阻率下降幅度最小。这也说明 4# 减阻剂在清水和两种盐水中均能正常发挥减阻性能，而其他三种减阻剂则会受到配液用水水质的影响；由图 4-18 与图 4-21 可知，4# 减阻剂在返排水中的减阻率和清水中相比几乎无变化，而其他三种减阻剂则出现了大幅下降的情况，反映出其他三种减阻剂对于盐水以及压裂返排水的不适应性，而 4# 减阻剂的减阻性能较稳定，不受水质影响而上下波动。

综上所述，经过测试四种减阻剂在清水、盐水以及返排水中的减阻率，结合前面抗盐性能的实验结果，可以直观地看出，4# 减阻剂的减阻性能最为优秀，在不同溶液中的减阻率都比较稳定，在盐水中的减阻率也稳定，其最佳加量为 0.1%，而其他三种减阻剂在清水中的减阻率尚可，但在盐水中的减阻率则急剧下降，无法满足压裂施工要求。因此，综合减阻性能与抗盐性能来看，4# 减阻剂的减阻性能与抗盐性能均优秀，更能满足现场压裂施工需要。

（4）减阻剂岩心伤害。

滑溜水压裂液由于是储层改造工作液体，在压裂施工改造储层的过程中，压裂液肯定会接触油气储层。当部分压裂液通过高压滤失渗流进入储层然后滞留其中，压裂施工结束后，滞留其中的压裂液可能会带着部分残渣堵住油气渗流裂缝，从而导致油气田产量下降明显。同样由于外来压裂液与地层流体之间可能存在着不配伍或配伍性差的问题，这便会造成各种有害反应发生，例如黏土矿物的膨胀与迁移等。这些也就会对储层造成不可逆的伤害，由于流体流经储层后会使储层性质发生变化，因此可以用岩心性质的变化来反映储层伤害程度，岩心的性质里面渗透率是比较容易直观测得的，所以可以测试岩心的渗透率的变化来考察减阻剂的岩心伤害程度。

①气体渗透率测试方法。

岩心气体渗透率测试方法参照标准 SY/T 5336—2006《岩心分析方法》中所给出的测试方法，测定不同减阻剂溶液流过岩心后对岩心渗透率的影响变化。其中会用到的计算气体岩心渗透率的公式为：

$$K = \frac{2Q\mu L p_0}{A\left(p_1^2 - p_0^2\right)} \tag{4-2}$$

式中，μ 是指气体的黏度，mPa·s；Q 是指气体的体积流量，cm^3/s；L 是指岩心轴向长度，cm；p_0 是指一个标准大气压，MPa；A 是指岩心横截面积，cm^2；p_1 是指进口端的压力（$p_1 = p_0 + p_{测}$），MPa。

②气体渗透率测试结果。

根据上述气体渗透率测试方法对四种减阻剂配制的减阻剂水溶液通过岩心后的渗透率变化进行了测试分析，测试结果见表 4-2。

表 4-2　岩心气测渗透率恢复率

减阻剂	原始渗透率 / mD	恢复渗透率 / mD	渗透率恢复率 /%
1# 减阻剂	143.57	23.82	16.59
2# 减阻剂	145.64	11.14	7.65
3# 减阻剂	144.38	84.90	58.80
4# 减阻剂	146.75	134.91	91.93

由表 4-2 可知，在四种减阻剂的岩心伤害程度测试中，4# 减阻剂对岩心渗透率的影响最小，岩心渗透率恢复率达到了 91.93%，而其他三种减阻剂对岩心渗透率的影响较大，岩心渗透率恢复率普遍较低，对储层伤害程度较大。因此，单从岩心伤害程度高低来看，1#、2#、3# 减阻剂的岩心伤害程度较大，对油气资源持续开发具有不利影响，4# 减阻剂更能有效保护油气储层，有利于油气资源的长期且有效开发。

（5）减阻剂残渣含量。

压裂液进入地层进行压裂施工后，存在一个压后返排的问题，压裂液的返排率只能通过现场跟踪压裂液使用量及后续返出液量才能准确得到。滑溜水压裂液虽然一般都具有返排率高的特点，但不能保证完全返排。当压裂液滞留在地层中时，会对支撑剂的造缝形成损害，影响后续施工及生产，因此有必要对压裂液的残渣含量进行考察，主要是考察减阻剂这一高分子量物质的残渣含量。

①残渣含量测试方法。

具体测试步骤为：使用所述四种减阻剂配制成减阻剂水溶液；分别量取一定体积 V 压裂液于老化罐中，V 一般取 50mL，并将老化罐编好号码放于烘箱中，温度设置为 75℃；当溶液黏度低于 5mPa·s 时，可以视为处理完成；将 50mL 压裂液转移至离心管中，离心管预先干燥恒重；将离心管放入离心机，设定转速为 3000r/min，离心时间为 30min；离心结束后，倒掉上层清液，再次用水洗涤老化罐后倒入离心管之中，同样的条件离心 20min；倒掉上层液体；将处理完毕的离心管放入恒温干燥箱，设置温度 105℃，烘至恒重并记为 m。

减阻剂水溶液残渣含量计算公式如下：

$$\eta = \frac{m}{V} \times 1000 \tag{4-3}$$

式中，η 指溶液的残渣含量，mg/L；m 指剩余残渣质量，mg；V 指实验溶液用量，mL。

②残渣含量测试结果。

根据上述残渣含量测试方法对四种减阻剂配制的减阻剂水溶液的残渣含量进行了测试分析，测试结果见表 4-3。

表 4-3　残渣含量测试结果

减阻剂水溶液	残渣含量 /（mg/L）
1# 减阻剂水溶液	205.4
2# 减阻剂水溶液	291.5
3# 减阻剂水溶液	247.2
4# 减阻剂水溶液	20.1

由表 4-3 可知，四种减阻剂中 4# 减阻剂水溶液残渣含量最低，而 1#、2#、3# 这三种减阻剂的残渣含量都较大。实验结果表明，从残渣含量这一性能来看，4# 减阻剂最符合当前压裂液清洁环保的需求，而其余三种减阻剂对储层伤害较大，对压裂施工、后续油气开发以及环境保护方面均具有不良影响。

通过在室内对四种减阻剂的分散性能、抗盐性能、减阻性能、岩心伤害程度、残渣含量等五个方面进行考察，最终确定选择 4# 减阻剂即纳米复合 JHFR 减阻剂作为新型滑溜水压裂液体系中的核心助剂减阻剂，其具有溶解速度快、抗盐性能好、减阻效率高、储层伤害小、残渣含量低等优异性能，满足压裂施工现场对于压裂液的施工要求，而其他三种减阻剂则存在着诸如溶解性能差、储层伤害大等问题，使用条件受到限制。

4.2　压裂液用助排剂

非常规油气储层普遍具有低孔低渗的特点，因此通常需要经过储层改造措施才能实现经济开发，应用较多的是使用滑溜水压裂液进行压裂改造[59]。压裂液中的水不溶物或破胶不彻底产生的残渣，大量滞留在支撑裂缝的孔隙中，减少了支撑裂缝的有效空间，压裂液残渣阻碍液体流动，致使裂缝导流能力下降[60]。经室内实验证实，在相同条件下，0.4% 普通瓜尔胶液体对岩心的伤害率为 49.1%，而经过化学改性处理的 0.4% 低残渣瓜尔胶液体的伤害率为 23.5%[61]。因此，压裂液破胶后及时彻底的返排对压裂结果起着至关重要的作用。此外，外来液体侵入地层，增加了油水界面，由于界面张力的存在，使油水界面或液体表面弯液面下产生压力，这个附加压力经多次叠加后会产生流动阻力[62]。业内称之为毛细管力的作用，正是这个力致使压裂后返排困难和流体流动阻力增加。如果储层压力不能克服升高的毛细管力，则出现严重和持久的水锁[63]。如果能降低这种毛细管力，则压裂液的返排就会变得更容易，返排率更高，在储层中滞留得更少，对储层的伤害更小，因为滞留在储层中的压裂液会对储层造成严重的水相圈闭损害。人们一般在压裂液中加入助排剂，从而降低压裂液返排时遇到的毛细管阻力[64]。

4.2.1　助排剂的种类、主要作用及机理

助排剂的主要成分是表面活性剂的混合物，通过降低返排出液的表面张力、油水界面张力和增加润湿角来帮助压裂残液返排出地层，达到提高压裂效果的目的。目前，国内外广泛使用的压裂液体系可分为水基压裂液，油基压裂液，泡沫压裂液和乳化压裂液。从 20 世纪 50 年代到 60 年代初是以油基压裂液为主，60 年代到 70 年代瓜尔胶稠化剂的问世标志着现代压裂液化学的诞生[65]。瓜尔胶化学改性的成功，以及交联剂的发展，使水基压裂液体系迅速发展并逐渐成熟起来，压裂液的伤害也接踵而至，这时就要求破胶液迅速返排，此时助排剂也由单一表面活性剂或单一醇醚发展到多种表面活性剂复配[66]。

根据低渗透油田勘探开发的需要，压裂成为油气藏改造的重要手段，使本来没有工业开采价值的低渗透油气藏具有相当工业储量和开发规模。20 世纪 80 年代是水力压裂发展史上极为重要的阶段，由于各项压裂工艺技术的发展，水力压裂不再仅仅作为单井增产、增注的措施，而是与油藏工程紧密结合起来，用于调整层间矛盾（调整产液剖面）、改善驱油效率，成为提高原油采收率和油田开发效益的有力技术。并且水力压裂逐渐成为决定

低渗透油田开发方案的主导因素。这也使助排剂从单一功能向多功能发展。虽然双子表面活性剂和全氟表面活性剂的出现增加了助排剂的原料选择，但由于这两种表面活性剂价格较贵，且一些全氟表面活性剂的毒性较大，污染严重，使碳氢表面活性剂复配的助排剂仍有使用空间[67]。

压裂用助排剂主要由表面活性剂混配而成，一般以某一两种表面活性剂为主，表面活性剂之间可能有相互作用，由相同离子型表面活性剂复配到现在的不同类型的表面活性剂复配。其活性剂分子吸附在液体的表面或油水界面，紧密而定向地排列，从而表面活性剂起到降低表面张力和界面张力的作用，表面活性剂也改变岩石的润湿性，增大接触角，有利于返排。助排剂还常添加醇醚等溶剂，起到增加油水互溶作用或为提高表面活性剂利用率而起到牺牲剂的作用，添加的无机盐一般是与表面活性剂配合，增强表面活性剂降低表面张力和油水界面张力的能力[68]。

与助排剂作用机理有关的概念主要有：表面张力、润湿角、表面活性剂降低表面张力或液—液界面张力的原理。由于分子在体相内部与界面上所处的环境是不同的，界面上的分子受到两相的引力不同，于是产生倾向于某一方向的净吸力。由于有净吸力的存在，使液体表面的分子有被拉入液体内部的倾向，这使液体表面出现表面张力，表面张力可定义为增加单位面积所消耗的功。表面张力方向与液面相切与净吸力方向垂直，其单位为 N/m。润湿是指固体表面上的气体被水或水溶液等液体所取代，润湿作用是一种界面或表面过程。但水的表面张力较高，故在低能表面上一般不能展开，如在水中加入极少量表面活性剂，表面活性剂在固体表面上形成定向吸附层，分子以极性基朝外，非极性基朝里，从而润湿固体，让液体在固体表面形成液滴，如图 4-22 所示，达到平衡时，在气、固、液三相接触的交界点 O 处，沿气液界面划切线，称此切线与固液界面之间的夹角（包括液体在内）为润湿角 θ。表面活性剂分子由性质截然不同的两部分组成，一部分是与油有亲和性的亲油基，另一部分是与水有亲和性的亲水基。表面活性剂的这种结构特点使它溶于水后，亲水基受到水分子的吸引，而亲油基受到水分子的排斥，结果使表面活性剂亲水基伸入水中，亲油基伸向气相[69]。对于液—液界面亦如此，当表面活性剂分子替换了水气表面的水分子时，由于水分子极性较大，而活性剂的亲水基极性较小，结果相内部对表面的吸引力减小了。表面活性剂的亲油基伸向气相，亲油基与气相的吸引力主要靠弥散力，而弥散力是随分子量增加而增加的，而气相对表面活性剂的吸引力加强了，结果液体表面的吸引力大大减小，引起表面张力下降，对于液—液界面亦如此。

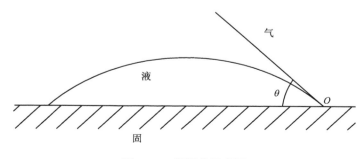

图 4-22　润湿角示意图

在压裂施工中，不可避免地要带入大量的外来流体（目前主要使用的是水基压裂液），外来增产液滤液进入地层后会与地层岩石中敏感性矿物以及地层流体之间发生各种物理化学作用，使产层受到固相、液相的伤害，堵塞孔隙，影响地层的生产能力。因此必需采取措施，减少压裂液的滤失，并最大可能地、及时快速地排出井内的外来工作流体，提高了返排率，就会减小对地层的伤害，提高压裂增产效果。为了提高液体的返排速度及返排率，国内外开发并使用了多种有针对性的压裂助排剂，取得了很好的应用效果[70]。在压裂过程中，压裂液替换地层流体而使水的饱和度增加，施工结束后开井返排，由于地层低渗透性和孔隙性差，毛细管力作用使部分水被束缚在储层中，排液困难，导致地层伤害。地层的多孔介质可看成一个相互连通的毛细管网络，若压裂液不能从地层中迅速完全地排出，会降低油气渗透率，同时，由于毛细管的渗吸作用，引起水锁，使压裂处理的效果降低。为提高压裂后破胶液的返排率，压裂液中通常加入助排剂[71]。通过减小压裂残液返排的毛细管阻力，可起到帮助返排作用，毛细管阻力的减小原理可用 Laplace 公式表达：

$$\Delta p = \sigma \left(\frac{1}{R_1} + \frac{1}{R_2} \right) \tag{4-4}$$

式中，σ 为表面张力，N/m；R_1 和 R_2 为主曲率半径，mm；Δp 为附加压力，Pa。

当液面是球形的一部分时，公式为：

$$\Delta p = \frac{2\sigma}{R} \tag{4-5}$$

式中，R 为球面半径，mm。

假设地层孔隙的平均半径为 r，则公式变为：

$$\Delta p = \frac{2\sigma \cos\theta}{r} \tag{4-6}$$

式中，r 为孔隙平均半径，mm；θ 为润湿角，(°)。

从式（4-6）可以看出，当组成助排剂的表面活性剂吸附在油水界面或压裂破胶液的表面上，活性剂分子紧密而定向地排列，使表面张力和界面张力大大降低。由于表面活性剂也会吸附在地层孔隙壁上，增大固液接触角，即 θ 角增大，则从公式（4-6）可以看出 Δp 减小。那么因界面膜而产生的附加压力减小，毛细管阻力降低。助排剂是通过降低表面张力和增大接触角而减小毛细管阻力，使压裂残液易于从地层排出。从液体返排所需时间同样可以看出，减小返排液的表面张力和增大接触角有助于压裂破胶液快速返排。根据 Poiseulle 定律，在压差（Δp）作用下，从半径为 r，长为 l 的毛细管中排出黏度为 μ、表面张力为 σ 和接触角为 θ 的液体所需时间的表达式为：

$$t = 4\mu l^2 / \left(\Delta p r^2 - 2r\sigma\cos\theta \right) \tag{4-7}$$

式中，t 为时间，s；Δp 为附加压力，Pa；r 为孔隙平均半径，mm；σ 为表面张力，N/m；θ 为润湿角，(°)；μ 为黏度，mPa·s；l 为长度，mm。

当地层孔隙结构服从毛细管束模型时，则由式（4-7）可知压裂液破胶后黏度没太大变化，可以看作定值，孔隙半径和压差是由地层决定的，如果表面张力减小，润湿角变大，则排液时间减小，也就是说压裂液破胶液易于返排[72]。在致密低渗透油气层压裂施工中，压裂液破胶液在返排时受毛细管阻力影响较大，毛细管阻力较高时可达 1.4MPa，可能造成永久性堵塞，严重损害地层，影响压裂效果。

表面活性剂的种类有很多，分类方法也有很多，主要有以下几种分类方法：按离子类型分类、按分子量分类、按溶解性分类、按用途分类。按离子类型分类，当表面活性剂溶于水后，按离解或不离解分为离子型表面活性剂和非离子型表面活性剂。离子型表面活性剂按产生离子电核性质分为阴离子型、阳离子型及两性表面活性剂[73]。按分子量分类，分子量大于 10000 者称为高分子表面活性剂，分子量在 1000~10000 的称为中分子表面活性剂，分子量在 100~1000 的称为低分子表面活性剂。按溶解性分类，按在水中的溶解性表面活性剂分为水溶性表面活性剂和油溶性表面活性剂，但大多数都是水溶性的，油溶性的虽然很重要，但品种不多。按用途分类，表面活性剂可分为表面张力降低剂、渗透剂、润湿剂、乳化剂、增溶剂、分散剂、絮凝剂、起泡剂、消泡剂、抗静电剂、缓蚀剂、柔软剂、防水剂、匀染剂等[74]。

表面活性剂的分子结构及特点：

（1）阴离子表面活性剂。

阴离子表面活性剂能在水中离解出阴离子基团，如羧酸盐类表面活性剂的羧基，这类表面活性剂一般易与水中的钙离子或镁离子形成沉淀，因此抗硬水能力差，使用受到限制[75]。脂肪醇硫酸酯盐类表面活性剂化学通式为 $R-OSO_3M$，其中 R 为 C_{10}—C_{18} 的烷基，一般为 C_{14}—C_{18}，M 为碱金属，由于亲水基通过 C—O—S 键与憎水基相连，使得此类表面活性剂易于在酸性介质中分解，但其润湿力、乳化力、去污力均良好，使用非常广泛。如果在烷基上接入聚氧乙烯然后再硫酸酯化，就得到脂肪醇醚硫酸盐，其抗硬水能力很强，有很好的表面活性，应用极为广泛。月桂基硫酸酯的重金属盐具有杀真菌和杀细菌作用，烷基苯磺酸盐，特别是十二烷基苯磺酸盐耐硬水，不易水解，而且原料丰富，价格较低。

（2）阳离子表面活性剂。

阳离子表面活性剂在水中离解出表面活性阳离子，与阴离子表面活性剂正好相反，阳离子表面活性剂一般洗涤力差，但有良好的杀菌能力，一般较阴离子表面活性剂贵[76]。

（3）两性表面活性剂。

两性表面活性剂是由带正、负电荷活性基团组成的表面活性剂，这种表面活性剂溶于水后显示出极为重要的性质，当水溶液偏碱性时，它显示出阴离子表面活性剂的特性；当水溶液偏酸性时，它显示出阳离子表面活性剂的特性。两性离子表面活性剂在水溶液中显示其独特的性能，两性离子表面活性剂根据其对 pH 值的依赖性可以分为 3 类。以 a-甘氨酸两性离子表面活性剂为例，①当 pH 值＜ 7 时，几乎全部以阳离子形式存在；②当 pH 值＞ 7 时，全部以阴离子形式存在；③而在 pH 值 =7 时，则以内盐的形式存在。在不同的 pH 值范围内，两性离子表面活性剂在三种离子形式之间转换。对羧基甜菜碱而言，当 pH 值＜ 7 时，其有可能接受一个质子形成阳离子形式；但是当 pH 值＞ 7 时，季铵盐不可能失去一个质子形成阴离子形式。因而在整个 pH 值范围内，两性离子表面活性剂只在两种离子形式间转换。对磺基甜菜碱而言，在整个 pH 值范围内，它都几乎不表现出接受质子或释放质子的能力，始终以内盐或两性离子的形式存在，因而它只具有一种离子形式。这使得此类表面活性剂有独特的抗盐能力，有的两性表面活性剂在浓盐水中及碱水中仍有极好的溶解能力，并且稳定，这类表面活性剂有杀菌作用，毒性小。两性表面活性剂水溶液具有良好的润湿性、发泡性、杀菌性、抗盐性、生物降解性及对人体皮肤无刺激等特点，因此在日用化工、三次采油、纺织、食品、医药等领域的应用越来越广泛。是其他普通表面活性剂不能比拟的。

（4）非离子表面活性剂。

非离子表面活性剂在水溶液中不是离子状态，所以稳定性高，不易受电解质的影响，也不易受酸碱的影响，与其他表面活性剂配伍性好，在水及有机溶剂中均有较好的溶解性能，由于它不离解，故在一般固体表面上不发生强烈吸附，这类表面活性剂在水中虽不离解，但靠氧乙烯基或醇基等溶于水中，聚氧乙烯型表面活性剂在无水状态时为锯齿型长链分子，但溶于水后为曲折型，亲水基的氧原子被水分子拉出来处于链的外侧，亲油基的—CH_2—基处于里面，因而链周围就变得容易与水结合，从总体看显示出极大的亲水性[78]。聚乙二醇型非离子表面活性剂品种很多，主要有平平加型，即脂肪醇聚氧乙烯醚，R—O—$(CH_2CH_2O)_n$—H，R 为 C_8—C_{18}，n 一般在 1~45 之间，其溶解范围可以从完全油溶性到完全水溶性，其溶解特性取决于环氧乙烷加成的摩尔数。温度升高时，在水中溶解度下降。OP 型，即烷基酚聚氧乙烯醚，其加成物的 EO 摩尔数在 15 以上时产品在室温下为固体，EO 数在 10 以下时为淡黄色液体。壬基酚醚的 EO 摩尔数在 6 左右时在水中分散，但不能全溶解，这时降低表面张力的能力最大，EO 摩尔数增加时，降低表面张力的能力下降，但泡沫力增强。聚丙二醇和环氧乙烷的加成产物也是一种非离子表面活性剂，此类表面活性剂降低表面张力能力不强，此外还有多元醇型非离子表面活性剂等。

（5）含氟表面活性剂。

含氟表面活性剂指在表面活性剂碳氢链中氢原子部分或全部被氟原子取代了的表面活性剂，如全氟辛酸钾、全氟癸基磺酸钠[79]，这类表面活性剂的特点是：①其表面活性比碳原子数和极性基团相同的碳氢 Sa 大得多；②碳氢链不但憎水，而且憎油，因此全氟表面活性剂不仅能大大降低水的表面张力，还能降低碳氢化合物液体的表面张力；③这类表面活性剂有高度的化学稳定性，耐强酸、强碱、强氧化剂和高温；④全氟表面活性剂一般价格要比碳氢链的表面活性剂价格贵很多，而且有些全氟表面活性剂不易生物降解，如PFOS（全氟辛烷磺酰基化合物）、PFOA（全氟辛酸）不仅代表全氟辛酸本身，还代表其主要盐类，PFOS 和 PFOA 是引起环境污染的重要全氟化合物（PFCS）。全氟化合物普遍具有很高的稳定性，因为氟具有最大的电负性，使得碳氟键具有强极性，并且碳氟键是自然界中键能最大的共价键之一（键能大约 460kJ/mol）。广泛的调查研究表明，这两类物质在野生动物和人的血清、肝脏、肌肉和卵等组织器官中普遍存在，不仅在人口密集的城市存在，而且在偏远的山区以及极地如北极也广泛存在，不仅职业人群暴露而且非职业人群也存在暴露，具有全球性普遍存在特性。PFOS 和 PFOA 被认为是持久性有机污染物，在生物体内存在蓄积性和蓄积效应，且不易降解，半衰期长。实验室研究表明，这类物质在一定的剂量下引起生物体体重降低、肝组织增重、肺泡壁变厚、线粒体受损、基因诱导、幼体死亡率增加，以及容易感染疾病致死等不良生物学效应。2002 年 12 月，经济合作发展组织（OECD）召开的第 34 次化学品委员会联合会议上将 PFOS 定义为持久存在于环境、具有生物储蓄性并对人类有害的物质。其他全氟表面活性剂也有严重污染环境的可能，所以一些全氟表面活性剂的使用受到制约。

（6）Gemini 表面活性剂。

Gemini 表面活性剂是由一个桥连基团连接两个相同的两亲部分构成的表面活性剂，类似于两个普通的相同表面活性剂分子以桥连键连接而成[80-82]。常译为二聚表面活性剂，双子或孪连表面活性剂。Gemini 表面活性剂与普通表面活性剂一样，也有离子型和非离子型之分。Gemini 表面活性剂的桥连基团变化繁多，可柔可刚，可长可短。常见的桥连基团有碳氢链、聚氧乙烯基、聚亚甲基、聚二甲苯基、对二苯代乙烯基等。Gemini 表面活性剂有很高的表面活性，其 CMC 值常比构成 Gemini 表面活性剂的普通表面活性剂的 CMC 低约 102 倍，离子型 Gemini 表面活性剂的 Krafft 点常低于 0℃。Gemini 表面活性剂与其他表面活性剂混合使用，具有良好的协同效应。除了影响普通表面活性剂活性大小的各种因素外，桥连基团的结构性质是决定 Gemini 表面活性剂活性的主要因素。一般来说，桥连基团柔性好、亲水性强，且有一定长度时，在界面上桥连基团可适当弯曲，Gemini 分子排列得可较为紧密，表面张力降低得明显。但该类表面活性剂价格较贵，一般是普通表面活性剂的 2~5 倍或更高。现在的生产量也不大。

4.2.2　助排剂的复配

目前，由于压裂液的不同针对性，对助排剂的要求也越来越高，如何用表面活性剂复配的研究已形成热点，如表面活性剂与无机物、高聚物或表面活性剂之间复配等，其目的是提高含表面活性剂配方的性能，优化使用并提高经济效益[83]。表面活性剂之间的复配长期以来备受研究者和生产者的关注，原因是想通过不同种类表面活性剂之间的复配，可望达到以下目的：提高表面活性剂的性能，包括较低的表面张力和界面张力，较小的临界胶束浓度；降低表面活性剂的应用成本；减少表面活性剂对生态环境的污染[84]。

因此表面活性剂复配体系研究和应用备受人们重视。对于阴离子/非离子、阴离子/阳离子表面活性剂复配体系在水溶液中复配规律的研究已有很多报道。复配表面活性剂活性之所以能有所提高或降低，是因为各个组分产生了协同效应[85]。协同效应，又称协同作用或增效作用，是指表面活性剂混合物的某项性质超出其组成物单组分性质范围的一种效应，即在性质—组成图上出现最低点或最高点。协同效应是影响相行为的主要因素，不同表面活性剂间的特殊相互作用控制着相行为和相分离。界面张力的降低归根到底是两亲分子取代界面溶剂分子的结果。界面上富集的两亲分子越多，两亲分子与油相分子和水相分子间的作用力越接近相等且其绝对作用力越大，则界面张力就可能越低。因此，混合表面活性剂在降低界面张力能力方面的协同效应最终是由表面活性剂分子之间及其与油分子和水子之间的相互作用决定的。混合活性剂吸附在油水界面上，由于混合表面活性剂的亲水性、亲油性不同，它们的亲水基团在水相里插入的深度也不同。活性剂亲水性越强，亲水基团在水相里插入的深度越深。深浅不同的亲水基团就构成了参差不齐的立体结构，由它们构成的表面膜比单一表面活性剂构成的表面膜要致密。同时这样的排列使亲水基团之间的距离拉大，也就是说不同的极性基团排列在不同的平面上，这样有利于减少极性基团之间的斥力，使混合胶束排列更加紧密，因此这样复配后体系的界面活性要好于单一体系。正协同效应又称超加和效应。合理利用表面活性剂的正协同效应，可以在更广泛的条件下获得更低的表面张力和油水界面张力[86]。总之，大量实验表明，复配活性剂体系能够克服单一活性剂的不足，在现场使用时更为方便，易于操作，同时使体系的性能更优越。表面活性剂的复配主要有以下几种。

（1）同系物复配。

同系物的物理化学性质常介于纯化合物之间，溶液的表面活性亦遵循这个规律，而且表面活性剂的亲油基碳氢链越长，越易于在溶液的表（界）面吸附，表面活性越高，表面活性剂分子也越易于在溶液中形成胶团，但表面活性剂的亲油基过大时，使表面活性剂不易溶于水，使用受到限制。因此在助排剂产品的原料选择上，应尽量选择活性较强的表面活性剂复配，同系物之间的复配产品对表面活性改变不多[87]。非离子型表面活性剂都属于同系同类型表面活性剂，它们都有一定的分子量分布，它们的物理性质介于同系物中各单一化合物之间。非离子—非离子表面活性剂混合体系属同系物理想混合，其相互作用程度远不及阴阳混合体系强烈，但是不同长度聚氧乙烯链的加合物混合，仍会促使表面排列稍加紧密。可以改变复合物的某些性能。

（2）两性表面活性剂与阴离子表面活性剂的复配。

两性/阴离子型表面活性剂在水中有强烈的相互作用并形成复合物，导致它们的一系列性质如表面张力、临界胶束浓度、Krafft 点电导、流变性等发生变化[88]。国内外的研究表明阴离子型表面活性剂和两性表面活性剂之间的复配会产生显著的增效作用。

（3）阴离子/阳离子表面活性剂复配。

长期以来，在表面活性剂复配应用过程中把阳离子型表面活性剂与阴离子型表面活性的复配视为禁忌，一般认为两者在水溶液中相互作用会产生沉淀或絮状络合物，从而产生负效应甚至使表面活性剂失去表面活性[89]。然而研究发现，在一定条件下阴离子/阳离子表面活性剂复配体系具有很高的表面活性，显示出极大的增效作用，这样的复配体系已成功地用于实际生产。由于阴离子/阳离子表面活性剂复配在一起相互之间必然产生强烈的电性作用，因而使表面活性大大改变，有些是活性提高，如果复配不适当活性则会降低，阳离子型表面活性剂与阴离子型表面活性剂混合之后形成了"新的络合物"，并会表现出优异的表面活性和各方面的增效效应。阴离子/阳离子表面活性剂复配使用，传统观点认为两者在水溶液中相互作用产生沉淀，从而失去表面活性。然而复配恰当，阴离子/阳离子表面活性剂混合体系的表面活性比单组分体系有很大提高。但因正负电性中和，混合体系的水溶液极不稳定，一旦浓度超过临界胶团浓度后，将沉淀或分层析出而失去其表面活性。因此，对该类体系的研究主要集中在临界胶团浓度以下。现在关键是怎样不让两者相互作用而发生沉淀，经过研究和实验，主要有以下种可行的方法。①非等摩尔复配。如以阴离子表面活性剂为主可加少量阳离子表面活性剂。不等比例（其中一种只占总量少部分）配合依然会产生很高的表面活性与增效作用。一种表面活性剂组分过量很多的复配物较等摩尔的复配物的溶解度大得多，溶液因此不易出现沉淀，这样就可采用价格较低的阴离子表面活性剂为主，配以少量的阳离子表面活性剂得到表面活性极高的复合表面活性剂。国外有关报道提出以阴离子表面活性剂为主时，阴离子/阳离子表面活性剂的摩尔比一般为 4:1~50:1，这就有点类似于无机化学中电解质溶于水时的"盐效应"。②在阳离子表面活性剂分子中引入聚氧乙烯基。当然也可在阴离子表面活性剂分子中引进聚氧乙烯基，这样有利于降低分子聚集的电荷密度，从而减弱离子基间的强静电作用，同时由于聚氧乙烯链的亲水性和位阻效应减弱了阴离子/阳离子表面活性剂之间的相互作用，从而对沉淀和凝聚起到明显的抑制作用。③在复配体系中加入溶解度较大的非离子表面活性剂或两性表面活性剂。因为这两种表面活性剂有增容作用，如直链型的 SDS 与 1227 复配时，易产生凝聚和沉淀，相容范围小，而当阴离子表面活性剂中引入聚氧乙烯链，复配后相容性有所改善。聚氧乙烯醚链增长，复配相容性提高。这是因为阴离子表面活性剂分子引入聚氧乙烯链有利于降低分子电荷密度，从而减弱与阳离子表面活性剂静电作用。阴离子表面活性剂中引入聚氧乙烯基后，阴离子与阳离子的相互作用减弱，并随着聚氧乙烯基链的增长而减得更弱。阴离子、阳离子表面活性剂相互作用减弱，可以降低阴离子、阳离子表面活性剂的结合对表面活性剂水溶性基团的封闭作用，从而增加阴离子、阳离子表面活性剂复配体系的水溶性，提高阴离子、阳离子表面活性剂复配的相容性。加入两性表面活性剂能改善阴离子／阳离子表面活性剂混合液的相容性的原因是两性表面活性剂其表面活性不如阴离子、阳离子型表面活性剂强。将其加入离子表面活性剂复配体系，结果表明有利于改善复配体系的溶解性能。加入溶解度较大的非离子表面活性剂，阴离子／阳离子表面活性剂在水中溶解度明显增加。实验表明，当非离子表面活性剂浓度超过 CMC 后才能使阴离子／阳离子表面活性剂溶解，说明非离子表面活性剂的增溶作用改善了阴离子／阳离子表面活性剂的溶解性能，由此可见，在阴离子／阳离子表面活性剂复配体系中加入非离子表面活性剂，有利于复配体系溶解度增加。在阴离子表面活性剂中引入聚氧乙烯基不仅能改善阴离子／阳离子表面活性剂的互溶性，而且在达到指定的表面张力时，复配体系所需表面活性剂总浓度比单一表面活性剂溶液所需浓度低。

阴离子与阳离子表面活性剂之间有强烈的相互作用才表现出极大的表面活性[90]。十二醇聚氧乙烯醚硫酸铵（AESA）与阳离子表面活性剂十二烷基三甲基溴化铵（DTAB）以 9:1（mol）复配，当达到相同的表面张力 38mN/m 时，体系的总浓度为 5×10^{-6}mol/L，远比单一组分 AESA（4×10^{-4}mol/L）及 DTAB（1×10^{-2}mol/L）的浓度低得多。阴离子／阳离子混合表面活性剂的表面活性得到提高的原因一般认为是阴离子表面活性剂与阳离子表面活性剂的复合体系在水溶液中溶解后，溶液中同时存在两种电性相反的离子，它们会在混合吸附方面存在较强的协同效应，这是因为：两种表面活性剂离子间的强烈静电作用，即两活性离子间存在较强的库仑力，混合体系中各组分的吸收自由能大大下降，从而使混合体系的表面活性得到了极大的提高。两种混合吸附单层组成接近对称，与单一吸附单层相比，反离子被带相反电荷的表面活性离子取代，碳氢链在界面所占的面积几乎减小一半，即排列更紧密。它们的亲油基之间也存在相互吸引作用，与单一表面活性剂相比，除了同样存在的 C-H 键间亲油基之间的相互作用之外，不但没有极性基团中带相同电荷的离子之间强烈的静电斥力，而且还增加了阴阳离子电荷之间的静电吸引力，因此大大增加了阴离子表面活性剂与阳离子表面活性剂离子之间的缔合。所以更易于在界面和表面吸附，也更容易在溶液中形成胶束而表现出高的表面活性。阴离子／阳离子表面活性剂复配后会导致每一组分吸附量增加。总之，阴离子／阳离子表面活性剂合理复配会有优异的表面活性，能满足更高的使用要求。

（4）非离子表面活性剂与阴离子表面活性剂复配。

非离子型表面活性剂因其不带电荷的特殊结构特点，在表面活性剂复配中应用相当广泛，离子表面活性剂与非离子表面活性剂之间的分子相互作用，从结构上考虑，主要是极性头之间的离子—偶极子相互作用[91]。一般，聚氧乙烯链型非离子表面活性剂在水溶液中带一定的正电性，与阴离子表面活性剂相互作用较强，而与阳离子表面活性剂相互作用较弱。基于以上所述，阴离子表面活性剂与非离子表面活性剂之间进行复配使用，可获得比单一表面活性剂更优良的效果，原因是聚氧乙烯链中的氧原子与水溶液中 H^+ 结合，使非离子表面活性剂带一定正电性，故非离子表面活性剂与阴离子表面活性剂相互作用较强。非离子—阴离子混合体系表面活性高于单一组分，这常常用在配制洗涤剂上，因为混合物比单一组分有更强的洗涤能力、润湿能力[92]。另外，可增强非离子表面活性剂的浊点，如辛基酚聚氧乙烯醚 -9 中加入 2% 烷基苯磺酸钠可使其浊点从 65℃ 提高到 87℃。

（5）无机盐与表面活性剂的复配。

无机盐对表面活性剂溶液的影响主要是通过"盐析"和"盐溶"作用[93]。阴离子型表活性剂如豆蔻烷基聚氧乙烯醚硫酸钠水溶液中加入不同量的 NaCl 时，能使阴离子型表面活性剂的表面活性全面增强。这主要是反离子浓度进入离子雾、胶束和吸附层，与表面活性剂结合，削弱了表面活性剂间电性相斥的结果。如在 $C_{12}H_{25}N(CH_2)_3Cl$ 水溶液中加入不同电解质，结果表明表面张力有所降低。而且，电解质浓度相同时，反离子价数高者使表面活性增强更多。无机盐浓度低时（0.1mol/L 以下），对非离子型表活性剂的表面活性几乎无影响。离子型表面活性剂在水中溶解度受电解质的影响较大。它和一般电解质受同离子的影响是一样的，由于同离子效应，结果使溶解度下降。电解质对非离子表面活性剂溶解度的影响反应在浊点上，随离子性质和浓度不同，浊点有升高和降低两种可能，它们分别由"盐溶"或"盐析"效应所引起[94]。加入电解质后非离子表面活性剂在液体界面上吸附量高于十二烷基硫酸钠或十二烷基磺酸钠 1.5 倍，其原因在于离子型的相同电荷相斥，在吸附层中排列较松散。当加入电解质后，仅离子进入吸附层，减弱了离子型的同性电荷相斥，导致吸附量增加，因此，表面活性随之增大，使表面活性剂的 CMC 降低，导致在较低浓度下达到饱和吸附，并且吸附量增大，因加电解质而使表面活性剂溶液的单体最大浓度降低时，极限吸附量降低。如果加入电解质与离子型表面活性剂无共同离子，新加入的反离子将发生交换，CMC 等性能将发生变化。从整体看来，加电解质对阴离子表面活性剂的表面活性有所增加，但不是很大，有时也不稳定。如果助排剂加入电解质，电解质还会与地层水的离子相互作用，使配伍性更为复杂。

4.2.3 助排剂性能评价

助排剂性能评价主要包括表面张力和油水界面张力的测定、接触角的测量、助排性能测定[95]。

（1）表面张力和油水界面张力的测定。

表面张力实验原理：当铂金板浸入到被测液体后，铂金板周围就会受到表面张力的作用，液体的表面张力会将铂金板尽量地往下拉。当液体表面张力及其他相关的力与平衡力达到均衡时，感测铂金板就会停止向液体内部浸入。这时候，仪器的平衡感应器就会测量浸入深度，并将它转化为液体的表面张力值。

表面张力测试仪器：表面张力测试主要用到的仪器为 QBZY 全自动表面张力仪（图 4-22），该仪器是基于铂金板法来测试溶液与空气的表面张力。具体测试步骤如下：首先打开仪器电源，取下表面皿用蒸馏水冲洗干净备用；配制表面活性剂溶液，浓度各不相同；将表面皿用待测溶液进行润洗一至两遍后，倒入适量待测液，置于仪器测量底座上；

取下挂片，用蒸馏水清洗并用酒精灯烤干，冷却后放于挂钩上，关上仪器测量室玻璃门；启动底座上升按钮；当待测液的液面与挂片接触时，仪器自动读取表面张力读数。

界面张力实验原理：为测定超低界面张力，须人为地改变原来重力与界面张力间的平衡，使平衡时液滴的形状便于测定。在旋转滴界面张力仪中，通常采用使液液或液气体系旋转，增加离心力场的作用而实现。这就是旋转滴界面张力仪的基本原理。通常，在样品管中充满高密度相液体，再加入少量低密度相液体（或气体，用于测液体与气体间的界面张力值），密封地装在旋转滴界面张力仪上，使样品管平行于旋转轴并与转轴同心。开动 TX500C 超低界面张力仪（图 4-23），转轴携带液体以角速度 ω 自旋。在离心力、重力及界面张力作用下，低密度相液体在高密度相液体中形成一长球形或圆柱形液滴。其形状由转速 ω 和界面张力决定。测定液滴的滴长（L）、宽度（D）、两相液体密度差（$\Delta\rho$），以及旋转转速 ω，即可计算出界面张力值。当转动角速度足够大时，旋转滴通常呈现平躺的圆柱形，两端成半圆状。

（a）QBZY表面张力仪　　　　　　　　　　（b）TX500C界面张力仪

图 4-23　QBZY 表面张力仪与 TX500C 界面张力仪

界面张力测试步骤：打开测量仪电源开关，光源为常亮，转速显示为"OFF"，温度显示为室温；按转速开关键，按"△、V"增加或降低设定转数，设定转速，按转速开关键，旋转轴转动，检查仪器是否正常；按设定温度键，温度显示框最右侧数字闪烁，按"△、V"增加或降低设定温度为地层温度，自动恢复显示轴心温度，等待温度稳定；打开与界面张力仪连接的计算机显示器及主机开关；打开界面张力仪程序软件，进入测量界面；打开"工具"—"视频设置"，检查右上角的标定图片是否为蓝色边框，若边框为蓝色，标定正确，若边框为红色，需要检查标定图是否正确；将外相液体用 5mL 注射器缓缓注满离心管，注射过程中使针头始终在液体内，防止注入气泡，将外相液体注满细管右套；用 5μL 微注射器慢慢吸取内相液体，将注射器针头向上轻压活塞，使油滴气泡排出，直至从针头滚出油滴为止；将已注好外相液体的离心管管口向下倾斜 10°~20° 角，将吸好内相的微注射器针头插入外相液体中，挤出约 0.5μL 油滴，迅速撤出针头，并使离心管保持水平，以防油滴移向离心管底部或管口；将离心管插入细管右套，直至硅橡胶垫封住管口。多余的液体通过细管右套侧面的小孔排出，孔口向下，对准废液容器，加样后用镜头纸擦拭离心管外壁液体；将离心管装入仪器的旋转轴内，旋紧压紧帽（扶住轴端的挡圈即可防止轴转动）；按下转速开关键，开机时拍照，记下初始时间；旋转调角度旋钮调节离心管水平，使管中内相液滴稳定；用测星机构左移按钮和右移按钮，使油滴位于显微镜视窗中心位置；液滴稳定后拍照，进行油滴图像捕捉；打开测量窗口，输入密度差；测量油滴的

长度 L 和宽度 D，油滴长度明显超过屏幕范围时，可将长度修改成 0，计算界面张力值。当 $L/D \geqslant 4$ 时，只需读取 D 值。当 $L/D < 4$ 时，读取 L 值和 D 值，并记录 $L/D < 4$。软件自动计算出界面张力数值。

（2）接触角的测量。

接触角测量原理：影像分析法是通过滴出一滴满足要求体积的液体于固体表面，通过影像分析技术，测量或计算出液体与固体表面的接触角值的简易方法。作为影像分析法的仪器，SL150 接触角测量仪（图 4-24）基本组成部分包括光源、样品台、镜头、图像采集系统、进样系统。最简单的一个影像分析法可以不含图像采购系统，而通过镜头里的十字形校正线去直接相切于镜头里观察到的接触角得到。影像分析法可使用环境远高于力测量法，可以容易测得各种外形品的接触角值。

图 4-24　SL150 接触角测试仪

接触角测试步骤：首先完成接触角仪的水平校正、镜头焦距校正、针头校正、CCD 摄像系统正常工作，针头进行了清洗并固定在接触角仪架子上；将针管从接触角仪固定架上取下，并吸取测试液到进样器中，用脱脂棉擦拭干针头；打开接触角仪测试软件，按测试向导进入接触角测试操作，进入图像来源选择功能模块；出现实时图像界面后，进入测试报告管理模块，根据需要新建测试报告；吸取测试液体，完成液滴转移过程；完成测试液滴转移后，按"测试"进入实际测试过程；选择接触角分析方法，手动修改测试范围及接触角值；接触角数据的导出；关闭软件及仪器。

（3）助排性能测定。

①在内径为 15mm、长 500mm 的玻璃管中装满粒度 0.18~0.28mm 的压裂砂，按图 4-25 装好，控制液位高度，保持恒定的流体压头（助排剂处理液高度为 700mm 水柱，油高度为 900mm 油柱）。通 2% 的 KCl 水溶液将其饱和，由饱和前后质量差求出孔隙体积 V。

②向填砂管正通煤油，记录煤油开始流出时的 KCl 水溶液的排出量 Q_1。

③向填砂管反通压裂液破胶液，记录其开始流出时煤油的排出量 Q_2。

④再向填砂管正通煤油，记录煤油开始流出时水溶液的排出量 Q_3。

⑤排出效率 A_0 按式（4-8）计算：

$$A_0 = \frac{Q_3}{(V - Q_1 + Q_2)} \times 100\%　　　　　（4\text{-}8）$$

⑥用含试验浓度的助排剂的压裂液破胶液代替空白液，重复①～⑤步骤，计算排出效率 A_1。

⑦助排率按式（4-9）计算：

$$E = \frac{A_1 - A_0}{A_0} \times 100\% \qquad (4-9)$$

式中，E 为助排率，%；A_0 为空白试样的排出效率，%；A_1 为含助排剂试样的排出效率，%。

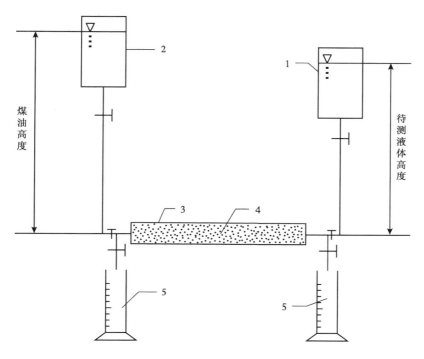

图 4-25　助排率实验装置示意图

1，2—放置液体容器；3—正通管道；4—反通管道；5—量筒

4.3　压裂液用黏土稳定剂

当黏土吸收一部分水后，其与水组成的整体内外存在阳离子浓度差，这样的结果促使水分子向黏土内部扩散，此时水分子进入到黏土层间，使原本层间的阳离子浓度下降，最后层内外的阳离子达到平衡，吸水终止。黏土吸收水分其体积会发生剧烈膨胀，其体积可为原来的 20 倍。此时黏土原有紧密的结构间结合力下降，进而其结构发生分解形成小颗粒，小颗粒移动堆积堵塞通道，破坏储层原有结构。当黏土矿物层状结构与水结合后层间空间膨胀向外扩张，而本处于油流通道的空间被吸水膨胀后的黏土矿物所占据，进而使采油通道空间变小甚至完全被堵塞，局部的堵塞导致其他处于运动状态的黏土矿物在此堆积，导致油流通道被完全堵塞；储层渗透率的下降也导致地层中外来物质堆积在微孔处使油不易通过，从而影响采收率。

我国油气田多属于低渗透、超低渗透油田，其中还包括很多稠油。随着我国工业的发展，很多油气田开采进入后期，地层能量亏空严重。油气井采用注水采油的方式向地下注入大量的水以补足地层亏空，这造成黏土矿物原有物化环境遭到破坏，注入的大量水引起储层水敏。在油气藏勘探钻井过程中，页岩不稳定占井筒不稳定相关问题的90%。钻井过程中，如果钻井液抑制性差，钻井液滤液与含黏土地层接触后，容易发生井壁失稳。页岩一侧被掏空，与另一侧形成应力差，同时黏土具有较强的吸附能力，对水非常敏感，在水性钻井液中，膨润土以水为连续相分散。水敏页岩与水基钻井液接触时，水敏页岩立即从水基钻井液中取水，导致黏土膨胀分散，削弱井筒稳定性，甚至导致严重的井筒坍塌。同时，页岩地层的岩屑进入钻井液，造成流变性差、过滤性能控制差、固体去除效率低等问题。

除水敏外，酸敏也是通过作用于黏土矿物对储层造成伤害的原因。各种施工措施中往往会加入大量的化学助剂酸，这些酸与储层中原本的弱酸盐作用，产生游离阳离子。阳离子在有水存在的条件下随水移动，随着阳离子的移动，黏土矿物层间进行表面吸附阳离子，而这些阳离子又极易被水取代，导致黏土矿物膨胀。部分阳离子进入层间会导致电势差，使水容易进入。除此之外，储层黏土矿物通常与其他矿物相结合，而酸的进入使部分矿物发生解离，解离后的黏土矿物留出空间，使原本处于内部的黏土矿物与水接触发生膨胀。黏土矿物原有的应力被破坏，多余的空间也给黏土矿物的移动提供可能性，从而发生水敏伤害，造成油田减产。其他对储层造成伤害的还有盐敏，在油田各种不同增产措施作用下，越来越多的盐从地上注入储层，注入地下储层的盐造成储层渗透压改变，在有水存在的情况下，水会通过渗透压差发生移动。由于原有的理化环境遭到破坏，黏土矿物会与水结合，导致油井采收率降低。

黏土稳定剂作为稳定储层黏土的一种化学助剂应用在油田上的时间并不长。其主要原因在于国际主力油田，以沙特，伊朗为代表的国家和地区，其油田主要是高渗透自喷井，对地层改造需求不迫切。以美国为代表的页岩气开发也是近几十年才成体系的开发，加之美国的油田地层情况相较国内简单，所以黏土稳定剂在国内的应用反而更多。为了油田开采的高产、稳产，需在钻井、压裂、注水等施工环节加入黏土稳定剂以保护储层黏土。在外来作用下不使黏土周围物化环境发生变化而保持其原有的致密连接、多孔，可使油流通过。在漫长的生产实践中发展出很多种黏土稳定剂，从化学结构分类，分为无机和有机类。在我国油田开采初期以无机盐应用最为广泛，此后经过几十年发展，阳离子表面活性剂和有机阳离子及其聚合物又被油田大量使用。

20世纪70年代以前压裂液中主要使用无机盐类黏土稳定剂。1965年Mungan N. 研究盐类对地层渗透率的作用机理，得出了无机盐类稳定剂能够有效抑制黏土的水化。其主要原理是无机盐通过提升反离子浓度，使黏土表面的扩散双电层厚度减小导致Zeta电位降低而产生黏土稳定效果。1969年Veley发明了可以产生多电荷阳离子基团的黏土稳定剂，他的实验结论表明，水解离解而成的多电荷阳离子可通过化学键产生的力附着在黏土颗粒上，从而抑制黏土发生水化膨胀和运移。这是因为在酸性溶液中，水解出的高价金属阳离子会互相结合成为多核羟桥聚合金属离子，多核金属离子附着在黏土颗粒表面，这样可减少黏土膨胀运移。1972年，Reed M. G. 进一步研究了羟基铝的防膨机理，更好地说明了带有多电荷阳离子能够抑制黏土膨胀。

20 世纪 70 年代初期对压裂用黏土稳定剂的研究开始涉及有机物。1971 年 Young 率先研究了有机硅稳定黏土水化膨胀的能力，证明使用有机硅能够防止砂岩结构产生破坏，从而抑制了黏土膨胀。David R. Watkins 在 1991 年更加详细地研究了有机硅对黏土水化膨胀的作用机理。硅烷单体在地层水中先生成的硅烷醇不仅互相间产生作用，而且地层矿物上的羟基硅进行缩聚或者共聚形成硅氧共价键，硅烷醇和黏土颗粒表面的羟基硅反应形成一种亲油的物质，包裹黏土颗粒表面以便有效防止黏土颗粒膨胀运移。

4.3.1　黏土稳定剂的种类、主要作用及机理

常见的黏土稳定剂主要有酸和无机盐类黏土稳定剂、无机聚合物类、阳离子表面活性剂、有机阳离子聚合物、小阳离子黏土稳定剂，接下来对这几种常见黏土稳定剂进行逐一介绍。

（1）酸和无机盐类黏土稳定剂。

油田开发早期曾经大规模使用各种酸和无机盐作为黏土稳定剂。酸类主要有盐酸、氢氟酸、醋酸等。其作用机理是酸在水溶液中离解出的氢离子与黏土颗粒表面的金属阳离子进行交换，形成了难以解离的金属氢化物等，从而抑制了黏土颗粒的膨胀。作为黏土稳定剂，无机盐减小了黏土表面扩散双电层厚度和 Zeta 电位，其中以钾、铵盐的抑制作用最好，因为钾、铵离子的直径略小于黏土矿物中由六个氧原子形成的空间直径，所以能够进入该空间内稳定存在，从而有效地抵消黏土颗粒表面所带的负电荷，减小层间斥力，抑制了黏土颗粒的水化膨胀。

通常也使用氢氧化钾、氯化钾、氯化铵、氢氧化钙、氯化铝等无机物作为黏土稳定剂。要达到较好的防膨效果，需要使用浓度较高的氢氧化钾，但是其抑制效果较低；氢氧化钙能够和黏土发生反应生成铝硅酸钙，在较高的地层温度下使用能够对砂岩中的黏土有很好的抑制作用；氯化铝能够离解出对黏土吸附能力很强的带有正三价的铝离子，在浓度为 1% 时，对抑制黏土膨胀效果很好。

相比其他类型的黏土稳定剂而言，这一类稳定剂具有来源广泛、价格低廉，且简单易用的优点，然而这类稳定剂持久性较差，在实际应用过程中会被地层水及采出水中钠离子影响，当浓度明显下降时其抑制黏土膨胀的作用会被大幅度削弱，由于不像阳离子聚合物有多个能够稳定黏土颗粒的附着点，抑制黏土颗粒发生水化运移的效果也很差。

（2）阳离子表面活性剂。

阳离子表面活性剂防膨原理即利用电荷互相间的吸引力附着到黏土颗粒上，以及其分子疏水端的疏水作用也能够有效控制水分子对黏土颗粒结构的破坏，因而这种黏土稳定剂对抑制黏土膨胀的性能很好。

这类黏土稳定剂能够在水中离解出容易附着在带负电荷的黏土颗粒上的呈正电的亲水基团，起到了类似无机盐中阳离子对黏土颗粒表面所带负电荷的中和作用，同时由于这类黏土稳定剂分子的疏水端是较长的碳链，疏水基在水中形成了一层憎水保护膜，有效地将水与黏土隔开。并且这些黏土稳定剂的疏水链能够抑制水中的各种阳离子靠近黏土颗粒，降低又一次发生这类黏土稳定剂被其他阳离子取代而附着在黏土上的机会，所以该类稳定剂具有更好的耐久性。这类黏土稳定剂极易溶于水，按照分子结构可分为季铵盐型黏土稳定剂、胺盐型黏土稳定剂、吡啶盐型黏土稳定剂等。

阳离子表面活性剂也有一定的缺陷，其最明显的缺陷便是有可能导致地层发生润湿性变化，把储层孔隙表面由亲水转变为亲油。它对油、水两相的相对（或有效）渗透率有直接影响。当黏土表面由强水湿表面转变为强油湿性表面，这种润湿性反转会使得水的有效渗透率发生明显下降。

由于其分子中含有亲油基团，导致对水的渗透率下降，可能会导致油水在地层中的分布情况发生剧烈改变，对油气的开采和生产产生负面效应。不仅如此，这些亲油官能团还能够与储层中特定种类的黏土发生反应，导致这部分黏土发生运移，对油层形成损害。因而这类稳定剂通常只在注水井中作助剂。

（3）有机阳离子聚合物。

这类稳定剂是现在油气田开发中使用最为广泛，效果最好的一类黏土稳定剂。这类黏土稳定剂中最广泛使用的有机阳离子聚合物是聚季铵盐，还有聚季磷盐、聚巯盐等。这类黏土稳定剂的共同特点是较长的分子链上具有众多能够一起附着在黏土表面、产生多点吸附的正电荷。并且这类黏土稳定剂的大分子量能够起到保护黏土和岩屑的疏水作用。

因为主链上带有大量正电，所以聚合物与黏土连接得十分稳定，并且这类黏土稳定剂不易产生脱落现象。所以有机阳离子聚合物能够长时间抑制黏土膨胀，并且用量低，耐酸耐油性能都十分优异。

压裂中使用的黏土稳定剂可以起到的作用很多，主要是抑制黏土颗粒水化膨胀等方面，其他具体的作用有：

①中和黏土表面负电性。

压裂用黏土稳定剂能够在压裂液中溶解后离解出阳离子。这些阳离子能够通过附着来抵消黏土表面所带的负电荷，又能够附着在晶层中间降低其颗粒表面、晶层间所带的负电性，以及扩散双电层的厚度和 Zeta 电位，最终抑制了黏土矿物层间的斥力，抑制黏土微粒分散运移。

②离子交换作用。

黏土矿物颗粒表面一般带有负电，当地层水中的阳离子附着在黏土上时可以抵消黏土的负电荷。所以压裂用黏土稳定剂分子中带正电的官能团能够和黏土表面以及晶层间的阳离子如钠离子、钾离子、钙离子等形成离子交换吸附，使黏土摆脱因吸附离子发生的水化膨胀。

③桥接作用。

有机阳离子聚合物类黏土稳定剂能够在水中离解出聚阳离子。聚阳离子能够附着在不同晶层表面上而将其连接，缩小晶层间距离；或以聚阳离子同时附着到邻近的黏土的方式将其连接，从而有效抑制黏土膨胀运移。

④辅助作用。

阳离子型黏土稳定剂通常具有表面活性，这类物质十分容易附着在黏土带电荷的表面，这样不仅能够抵消黏土颗粒所带负电荷，也能够让黏土表面发生润湿反转。另一部分黏土稳定剂能够和黏土颗粒上的羟基发生作用，从而让黏土颗粒由亲水转变成为亲油。这样就使黏土颗粒表面的润湿性发生了变化，最终起到了控制黏土水化膨胀的作用。

黏土稳定剂经过数十年的发展与应用，其存在的问题也逐渐显现出来，主要有以下一些问题：

①在压裂施工中运用的部分黏土稳定剂可能导致地层的二次伤害。阳离子高分子聚合物虽然是种性能优异的黏土稳定剂，但是会导致对低渗透地层造成一定的伤害，减小地层的有效渗透率。假如聚合物的分子直径比地层孔喉直径大时，将导致孔喉发生堵塞、渗透率降低。如果这类大分子黏土稳定剂附着在黏土表面上，也会导致渗透率下降。部分黏土稳定剂虽然对黏土的抑制防膨效果优异，却可能导致油气储层润湿性由亲水反转成为亲油，导致地层的渗透率变小。应该根据储层的黏土类型挑选合适的压裂液用黏土稳定剂。

②压裂施工过程中黏土防膨的效果不够理想，可能是因为不同种类的压裂液会对不同种类的黏土稳定剂的性能产生各种不利的影响，部分稳定剂对黏土的抑制性能本来就很差，如氯化铵、氯化钾等；部分黏土稳定剂即使在压裂施工中效果较好，也可能无法适应油层环境。所以应该开发出一种基本不伤害地层并且适应压裂过程中各种应用条件的黏土稳定剂。

③每种黏土稳定剂都有其对于浓度及温度的适用范围，一旦脱离适用条件对黏土的抑制能力就会降低，因此要针对地层条件优选黏土稳定剂。尤其是其中的高分子聚合物类黏土稳定剂的抗温性能较差，压裂施工中使用之前要首先确定地层温度。

④大部分压裂用黏土稳定剂都会对管线产生一定的腐蚀，行业标准规定为 $6g/(m^2 \cdot h)$，现在现场应用的黏土稳定剂其所具有的腐蚀性必须小于该值。

⑤体积压裂施工中通常使用数千至上万方压裂液。在配制压裂液的过程中，通常使用的无机盐黏土稳定剂如 KCl 具有用量大、溶解慢的缺点，无法满足快速配液的需求。

前文已经介绍了黏土稳定剂的主要种类及作用，接下来针对不同种类的黏土稳定剂，对其防膨机理进行介绍。

无机盐类黏土稳定剂的防膨机理：无机盐类在水中可以离解出阳离子，中和黏土所带负电荷，消除黏土矿物晶层间负电荷的斥力，使水分子难以进入黏土矿物的晶层间，防止黏土的水化膨胀、分散运移，保护了油气层。金属离子与黏土矿物晶层吸引力越大，防膨性能越好。黏土的防膨性主要取决于金属离子的性质、种类和水化能力等。价数高的金属离子与黏土矿物晶层的吸附能力强；对于同价金属离子来说，离子水化半径越小，与黏土矿物晶层的吸附能力越大，越易被吸附到黏土矿物晶层上面去。

季铵盐阳离子聚合物黏土稳定剂的防膨机理：①离子聚合物在水中离解出来的有机阳离子将黏土颗粒表面的低价阳离子（如 Na^+、K^+、Ca^{2+} 等）交换下来；有机阳离子聚合物与黏土颗粒通过静电引力、氢键以及分子间力吸附在黏土颗粒的表面上，形成一层有机阳离子聚合物保护膜，一方面中和了黏土颗粒表面上的正电荷，使黏土颗粒的晶层间斥力减少，另一方面使黏土颗粒与水分子之间隔开，从而抑制了黏土颗粒的水化膨胀。②由于有机阳离子聚合物的链比较长，而且链上有许多正电荷，因此可以同时与几个黏土颗粒相吸附，从而限制了黏土颗粒的水化分散和运移，起到了稳定黏土和微粒的作用。③阳离子聚合物吸附到多个晶层和微粒上，把它取代下来是相当困难的，因为要使吸附的阳离子聚合物再从黏土上脱附下来，必须同时使聚合物分子上的每个阳离子吸附点都被其他的低价离子所取代才能实现，而发生这种情况几乎是不可能的；其次，吸附的阳离子聚合物与黏土和微粒间的作用力较强，酸流、水流和油流要冲走它很困难，因此阳离子聚合物可永久地稳定黏土。聚合物阳离子吸附牢固，不易解吸附，使黏土表面形成的双电层较薄，颗粒间的双电层斥力较小，结合较紧密，不易分解，遇水不易水化膨胀。④由于有机阳离子聚合物的性质受 pH 值的影响小，在酸性、中性及碱性条件下对黏土颗粒都有明显的稳定效果，因此使用范围较广。从目前应用效果看，有机阳离子聚合物已经使用于压裂液、射孔液、钻井液、注水、酸化及恢复已经损害的油层等多个方面，都得到了满意的效果。

季铵盐阳离子表面活性剂黏土稳定剂的防膨机理：当季铵盐类阳离子表面活性剂溶于水中后，可分解出负离子 Cl^- 和 Br^-，以及阳离子基团。季铵盐与其他组分共同作用后包围黏土颗粒，在黏土颗粒表面形成吸附膜。季铵盐的阳离子极性端占据的空间很大，可以深入到扩散双电层内部，直接与黏土颗粒表面的水合负电层产生静电吸附，造成少量的分了占据很大的表面积。同时由于季铵盐的分了远大于液相中的 K^+、Na^+、Ca^{2+}、Mg^{2+} 等离子，空间效应造成了吸附双电层的加厚，相当于延长了水分子与黏土矿物表面之间极性作用的距离，水分子在黏土颗粒表面的吸附大为降低。一般稳定剂的尾部为非极性的烃类，根据相似相容原理，其具有很强的憎水性，在稳定剂膜吸附的部位，基本不能吸附水分子。因此，添加稳定剂后，通过阻止水分子与黏土颗粒的接触而抑制黏土膨胀。另外，通过主剂与其他添加剂的协同作用，也可阻止黏土微粒的运移，抑制一次堵塞，降低储层的速敏程度。阳离子基团与黏土矿物晶层，除了靠静电吸附外，还有分子间的吸附力，或氢键吸附力。阳离子表面活性剂吸附在黏土颗粒表面时，阳离子基团的有机尾部伸向空间，形成一层被油润湿的有机吸附层，这样水就不能湿润黏土，更不能使黏土水化、膨胀、分散、运移。当阳离子有机基团有足够的链长时，就阻止其他阳离子取代它，因而阳离子表面活性剂对黏土的防膨性具有较长的持久性。

但是，阳离子表面活性剂能使油气层转变成亲油，使油的相对渗透率平均降低 40%，使油气井产量降低，因此在使用阳离子表面活性剂作黏土稳定剂时，要认真选择，否则可能引起相反的后果。

4.3.2　黏土稳定剂的合成

目前使用较多的黏土稳定剂主要为有机阳离子聚合物及阳离子表面活性剂类，下面分别对这两类黏土稳定剂的合成方法进行介绍。

有机阳离子聚合物的合成离不开丙烯酰胺与二甲基二烯丙基氯化铵、三甲基烯丙基氯化铵，主要通过丙烯酰胺与阳离子单体共聚实现。烯丙基氯化铵均聚物与共聚物具有共性，即：结构呈现杂环形，性质为有机阳离子分子聚合物，所具有的优势众多，如正电荷密度高、抗冲刷性好、造价成本低、安全性好等。环氧氯丙烷与胺是发生反应的主体，合成有机阳离子聚合物的方式主要有两种，一是常规聚合，二是交联聚合。在常规聚合体系中，有两种合成工艺的技术较为成熟，且应用范围相对广阔。第一种合成工艺是缩合聚合方式，在这种合成工艺当中，环氧氯丙烷与二甲氨或二乙氨是常见的主要原料，合成聚环氧氯丙烷胺是不需要添加引发剂的。第二种合成工艺则需要添加引发剂，常用的引发剂是硫酸钾—亚硫酸钠，在此种合成工艺当中，要同时进行自由基聚合与开环聚合，从而实现氧化还原反应，合成聚环氧氯丙烷胺。利用常规聚合法合成的聚环氧氯丙烷胺，不仅分子链短，而且相对分子质量小，这使得分子链不易在细小孔隙中滞留，降低破坏地层渗透的概率，因而常规聚合法合成的季铵盐型黏土稳定剂的主要应用领域是低渗透储层与特殊油井。

共聚物的合成不仅可以通过常规聚合实现，还可以利用交联聚合实现，在交联聚合法的合成过程中，引发剂与交联剂是必不可少的。常见的交联剂有有机胺，在交联聚合法的合成过程当中，要想使得黏土抑制膨胀作用最大化，则需要使获得的环氧氯丙烷胺具有两大特性：一是携带的阳离子密集且多，二是相对分子质量高。如果在交联聚合法的合成当中，交联剂的类型、投加量发生变化时，那么所得到的共聚物的结构、黏度等性质也会发生变化。在交联剂种类不变的条件下，如果增加交联剂的投加量，那么共聚物的黏度以及阳离子度会极大增加，同时抑制土壤发生膨胀的效果会更好。在交联剂投加量不变的情况下，不同的交联剂起到的作用也会不同，增加种类不同的交联剂会增强氨基的黏度，从而使得侧链型高分子聚合物的形成更加容易，此时，空间位阻则会降低阳离子度，使得抑制土壤发生膨胀的效果下降。将不同的储层作为出发点，则需要根据储层需求选择不同的交联剂。

阳离子聚合物黏土稳定剂除了通过丙烯酰胺与阳离子单体共聚合成外，还包括环氧氯丙烷与胺反应物等。聚环氧氯丙烷胺也是有机阳离子黏土稳定剂的一种，该聚合物作为一种季铵盐，其合成有两种体系，一种是无机氧化—还原体系，另一种是有机胺为交联剂的体系。

较早的聚环氧氯丙烷胺的合成是逐步聚合反应，该体系以环氧氯丙烷和二甲胺为原料，在过硫酸钾—亚硫酸钠氧化—还原体系的引发下合成阳离子聚合物，聚合反应是自由基聚合和开环反应同时进行的。该体系合成的聚合物相对分子质量较低，作为一种分子链较短的季铵盐型有机阳离子聚合物，聚环氧氯丙烷—二甲胺本身具有防止黏土水化膨胀的能力，并且它的分子链短，减少了分子链在细小孔隙中的滞留，降低了伤害地层的可能性，它作为防止泥页岩水化膨胀的黏土稳定剂，其防止黏土膨胀的能力远远超过无机盐和水溶性非电解质聚合物，且具有用量少、效能高、对地层适应性强、在酸碱中同样有效的优点，因此成为一些小孔隙地层和一些特殊油井所需要的黏土稳定剂。

有机阳离子黏土稳定剂在防止黏土膨胀时，不仅需要较大的阳离子度，还需要较高的相对分子质量，在环氧氯丙烷胺的聚合过程中加入有机胺类交联剂利用交联聚合法得到的聚合产物具有较高的阳离子度。另外，通过选择交联剂的种类和投加量可以改变聚合物的结构及相对分子质量，从而可以适应不同储层。但目前采用交联法合成聚环氧氯丙烷胺的研究报道较少。

季铵盐阳离子表面活性剂黏土稳定剂按照共价键连接基的不同主要分为酯键季铵盐、碳碳键季铵盐、羟基季铵盐和杂环季铵盐等四种双子表面活性剂，是阳离子双子表面活性剂中主要的代表物质，也是目前表面活性剂极具研究前景的一类阳离子表面活性剂。

以酯键为连接基的酯键季铵盐双子表面活性剂具有季氨基和酯基官能团，因此具有正电荷性、CMC 低、界面活性高、生物降解性好的特点，季铵盐双子表面活性剂的主要合成方法有两种，第一种合成方法如图 4-26 所示，分两步骤：第一步是以长碳链二元酸和环氧氯丙烷加热回流反应合成二元酸酯中间体，第二步是在一定溶剂作用下和长链叔胺反应得到酯键季铵盐双子表面活性剂。

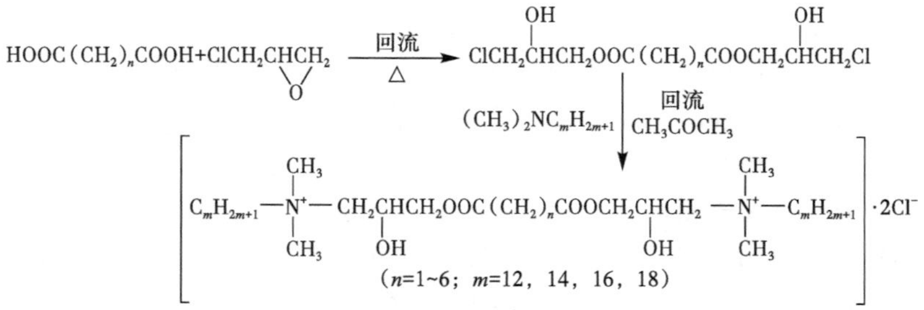

图 4-26　酯键季铵盐阳离子表面活性剂的合成方法一

第二种常见方法主要以醇羟基伯胺、取代酰氯和长碳链叔胺经过两步反应合成可以得到一种新型含酯键季铵盐型双子表面活性剂，其合成方法如图 4-27 所示。

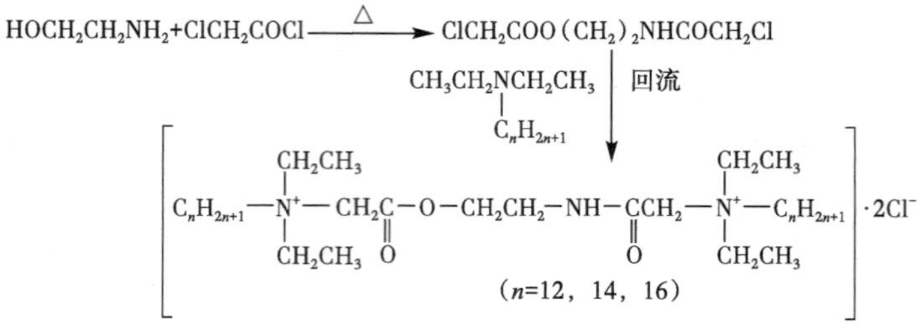

图 4-27　酯键季铵盐双子表面活性剂的合成方法二

研究表明常见两种主要合成方法所得季铵盐型双子表面活性剂产品收率可以达到 85% 以上，CMC 数值达到 10^{-5} mol/L 数量级，γ_{cmc}=30.7~39.4mN/m，酯基键的存在使得产物具有良好生物降解性，比普通表面活性剂的生物降解率可提高一倍、降解率达 50% 左右，此类表面活性剂不仅具有一般阳离子双子表面活性剂的特性，酯基在环境中易降解的优点使得此类双子表面活性剂在环境友好、绿色化方面具有广阔的应用价值。

碳碳键季铵盐型双子表面活性剂是一种结构简单、应用较广的优良表面活性剂，目前常见的主要合成方法有三种，一种常见方法是以 2mol 一卤代烃和 1mol 四甲基二元胺为原料在有机溶剂中进行回流反应，可得碳碳键季铵盐型双子表面活性剂，合成方法如图 4-28 所示。

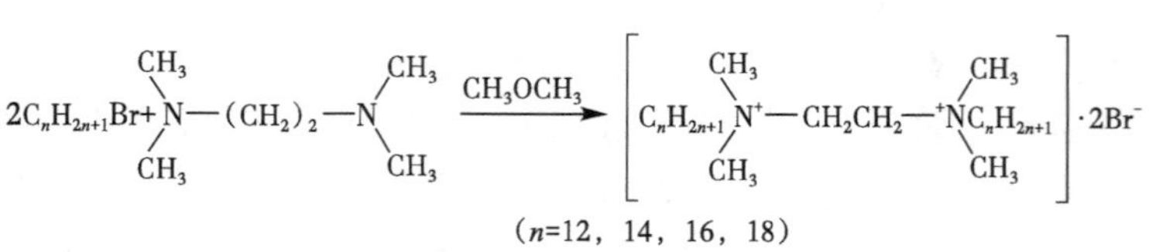

图 4-28　碳碳键季铵盐型双子表面活性剂合成方法一

第二种方法是以二乙基长碳链叔胺和二卤代烷烃直接在有机溶剂中一步法经过回流反应、重结晶干燥即可得白色晶体碳碳键季铵盐型双子表面活性剂，合成方法如图 4-29 所示。

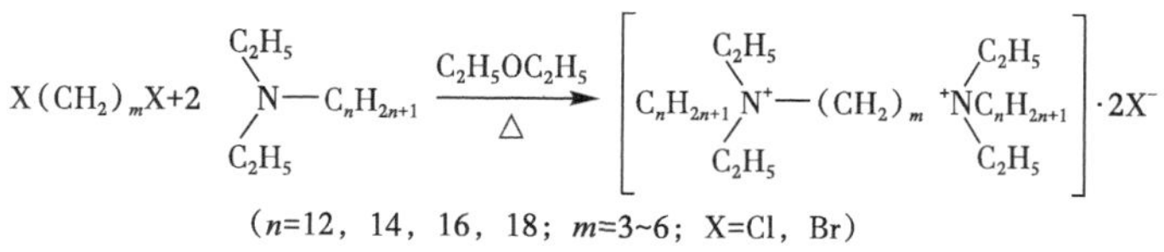

$$X(CH_2)_mX + 2\ \underset{C_2H_5}{\overset{C_2H_5}{N}}-C_nH_{2n+1} \xrightarrow[\triangle]{C_2H_5OC_2H_5} \left[\underset{C_2H_5}{\overset{C_2H_5}{C_nH_{2n+1}N^+}}-(CH_2)_m\ \overset{C_2H_5}{\underset{C_2H_5}{{}^+NC_nH_{2n+1}}}\right]\cdot 2X^-$$

$(n=12,\ 14,\ 16,\ 18;\ m=3\sim6;\ X=Cl,\ Br)$

图 4-29　碳碳键季铵盐型双子表面活性剂合成方法二

第三种方法是以二卤代烃和长链叔胺为原料在丙酮中 30℃ 条件下反应先合成产物单阳离子中间体，再在无水条件下以中间体和二甲基长碳链叔胺反应合成得到不对称碳碳键季铵盐型双子表面活性剂，合成方法如图 4-30 所示。

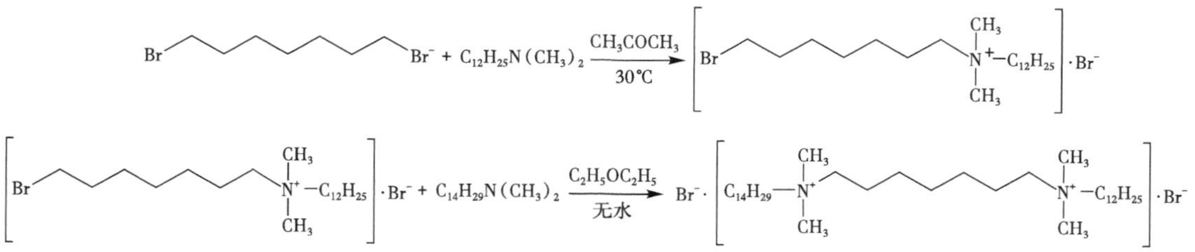

图 4-30　碳碳键季铵盐型双子表面活性剂合成方法三

碳碳键季铵盐双子表面活性剂结构简单，具有良好的溶液增黏性、泡沫稳定性，表现出优异的耐温耐盐性能，因合成方法简单、副反应较少，产物分离提纯较容易，近年来研究较多，广泛应用于金属防护剂、菌剂、织物染整、石油开采和制备新材料等领域。

羟基季铵盐型双子表面活性剂是指含有羟基官能团的双子表面活性剂，此类表面活性剂因活性羟基的存在而具有很高的表面吸附能力和聚集体形成能力、黏弹性较强。目前最常见的合成方法是以环氧氯丙烷和二甲基长链烷基三级胺反应生成季铵盐中间体，再用在碱性条件下中间体和三级胺反应合成羟基季铵盐型双子表面活性剂，其合成方法如图 4-31 所示。

新型多羟基季铵盐型双子表面活性剂的合成研究近年来备受关注，研究以一卤代烷烃和二乙醇基仲胺为原料搅拌回流操作下合成中间体十二烷基二乙醇胺，中间体再和 1，3-二溴丙醇通过季铵盐化反应合成得到 2 羟基 -1，3- 双［二（2 羟乙基）十二烷基溴化铵］丙烷，该产物为含多羟基的新型季铵盐双子表面活性剂，其合成方法如图 4-32 所示。

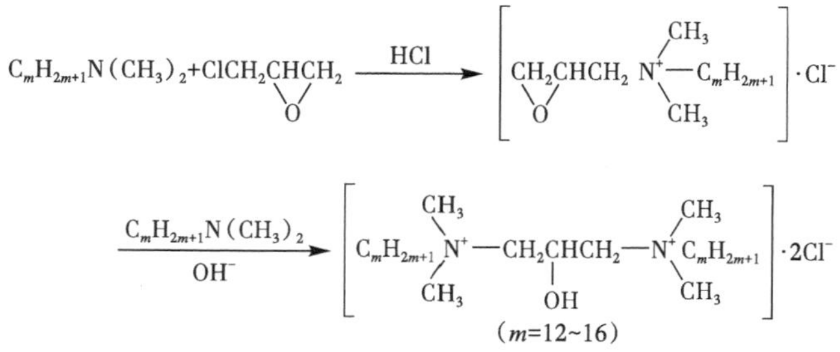

$(m=12\sim16)$

图 4-31　羟基季铵盐型双子表面活性剂的合成

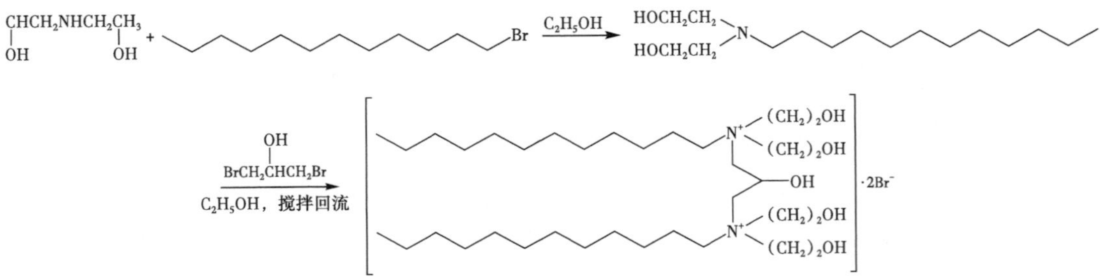

图 4-32　新型多羟基季铵盐型双子表面活性剂的合成

研究表明羟基季铵盐型双子表面活性剂的 CMC=85×10^{-5}~56×10^{-4}mol/L，γ_{cmc}=35.5~42.1mN/m，Krafft 点小于 0°C，泡沫性能良好，亲水性显著高于双子表面活性剂，多羟基的相互结合有助于形成分子间氢键，有利于分子的吸附和聚集，表面活性剂的聚集能力明显提高，产品可用于表面活性剂复配，日用化工的保湿剂、起泡剂等方面。

双子表面活性剂分子中含有杂环时，其表面活性得到明显增强、缓释性能显著，目前主要有糖基、咪唑啉等杂环季铵盐型双子表面活性剂。糖基杂环季铵盐型双子表面活性剂的主要合成方法是以可再生资源淀粉水解物葡萄糖单元为原料合成烷基糖苷，以烷基糖苷、氯化亚砜、二乙胺、二溴乙烷等为原料在 60°C 条件下搅拌回流经两步反应可得二糖基杂环季铵盐型双子表面活性剂，合成如图 4-33 所示。此外以糖单元中的葡萄糖为连接基，加入氯乙酸、长碳链氯代烃等也可以合成糖基杂环季铵盐型双子表面活性剂。

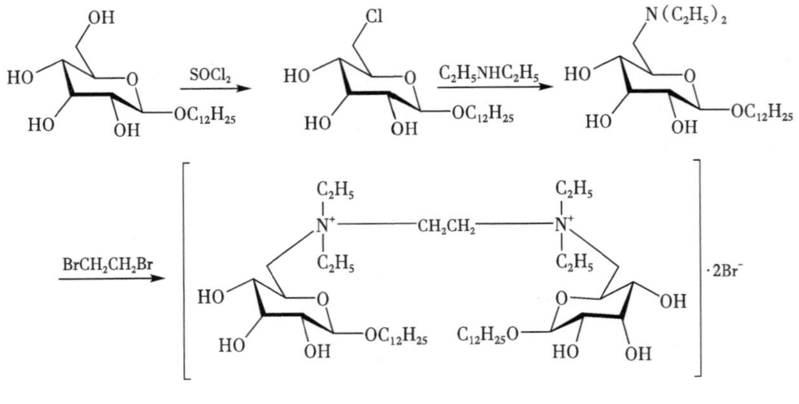

图 4-33　二糖基杂环季铵盐型双子表面活性剂的合成

研究表明糖基杂环季铵盐型双子表面活性剂具有对人体无刺激、易生物降解、对环境无危害、可与阴离子表面活性剂复配的优点，因此被称作"绿色表面活性剂"，但其合成过程复杂、产率较低，较难工业化生产。

以十八碳烯酸为疏水基、二乙烯三胺为亲水基、环氧氯丙烷为连接基，再加入氯化苄为原料经过季铵化反应可以合成含咪唑啉杂环的季铵盐型双子表面活性剂，其合成如图 4-34 所示。

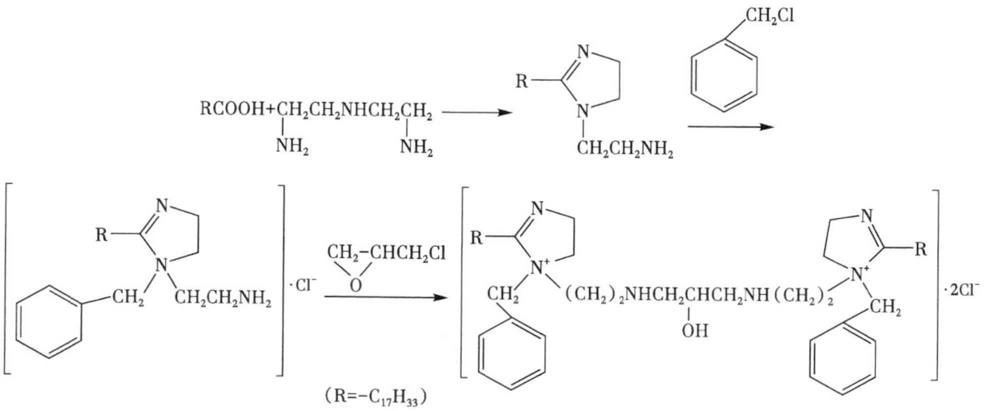

图 4-34　咪唑啉杂环季铵盐型双子表面活性剂的合成

研究表明：咪唑啉杂环季铵盐型双子表面活性剂的 CMC 达到 10^{-4}mol/L，$\gamma_{cmc}=-31.40$mN/m，具有良好的乳化力、杀菌力，低毒、缓蚀力强、发泡能力和泡沫稳定性强等优点，在洗涤、日用化工、金属防护、杀菌、医药等领域极具应用价值，是目前新型季铵盐双子表面活性剂研究的焦点。

Gemini 表面活性剂水溶性好，在岩石表面吸附量低，形成的胶束增溶油量大，与其他驱油助剂配伍性好，耐温抗盐。而现有的传统表面活性剂和高分子表面活性剂均存在吸附严重、耐温抗盐性差等问题，因此，Gemini 表面活性剂在抑制黏土矿物的水化膨胀上面具有较大的应用市场。Gemini 季铵盐表面活性剂由于氮是在主链上，因而对控制黏土矿物的水化膨胀效果十分显著，它们对矿物微粒的分散运移也具有较强的控制作用。

4.3.3　黏土稳定剂性能评价

现在对黏土稳定剂防膨率的评价实验因实验对象区别可以分为两大类：一是以黏土（膨润土）为实验载体，可以进行静态膨胀率实验和黏土防膨率实验；二是以岩心为实验载体，可以进行岩心溶失率、岩屑回收率和岩心渗透率实验。

（1）静态膨胀性能。

实验所用的主要仪器为 NP-01 型页岩膨胀测试仪。实验仪器主要由压制人工岩心装置、测试样品的主机和描绘测试曲线的记录仪三部分组成。首先需要进行人造岩心的制备，将黏土与水混合并放入密闭器内，把配制好的水化黏土放入岩心筒体，在 0.7MPa 下压制 2h，把人造岩心由筒体内转入测量筒内，继续加压达到压制岩心时的压力，测量筒内人造岩心长度。实验步骤为：①将测量筒安装到主机的两根连杆中间，放正，把测杆孔盘放入测量筒内并与人造岩心紧密接触，测量杆上端插入传感器的连杆上，调整连杆上的调零螺母，使数字记录表显示数字为 0；②调整记录仪的调零旋钮，使指针对正记录纸上的零线；③把盛有实验液体的容器放到测量筒的下面，使测量筒完全浸入实验液体中；④测量筒内的人造岩心膨胀变形，数字记录表显示膨胀变化数值；⑤实验达到要求时间或膨胀值后关上记录仪和主机电源，取出人造岩心，将仪器的各个部分清洗干净。计算公式如下：

$$R = \frac{H - H_0}{H_0} \times 100\% \qquad (4\text{-}10)$$

式中，R 表示某膨胀时间的黏土膨胀率，%；H 表示某膨胀时间的人造岩心膨胀后高度，mm；H_0 表示人造岩心的原始高度，mm。通过静态膨胀实验，可以评价黏土稳定剂抑制黏土水化膨胀的能力。

（2）离心法测定防膨率。

离心法测定防膨率是以测量黏土在黏土稳定剂溶液和水以及煤油中体积增量来评价防膨率的一种方法。

称取 0.50g 膨润土粉，精确至 0.01g，装入 10mL 离心管中，加入 10mL 黏土稳定剂溶液，充分摇匀，在室温下存放 2h，装入离心机内，在转速为 1500r/min 下离心分离 15min，读出膨润土膨胀后的体积 V_1；参照上述步骤，用 10mL 水取代黏土稳定剂溶液，测定膨润土在水中的膨胀体积 V_2；重复第一步操作，用 10mL 煤油取代黏土稳定剂溶液，测定膨润土在煤油中的体积 V_0。按式（4-11）计算防膨率。

$$B_1 = \frac{V_2 - V_1}{V_2 - V_0} \times 100\% \qquad (4\text{-}11)$$

式中，B_1 表示防膨率，%；V_1 表示膨润土粉在黏土稳定剂溶液中的膨胀体积，mL；V_2 表示膨润土粉在去离子水中的膨胀体积，mL；V_0 表示膨润土粉在煤油中的体积，mL。通过静态膨胀实验，评价黏土稳定剂抑制黏土水化膨胀的能力。

（3）岩心滚动实验。

岩心滚动实验是以岩屑回收率为标准来评价黏土稳定剂的防膨率。岩屑的一次回收率值越大，表示这种黏土稳定剂抑制黏土膨胀、分散的能力就越大，岩屑的二次回收率值与一次回收率数值上越近似，附着在岩屑表面的这种黏土稳定剂就越稳定，即不容易被替换下来。这种方法能够精确评价黏土稳定剂的防膨性能和耐久能力。使用岩心在黏土稳定剂溶液中持续滚动 24h 后测量的回收率为第一次回收率，记为 A_1。A_1 的数值越大，说明岩屑在黏土稳定剂溶液中的分散程度越小，黏土稳定剂对黏土的抑制作用越强。然后继续在清水中滚动 24h，测量得到的回收率为第二次回收率，记为 A_2。A_2 的数值越大，说明稳定剂附着在岩屑表面上越稳定、耐久性越强。

（4）黏土稳定剂持久性能评价。

分别将装有 10% 质量分数的黏土稳定剂及 KCl 溶液以及黏土的离心管中上层清液取出，再补充等量的蒸馏水至 10mL 并放入离心机搅拌均匀。每隔 4h 再进行一次离心，测定黏土的膨胀体积 V_p，再倒去上层清液，再补充等量的蒸馏水至 10mL 直至黏土因为水化现象无法沉淀。换水次数与黏土稳定剂的耐冲刷能力存在着正相关性。无机盐类的 KCl 对黏土的抑制能力受浓度影响非常严重。随着每次倒去上清液和加入清水，其防膨效果迅速下降。KCl 溶液经过两次实验就出现黏土颗粒水化无法沉淀的现象，持久性比较差。

（5）岩心膨胀性能评价。

岩心的膨胀性能是由其内部的黏土矿物水化后膨胀导致的，主要是黏土矿物的层间水化和表面水化。压裂施工中，压裂液会遇到不同种类的岩石，以黏土矿物组成的各类岩石最易水化膨胀。

黏土分为膨胀性黏土和非膨胀性黏土两种。其中蒙皂石就是膨胀性能最强的膨胀性黏土。例如钠含量较多的蒙皂石遇水发生的体积膨胀率能够达到自身的 6~10 倍。这样造成的黏土膨胀将导致十分严重的孔隙堵塞，并且黏土颗粒发生膨胀导致的水化分散会将黏土颗粒以及细小的岩石碎屑运移至地下孔喉较窄的位置而产生堆积造成堵塞，最终导致渗透率显著下降。而黏土如高岭石、伊利石、绿泥石的结构与蒙皂石类似，这类黏土矿物广泛地分布在地层之中，虽然上述黏土矿物因水导致的体积膨胀比蒙皂石小，但水可以侵入黏土颗粒晶层内部加快颗粒分散运移，从而堵塞有效的渗流流动通道，降低油气产量。

使用黏土稳定剂处理后，各种类型的黏土矿物的膨胀率会大幅度下降。这意味着黏土稳定剂能够有效减小黏土矿物造成的水敏性损害，维持地层的有效渗透率。岩心流动性实验能够更好地对黏土稳定剂的现场适应性进行评估。本次实验是用溶液以一定压差通过固定在岩心夹持器，利用压差测量岩心被清水长时间浸泡后的渗透率，而后利用相同压差测量岩心被黏土稳定剂溶液长时间浸泡后的渗透率，并通过对比得出各种黏土稳定剂对岩心的适应能力。

4.4　压裂液用生物驱油剂

近年来，体积压裂逐渐成为致密油藏储层改造的主要措施。致密油藏体积压裂改造后，对人工裂缝发育储层实施注水吞吐工艺已经成为有效补充地层能量、改善致密油藏开发效果的重要方法。目前，水平井压裂所用压裂液体系仍以瓜尔胶体系为主。由于该压裂液体系残渣含量高，在储层中长时间滞留容易造成储层伤害，故对油藏开发效果产生不利影响。与此同时，压裂液的返排释放了压裂过程中注入储层的能量，造成能量的极大浪费。针对上述问题，有必要研制一种能降低压裂液滞留带来的不利影响、利用大量压裂液滞留地层补充地层能量以及进行油水置换的新一代驱油型压裂液体系。具体思路为：在环保低伤害滑溜水压裂液中加入驱油剂，以形成集压裂、增能、驱油为一体（即压裂三采一体化）的驱油型滑溜水压裂液体系；并且利用其环保低伤害、耐盐不絮凝以及超低界面张力等特性，在压裂后的闷井过程中，不仅可以实现储层低伤害，还可以通过闷井过程中的压力扩散传导，在毛细管力的作用下使得压裂液与中—小孔喉及基质中的油水产生置换，实现产层油水重新分布。在开井放喷及生产过程中，基质内置换至大孔道及裂缝中的油气得到有效动用和采出，油井体积压裂后增产效果明显。

化学驱是目前较为成熟的提高采收率技术之一，在国内已经进行了大规模的现场试验，效果非常显著，是油田保产增产的强有力技术，但化学驱的平均有效期在一年半左右，且存在环境污染风险、后期处理成本高等缺点。因此，绿色环保、可持续循环应用的微生物驱油剂逐渐受到研究者的青睐。

生物表面活性剂的发展起始于 20 世纪 70 年代后期，研究发现用生物方法也能合成集亲水基和疏水基结构于同一分子内部的两亲化合物。在发展的起始阶段，将由微生物在一定条件下培养时，在其代谢过程中分泌产生的一些具有一定表（界）面活性的代谢产物，称作生物表面活性剂（Bio-surfactants）。20 世纪 80 年代中期，随着非水相酶学的开辟和进展，由酶促反应经生物转换途径合成生物表面活性剂成为可能。目前由酶促反应和整胞生物转换已成为生产生物表面活性剂的两条并列途径，而且由于前者具有一些本质的优点，越发引起人们的重视。故目前生物表面活性剂的概念已扩展到包括由整胞生物转换和酶促反应合成的所有生物表面活性剂。

生物表面活性剂有多种来源、多种生产方法、多种化学结构和多种用途，因而可作种种分类以满足不同要求。按用途可将广义的生物表面活性剂分为生物表面活性剂和生物乳化剂；前者是一些低分子量的小分子，能显著改变表（界）面张力；后者是一些生物大分子，并不能显著降低表（界）面张力，但对油水界面表现出很强亲和力，因而可使乳状液得以稳定。按来源可将生物表面活性剂分成整胞生物转换法（也称发酵法）和酶促反应法生物表面活性剂。

4.4.1 压裂液用生物驱油剂的种类、主要作用及机理

生物基表面活性剂来源于糖脂、木质素、单宁、甲壳等其他可再生资源，目前约占表面活性剂原料的30%，随着人们日益增长的环保、安全需求，生物基表面活性剂的比例还将持续增加。根据通用分类方法，可以将生物表面活性剂分为糖脂类、木质素类、单宁类、甲壳类和胶原蛋白多肽类等生物基表面活性剂，下面进行逐一介绍。

（1）常用生物基表面活性剂。

天然醇聚氧乙烯醚硫酸钠（AES）、脂肪酸甲酯磺酸钠（MES）是最常用的阴离子生物基表面活性剂，通常用于洗涤剂中。酯基季铵盐是新一代的阳离子生物基表面活性剂，具有抗静电性能、柔软性能，可作为衣物的柔软剂，具有抗菌作用，也可用作游泳池的杀菌剂。烷基糖苷（APG）是以淀粉和天然脂肪醇等可再生资源为原料制得的温和型"绿色"非离子表面活性剂，具有较好的润湿和发泡性能，常用于洗涤剂、个人护理产品和化妆品中。甜菜碱属于温和型表面活性剂，因其性能优异、安全性高、毒性低、对眼睛和皮肤的刺激性低，在日化行业被广泛应用于中高档洗发香波、浴液、儿童香波、洗手液等洗涤化妆制品中。图4-35列出了上述几种常用生物基表面活性剂的分子结构式。

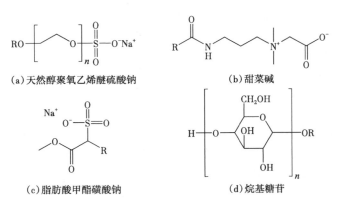

（a）天然醇聚氧乙烯醚硫酸钠　　　　（b）甜菜碱

（c）脂肪酸甲酯磺酸钠　　　　（d）烷基糖苷

图4-35　常用生物基表面活性剂的分子结构

（2）糖脂类生物基表面活性剂。

糖脂类表面活性剂是由微生物代谢产生的生物基表面活性剂，主要有鼠李糖脂、槐糖

脂、海藻糖脂等几类，且具有良好的去污、乳化、洗涤、分散、高生物降解性、抗菌等性能。1949 年 Jarvis 和 Johnson 等首次报道假单细胞菌属微生物发酵生成了酸性糖脂结晶结构，用色谱法分析含有鼠李糖脂，且研究发现其具有抑菌作用，抑菌浓度为 0.5g/L。2012年 Vrushali DP 以月桂醇为原料，在酵母菌发酵下产生了槐糖脂，其最佳反应条件是初始 pH 值为 6.0、温度 30℃、葡萄糖含量 10%、反应时间 96 h；合成的槐糖脂表面张力为 24 mN/m，临界胶束浓度（CMC）值为 0.68mg/L，且对革兰氏阴性菌大肠杆菌（ATCC 8739）和革兰氏阳性球菌葡萄球菌金黄色葡萄球菌（ATCC2079）具有较好的抗菌性能。2022 年罗志刚等用铜绿假单胞菌发酵产生的鼠李糖脂，利用高效液相色谱－质谱联用法进行成分鉴定得出该鼠李糖脂主要由 9 种同系物组成，且以双鼠李糖脂为主要成分；其临界胶束浓度为 80mg/L，对大豆油、液体石蜡和正己烷均表现出较好的乳化性，其在纯水中的起泡性和泡沫稳定性与十二烷基硫酸钠（SDS）接近，但在硬水中显著优于 SDS，对金黄色葡萄球菌、大肠杆菌、白色念珠菌具有较强的抑菌活性。

（3）木质素类生物基表面活性剂。

木质素存在于自然界的所有高等植物中，是生物基的重要组成部分，是自然界中仅次于纤维素的生物基。根据树种的不同，木材中含有 20%~30% 的木质素，草本植物中含有 15%~35%，且全世界植物再生木质素达到 1500×10^8t。由于木质素结构上具有酚羟基、甲氧基、芳香环、醇羟基等活性位点，可通过醚化、羧酸化、烷基化、磺化等一系列反应进行改性得到不同功能的化学品，应用到表面活性剂行业中是其研究领域之一。2006 年，杨益琴、李忠正用碱木质素和 3- 氯 -2- 羟丙基三甲基氯化铵通过醚化反应生成木质素阳离子表面活性剂，其合成最佳的条件为 3- 氯 -2- 羟丙基三甲基氯化铵质量摩尔浓度为 4mol/kg，碱木质素与 3- 氯 -2- 羟丙基三甲基氯化铵摩尔比为 1：3、温度 50℃、反应时间 4h，该条件下合成的阳离子表面活性剂的表面张力为 42.9mN/m，且在不同 pH 值时均具有较好的溶解性能。2016 年，安兰芝等以木质素经两步 Mannich 反应：在木质素分子结构中成功引入了脱氢枞酸基亲油基团和二乙烯三胺甲基亲水基团，制得了脱氢枞酸基改性木质素胺阳离子表面活性剂，其临界聚集浓度（CAC）约为 0.10g/L，溶液的表面张力从 44.09mN/m 降低至 36.25mN/m（图 4-36），表面活性明显提高。

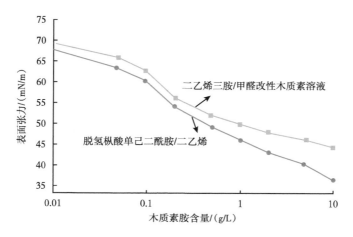

图 4-36　木质素胺溶液的表面张力随浓度的变化关系

（4）单宁类生物基表面活性剂。

植物单宁又称植物多酚，普遍存在于植物的皮、根、叶、果中，是一种水溶性多元酚化合物，分子量介于 500~3000。在自然界中储量丰富，仅次于纤维素、半纤维素和木质素，是世界上第四大天然生物材料。植物单宁具有独特的多元酚羟基结构，使单宁易发生酯化、酰化、亚硫酸化、醚化、磺化、偶氮化等衍生化反应，并应用在表面活性剂行业中。2003 年，马志红等以单宁酸为原料，分别与饱和直链 C_{10}、C_{14} 和 C_{18} 脂肪酰氯反应制备了系列酯化单宁酸表面活性剂，溶液的表面张力从 52mN/m 降低至 32mN/m，并对大肠杆菌和枯草芽孢杆菌具有较好的抗菌性能。2006 年，黄占华等以落叶松单宁为原料，与氯乙酸醚化反应，合成羧甲基落叶松单宁表面活性剂，其 HLB 值从 12.61 提高到 14.63，表明其亲水性提高，阻垢性能可达 90.67%，同时对金黄色葡萄球菌、白色葡萄球菌、青霉等 8 种菌均有明显的抑菌效果，是一种具有抗菌作用且性能较好的水处理剂。

（5）甲壳类生物基表面活性剂。

甲壳素是地球上储量巨大的天然高分子多糖之一，广泛存在于动物体内，如环节动物、节肢动物、原生动物、软体动物等，全世界甲壳素的生物合成量为 100×10^{8}t/a，以海洋之中的虾、蟹，陆地上的茧蛹等昆虫为原料合成甲壳素居多。甲壳素结构中具有大量的羟基与氨基，有利于对其进行改性得到功能化表面活性剂。2003 年，范金石等以甲壳低聚糖（OCHS）、二甲基十二烷基缩水甘油基氯化铵为原料，制得季铵盐型阳离子甲壳低聚糖表面活性（QA-OCHS），OCHS 几乎没有表面活性，而 QA-OCHS 表现出优良的表面活性，可使水溶液的表面张力低至 35mN/m。2012 年，张敏等以甲壳素降解得到的氨基葡萄糖盐酸盐为原料，在乙醇—水相中与三乙胺反应生成氨基葡萄糖，再与月桂酸反应，成功合成了氨基葡萄糖月桂酸盐表面活性剂；并对该表面活性剂的物化性能进行了研究，结果表明，该表面活性剂 CMC=3.16×10^{-4}mol/L，γ_{cmc}=28.20mN/m，对液体石蜡具有较好的乳化力，在不同的 pH 值溶液中均具有良好的稳定性，且与其他表面活性剂配伍性良好。

（6）胶原蛋白多肽类表面活性剂。

胶原蛋白多肽类表面活性剂主要来源于动物，由于胶原蛋白、角蛋白和弹性蛋白中的氨基酸成分本身就具有亲水和亲油基团，使其具有一定的表面活性剂性能，但是其表面活性远达不到商用要求。胶原蛋白结构中含有许多肽键、–OH、–COOH 和 $–NH_2$ 等亲水基团，因此需要通过化学反应来提高其疏水性，使其具有良好的去污力、乳化力及发泡力等。Yuan-Long Chi 等通过酰胺化反应将疏水油酰基嫁接到胶原蛋白水解产物上，制备了一系列不同接枝度的胶原蛋白水解物表面活性剂，研究结果表明该表面活性剂的游离氨基含量、等电点以及其粒径变小，表面张力从 42.38mN/m 降至 29.09mN/m，接触角从 120.6° 降低到 71°，具有较好的表面活性剂性能。Conghu Li 等以胃蛋白酶溶解的小牛皮胶原蛋白为原料，与月桂酰氯和琥珀酸酐反应制得可溶性酰化胶原蛋白表面活性剂，其平衡表面张力和等电点分别为 55.92mN/m 和 4.93，表明酰化胶原蛋白具有较好的表面活性和水溶性，且与天然胶原蛋白多肽相比，酰化胶原蛋白多肽表现出更好的乳化能力和热稳定性。Baochuan Wang 等以 2 种不同分子量胶原水解产物为原料，与聚二甲基硅氧烷低聚物反应制备 2 种硅氧烷表面活性剂（CBES）。用低分子量胶原蛋白水解物制备的 CBES-1 具有与脂肪醇聚氧乙烯醚（AEO-9）等典型乳化剂相媲美的优异表面活性、优异的起泡能力和良好的乳化能力，且它们的 BOD5、CODCr 值和 CO_2 释放量表明 CBES

易于生物降解。

在世界石油开发范围内，经过一次、二次常规采油之后的总采收率只能达到地下原油含量的 30%~40%，而遗留在地层的残余油高达 60%~70%。如何提高原油采收率成为石油行业亟待解决的重大问题之一。多年来，经过众多专家与学者的大量研究实践，热驱、化学驱、气驱、微生物驱等提高采收率的技术先后产生，且应用效果显著。其中，自 1926 年 Beckman 提出"细菌能采油"的构想至今，经过 90 多年的发展，微生物强化水驱、微生物吞吐、微生物选择性封堵地层、微生物清蜡等已发展成一项较为成熟的提高采收率技术——微生物驱油技术（MEOR）。

微生物驱油技术机理一般文献认为是两大方面，即微生物本身的作用和微生物代谢产物的作用，这种作用既可以作用于原油，也可作用于岩石，但最终是提高原油在油藏毛细孔隙中的流动性。

①微生物本身的作用。

微生物本身的作用包括微生物细胞的作用和其代谢作用。微生物在地层中生长繁殖，其数量增加使地层水中颗粒增多，细胞体积的增加使颗粒粒径增大，这样当微生物随注入水进入高渗透地带，可引起堵塞，从而起堵水的作用。由于微生物在水流过程中不断地生长繁殖，因此这种堵塞不是在近井地带，而是在油藏深处，这与一般的化学堵剂不同，微生物可实现地层深处堵水；同时因微生物是随水流进入高渗透带，因此这是一种选择性堵水，选择高渗透带进行堵水。另外，微生物细胞有可能分散在原油中，并有可能阻止原油重质组分析出或沉淀。目前对微生物在油层中的生长和运移实际情况还不太清楚，这种作用机制仅仅是一种假设。有报道认为，微生物在油藏中可降解原油中大分子，使原油变稀而便于流动，这种现象在实验中常见到，有些现场报道微生物可改善原油的性质。这种变化应该是微小的，不足以改变原油在油藏中的物理性质，因为一方面原油性质相对稳定，另一方面地层原油量巨大，很小的一部分变化不能影响其总体性质的变化。

②微生物代谢产物的作用。

微生物的代谢产物有很多种，包括生物表面活性剂、小分子有机溶剂、生物气和酸性物质等，各种代谢产物作用效果不同。

微生物能产生表面活性物质，即生物表面活性剂，生物表面活性剂是具有表面活性的两性化合物，与化学合成的表面活性剂相似，它们除具有降低表面张力、稳定乳化液和发泡等特性外，还具有一般化学合成表面活性剂所不具备的特性，如：无毒、能生物降解等，因而有利于环境保护。生物表面活性剂与化学合成表面活性剂相比更具优越性，其反应的产物均一，可引进新类型的化学基团，其中有些基团是化学方法难以合成的。微生物产生的生物表面活性剂包括许多不同的种类，如糖脂、脂肽、多糖、脂类复合物、磷脂、脂肪酸和中性脂等。用生物表面活性剂配制的优选表面活性剂体系可使油水 IFT 降至 5×10^{-3} mN/m。微生物生产表面活性剂的微观模型研究表明，原油在孔隙介质中流动时发生了乳化。此外，表面活性还通过改变地层岩石的润湿性来改变岩石对油的相对渗透率，从而提高产油量。

微生物还可产生类似于醇、醛或酮类物质，这些物质相当于有机溶剂，可溶解一些析出的原油组分，微生物产生的溶剂一般为低分子醇、酮，它们在微乳化中作为典型的助表面活性剂；在一定条件下，醇和酮还能降低表面张力和界面张力，促进乳化，并有助于微乳液的稳定。这类物质在地层中可将不能流动的残余油洗下，使其进入流动状态，可提高采收率。

微生物在油藏中产生生物气，主要有甲烷、二氧化碳、氮气等，这些气体可在油藏中以混相或非混相形式存在。如果以混相存在，气体可溶于原油，降低原油黏度，使其易于流动；如果以非混相存在，气体以较大气泡存在于油藏毛细孔隙中，这将降低水相渗透性，并提高油相渗透性。因此气体不论以哪种形式存在于油藏，都有利于采收率的提高。生物气的产生还能增加毛细管压力，有利于残余油驱出。

不少微生物还可产生有机酸，这对碳酸盐岩或碳酸盐含量较高的油藏的提高采收率十分有利，有机酸将溶解岩层中的部分碳酸盐，可增加岩层的渗透性，从而提高原油的流动性。与化学酸化工艺不同，虽然微生物产生的是一些弱酸，但微生物是在进入油藏后慢慢产生有机酸，因此其作用范围比较大，而且位于油藏深部，并不局限于近井地带，而化学法酸化很难实现这一点。

油藏岩石表面润湿性在微生物作用后可由亲油转变为亲水，这样有利于岩石表面残余油的剥离。目前，普遍认为微生物（包括在实验室从其他环境筛选的微生物和油层内源微生物）在油层中的代谢产物如：有机酸、气体、表面活性剂、聚合物和生物量等可以作用于油、水和岩石表面，经过复杂的物理、化学和生物反应来改变油、水和岩石的某些物理化学性质以提高采收率。微生物产生的表面活性剂、溶剂和有机酸等，一般认为可以乳化原油，溶解毛细孔隙中的某些基质，如碳酸盐成分，从而降低原油黏度和扩大孔隙体积等。许多实验研究将微生物与原油一起培养，通过测定原油的性质变化，证实了油水界面张力可以降低 50%~90%、黏度降低 50%~80%、原油轻质组分增加和含蜡量降低、岩石润湿角从 160° 降至 0°。微生物的封堵机理则是微生物在地下代谢产生的生物聚合物和活的或死的菌体在岩石表面形成生物膜（多聚糖和蛋白质的复合体），细胞通过胞外聚合物而黏结、聚集成大的生物量等堵塞孔隙和喉道，最终降低高渗透区的渗透率。

4.4.2　压裂液用生物驱油剂的合成

生物表面活性剂的合成目前常用的方法主要有发酵法和酶法，接下来逐一进行介绍。

生物表面活性剂发展到今天大约用了 25 年时间。由于发酵法生产生物表面活性剂开发较早，进展较快，已经了解了微生物生产低分子量表面活性剂及其前体的许多机理。发酵法目前已在利用不同条件下的微生物细胞进行生产，如细胞生长相关型生物表面活性剂是细胞繁殖生长中的代谢产物；在限制条件下用生长细胞生产生物表面活性剂；用休止细胞生产生物表面活性剂；或是将发酵与生物转换结合起来，通过加入一种底物前体生产生物表面活性剂等。

不动杆菌和微球菌可生产甘油单酯，棒杆菌可生产甘油双酯，固氮菌、产碱菌和假单胞菌可生产聚 2B2 羟基丁酸。产磷脂的菌属很多，如假丝酵母、棒杆菌、微球菌、不动杆菌、硫杆菌及曲霉等，棒杆菌和节杆菌等还能直接产生脂肪酸。糖脂是发酵法生产生物表面活性剂的一个大品种，红球菌、节杆菌、分枝杆菌和棒杆菌可生产不同结构的海藻糖棒杆霉菌酸酯，分枝杆菌可生产海藻糖酯；假丝酵母会产生鼠李糖脂、槐糖脂，球拟酵母也产生槐糖脂；黑粉菌生产纤维二糖酯，节杆菌、棒杆菌和红球菌生产葡萄糖、果糖、蔗糖酯等；红酵母生产多元醇酯，乳杆菌生产二糖基二甘油酯。脂氨基酸中的典型代表是鸟氨酸脂，可由假单胞菌和硫杆菌产生；鸟氨酸肽和赖氨酸肽由硫杆菌、链霉菌和葡糖杆菌产生，芽孢杆菌则生产短杆菌肽；脂蛋白质中芽孢杆菌生产枯草溶菌素和多糖菌素，农杆菌和链霉菌生产细胞溶菌素。聚合型生物表面活性剂是一些更复杂的复合物，不动杆菌、节杆菌、假单胞菌及假丝酵母都可以产生脂杂多糖，节杆菌和假丝酵母还生产多糖蛋白质复合物；链霉菌生产甘露糖蛋白质复合物，假丝酵母还生产甘露聚糖酯；黑粉菌等生产甘露糖 / 赤藓糖脂，假单胞菌和德巴利氏酵母产生更加复杂的糖类 2 蛋白质 2 脂。由不动杆菌生产的膜载体是一种特殊型生物表面活性剂，有时由多种微生物产生的全胞也是一种特殊型生物表面活性剂。

　　发酵法生产生物表面活性剂已有间歇式、半连续式和连续式操作等多种模式，流化床反应器、固定化细胞等已用于中试和生产过程。最近几年来固定化细胞受到广泛重视，一般借助三种方法使细胞固定在惰性支撑体上：由细胞和支撑体间表面吸附或共价键作用而固定；用物理方法将细胞保留在膜或纤维系统中；将细胞固定在多孔介质上。

　　固定化细胞在生物表面活性剂生产中受到重视的原因是其具有如下明显的优点，这些优点在固定化酶时也成立：产物与细胞自然分相，因而更易分离回收；可以增大细胞密度；生物量利用率高，底物利用率高；适用于连续流程，尽管在高稀释率下，细胞仍保留在生化反应器中。当然，固定化细胞还存在价格昂贵，由于细胞密度大而有可能使传质受阻等缺点。固定化细胞生产生物表面活性剂已用在鼠李糖脂生产中，并在流化床连续化反应中应用成功。

　　增大生物表面活性剂的产率是提高其与化学合成表面活性剂竞争力的重要因素，一般可从三个方面着手达到增大产率的目的：对生物合成进行控制，调控培养和发酵条件，使达到最适条件；用致突变等手段筛选高产菌株；用克隆、放大、切除、转移基因等方法改变生产菌基因达到高产。

　　致突变等手段筛选高产菌株是微生物筛选中常用的方法，有时可获得惊人效果，但这类方法的随机性和盲目性较大。最近基因工程和分子生物学的进展已使改变菌种的底物选择性和提高产率成为现实，例如在 Pseudomonas aerugino sa（绿脓杆菌）菌株中插入 Escherichia coli（大肠杆菌）的 lac 质粒，便能使其具有利用工业废料生产鼠李糖脂的能力。

　　不同于发酵法，酶法也是在制备生物表面活性剂的过程中常用的另一种方法。酶促反应合成生物表面活性剂起步较晚，但进展较快，许多注意力都被吸引到这方面来，显示出很强的活力。究其原因，不外有三：酶法合成的生物表面活性剂比发酵法合成者在结构上更接近化学法合成商品表面活性剂，因而可以立即应用于化学合成产物原有的应用领域而无后顾之忧；通过酶法处理，可以对亲油基结构进行修饰，并将之接驳到生物表面活性剂的亲水基结构上；发酵法是一种活体内（in vivo）生产方法，条件要求严格，产物较难提取，而酶法是一种离体（in vitro）生产方法，条件相对粗放，反应具有专一性，可在通常温度和压力下进行，产物易回收。

　　酶促反应合成生成表面活性剂起初在水溶液中进行。由于存在大量水，水解反应的热力学和动力学方面都比合成反应有利，因而妨碍了获得高产率生物表面活性剂。20 世纪 80 年代初，人们发现酶在非水介质中有很好的稳定性，酶在有机相中不溶可以阻止其严重失活。而少量水存在可显著改善酶的刚性，使其维持具有催化活性剂的必要构型。非水介质条件不仅有利于浓集反应物质，而且可使水解酶的催化转向，使化学平衡向热力学不利的产物形成方面偏移，即不是破坏化学键而是促成其合成。这一发现开创了非水酶学的研究领域并使之在生物表面活性剂合成中得到应用。目前，非水溶剂和无溶剂法合成生物表面活性剂已成为酶法合成的主流，并使某些品种如甘油单酯、糖醇酯等获得 90% 以上的产率。

酶法合成生物表面活性剂的最大问题是两种底物的互溶性问题，解决互溶性常用的方法有：选择合适的非水溶剂可加大两相溶解度，而要获得足够的动力学趋势和达到高产率并不需要两相完全混合；改变底物的结构，如增大亲水底物的疏水性使之易溶入有机相或是将其吸附在支撑物上悬浮在有机相中以增大与有机相中底物的接触机会；采用固定化酶，使之与两相均有接触。固定化酶与固定化细胞一样已在生物表面活性剂合成中得到了广泛应用，这不仅有利于增加生物表面活性剂产率，而且通过使酶反复使用降低成本，还能适应于连续化生产过程。

对以生化过程生产产品而言，产物提取或称生化下游工程的费用占产品总生产成本的 60%~70%，因此选择合适的产物提取方法是保证生化生产工艺成功的一个十分重要的环节。经典的提取方法，如溶剂萃取、沉淀、结晶等经常被采用，静置、浮选、离心、旋转真空过滤等手段则可用于除去细胞质。静置和浮选操作虽价廉，但不适用于细菌细胞；离心虽有效，但一次性投资和操作费用均较高，而且高速离心时发热现象明显，有时会破坏产物。过滤方法往往要借助助滤剂如活性炭、黏土、硅藻土等才能进行，以防造成滤孔堵塞。与连续式生产配套的产物提取技术有泡沫分离、离子交换等。如提取 Surfactin 时，先用泡沫分离法分出产物，然后消泡，再经沉淀和溶剂抽提。鼠李糖脂提取是通过树脂吸附，再经离子交换色谱提纯，将液体蒸发和冷冻干燥可得纯度为 90% 的成品，收率达 60%。超滤是应用于生物表面活性剂提取的一种新方法，如用截留分子量为 50000 的超滤膜（XM 250）提取 Surfactin，可得 97% 纯度的产品。鼠李糖脂用超滤膜分离时，采用 10000 的膜（YM 210），收率 92%，采用 30000 的膜（YM 230），收率 80%，而用 50000 的膜（XM 250），则收率仅为 58.9%。切面流过滤是另一种在线分离新方法，生物表面活性剂留在滤液中并经冷冻干燥回收，细胞和底物烃回到发酵罐中回用。

4.4.3 压裂液用生物驱油剂性能评价

以笔者所在研究团队所研发的生物驱油剂 HE-BIO 为例，该生物驱油剂主要由生物表面活性剂、生物酶驱油剂以及特殊的生物活性分子组成，通过基因修饰工程、发酵工程等微生物手段合成，形成环保无毒的、以糖脂为主，且具有较长烷基链的生物制驱油剂，生物采油剂室内性能的评价方法主要有：界面张力、润湿性、乳化、静态原油剥离、内源微生物调控等实验。

（1）HE-BIO 与注入水配伍性。

用目标区块油藏注入水（取自注水井坪 226-2 井）配制一定浓度的生物采油剂溶液，置于油藏温度下观察溶液的清澈度与沉淀情况，实验结果表明：溶液清澈透明，用分光光度计测量 OD600 值小于 0.05，未见固体悬浮物或沉淀物，如图 4-37 所示。说明 HE-BIO 与地层水配伍性良好。现场配液时可直接使用地层水配制后注入地层。

图 4-37 用地层水配制的 HE-BIO 溶液外观实物图

（2）生物采油剂的静态原油剥离。

将目地层岩心打磨成砂，选 100~200 目细砂，取一定量细砂与目标区块原油（取自采油井坪 226-8 井）混合均匀，取烘干岩心砂 40g 置于 100mL 量筒中，用玻璃棒轻轻压实，加入生物采油剂溶液（或实验用水）至 80mL，置于地层温度（37℃）下的恒温水浴箱中。间隔一定时间测一次脱油量（静态），计算脱油效率，实验结果如图 4-38 所示。可以看出 HE-BIO 系列随着质量分数增加，脱油量迅速增大，驱油剂在质量分数为 5000mg/L 时脱油率达到 66%，继续增加驱油剂用量，脱油效果增加不明显。

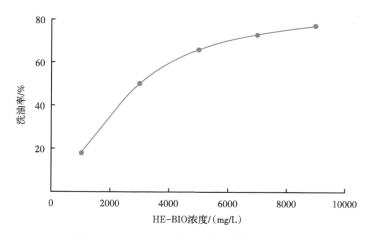

图 4-38 HE-BIO 驱油剂静态脱油实验效果

选取 100 目（150μm）和 500 目（20μm）的石英砂用低浓度盐酸和去离子水反复清洗三次，烘干；再与稠油进行 1∶1 的混合，经过 48h 的加热处理后，去掉多余的油，油砂冷却备用。取一定量的油砂于 20mL 玻璃瓶中，加入一定体积 5000mg/L 的产品溶液，混合后盖上置于 37℃ 烘箱，效果如图 4-39 所示。从洗油砂效果看，HE-BIO 样品溶液可以把油砂中的绝大部分油洗出来。

(a)样品溶液　　　　　　　　　(b)去离子水

图 4-39　洗油砂效果

（3）降低油水界面张力性能。

用地层水配制生物采油剂溶液，在油藏温度下，利用 SVT-20 视频旋转滴界面张力仪对生物采油剂进行降低油水界面张力性能评价，实验结果如图 4-40 所示，结果表明：浓度为质量分数 5000mg/L 的生物采油剂能形成超低界面张力。

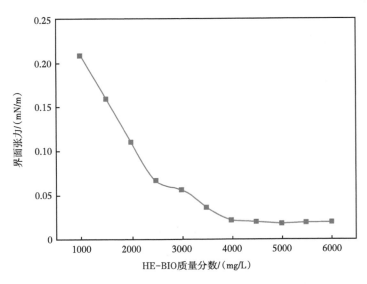

图 4-40　驱油剂浓度与界面张力关系

（4）HE-BIO 的原油乳化。

用地层水配制生物采油剂溶液，将生物采油剂与原油混合后可将原油乳化，结果如图 4-40 所示，二者可形成 W/O 和 O/W 混合乳状液，且以 O/W 为主，从图 4-41 中可看出所形成的乳液不沾壁，这样减少了原油运移阻力；同时所形成大小不一的油滴，在运移过程中会形成一定程度的孔喉架桥封堵，起到了调剖堵水的功能。

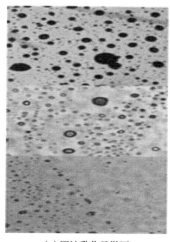 

（a）原油乳化显微图　　　　　　　　　（b）原油乳化宏观图

图 4-41　HE-BIO 的原油乳化

（5）改变岩石润湿性评价。

根据国内外很多研究者对不同润湿性条件下的水驱油机理及最终采收率的研究，所有润湿性类型中，中间润湿或混合润湿对于水驱油最有利，此时的水驱油效率最高；当润湿性从强水湿向接近中间水湿转化时，原油／盐水／岩石系统的水驱油效率增加，在接近中间润湿时获得最高水驱油效率。

用地层水配制生物采油剂溶液，用不同试剂处理岩心形成不同初始润湿性，其润湿性评价实验结果见表 4-4，从表 4-4 中可以看出：在注入 HE-BIO 溶液后，初始润湿性为强亲水的实验岩心，岩石的润湿类型发生了变化，由强亲水变为亲水；初始润湿性的实验岩心为强亲油，则由强亲油变为亲水或弱亲油性，说明驱油剂可改变岩石的润湿性，调整到适当的亲水性，有利于油水混合液排出。

表 4-4　自吸法测定油藏岩石润湿性实验结果

编号	驱油剂	渗透率 /mD	孔隙度 /%	润湿指数		相对润湿指数	润湿类型
				油湿指数	水湿指数		
1	空白	2.2	16.15	0.063	0.900	0.838	强亲水
1	HE-BIO	2.2	16.14	0.155	0.805	0.650	亲水
2	空白	2.3	16.22	0	0.855	0.854	强亲水
2	HE-BIO	2.3	16.21	0.111	0.762	0.650	亲水
3	空白	2.2	16.10	0.800	0.070	0.271	强亲油
3	HE-BIO	2.2	16.10	0.074	0.793	0.678	亲水
4	空白	2.1	15.88	0.748	0.025	0.025	强亲油
4	HE-BIO	2.1	15.87	0.052	0.632	0.568	亲水

（6）抗盐性评价。

针对目标区块的高矿化度地层水，用质量浓度 5000mg/L 的生物表面活性剂进行抗盐性实验。从表 4-5 中可以看出，随盐水矿化度不断提高，油水界张力保持在较低的范围内，且在矿化度 100000mg/L 以上时，油水界面张力仍保持在较低的范围之内，说明驱油剂具有较好的抗盐能力。从表 4-5 中可以看出，溶液中二价阳离子（Ca^{2+}、Mg^{2+}）浓度从 300mg/L 上升到 15000mg/L 时，驱油剂溶液与油的界面张力仍保持在 0.0035~0.0055mN/m，二价阳离子对驱油剂的性能影响不大，说明驱油剂适合在延长油田高矿化度地层水储层驱油中应用。

表 4-5　驱油剂高盐性评价实验结果

盐水矿化度 /（mg/L）	油水界面张力 /（mN/m）	二价离子浓度 /（mg/L）	油水界面张力 /（mN/m）
2000	0.0025	300	0.0027
8000	0.0042	3000	0.0035
20000	0.0051	6000	0.0042
40000	0.0057	9000	0.0048
80000	0.0065	12000	0.0051
100000	0.0069	15000	0.0055

（7）微生物产气增压。

用地层水配制生物采油剂 HE-BIO 溶液，置于试管中，在油藏温度下培养，如图 4-42 所示。结果表明：经过一定时间培养后，1 体积培养液可以产 3 体积气，利于增大内压，同时气泡在运移过程中也可起到调剖的作用。采用气相色谱分析主要为 CO_2 和 CH_4，无 H_2S，可保证施工安全。

图 4-42　微生物产气实物图

（8）微生物产聚调剖。

用取自注水井坪 226-2 井的注入水配制 HE-BIO 溶液，注入填砂管中，在油藏温度下培养。一定时间后，取出石英砂，用扫描电镜观察可得，石英砂表面有细菌生产和生物多糖合成，如图 4-43 所示。说明本产品有效调整原位群落向产生物聚合物方向演化，具有产聚能力，有利于原位调剖堵水。随着生物量的增加，菌体本身具有调剖作用。

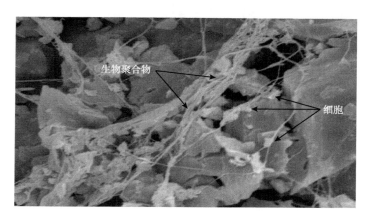

图 4-43　HE-BIO 注入后石英砂扫描电镜图

（9）HE-BIO 在多孔介质中动态运移。

① HE-BIO 降压增注。

将岩心抽真空后饱和水、饱和油后水驱，测注入压力，转生物采油剂驱后测注入压力，岩心参数和实验结果分别见表 4-6 和表 4-7。从实验结果可知注入压力平均下降42.01%，渗透率增加 23.29%，减压增注效果明显。

表 4-6　岩心参数

岩心	直径 /cm	长度 /cm	渗透率 /mD	孔隙度 /%
YC-1	2.46	7.62	0.06	9.21
YC-2	2.46	7.65	1.18	15.22
YC-3	2.46	7.64	2.59	15.86

表 4-7　注入前后水驱平衡注入压力及岩心渗透率变化

岩心	压力平衡前 / MPa	压力平衡后 / MPa	增减幅度 / %	水测渗透率 / mD	后续水测渗透率 / mD	增减幅度 / %	备注 （不老化）
YC-1	10.68	6.48	-40.07	0.0071	0.0087	+22.53	0.4PV，1%
YC-2	1.20	0.68	-43.33	0.6420	0.7720	+20.24	0.4PV，1%
YC-3	0.68	0.39	-42.64	1.1320	1.4390	+27.12	0.4PV，1%

② HE-BIO 提高采收率实验。

用 30m 长岩心模拟实际油藏中的长时间驱替动态，模型如图 4-44 所示。水驱后转 HE-BIO 驱可大幅度提高采收率，实验结果如图 4-45 和图 4-46 所示。一维填砂管中呈现先降压增注、后调剖控水的特征。类推至实际三维油藏，HE-BIO 驱可降低井筒附近流动阻力、在地层深部实现液流转向，具有提高驱油效率和适度扩大波及体积的双重功能。HE-BIO 驱替初期，其主要体现降低界面张力、原油乳化等特征，因而具有降压增注的功能，而随着驱替时间的延长，HE-BIO 在多孔介质中可产气、产聚，可提高调剖的作用，因而注入压力会有一定幅度的增加。最终，用 5000mg/L 的 HE-BIO 溶液的岩心实验提高采收率 15% 以上。

图 4-44　30m 一维填砂管

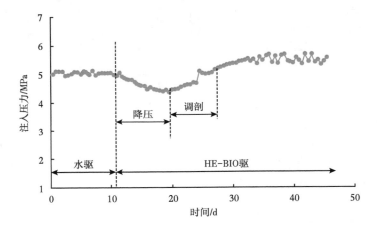

图 4-45　HE-BIO 驱替特征

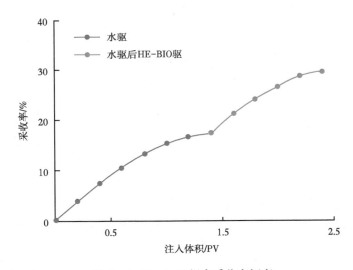

图 4-46　HE-BIO 提高采收率幅度

参 考 文 献

[1] 邹才能，潘松圻，荆振华，等．页岩油气革命及影响［J］．石油学报，2020，41（1）：1-12.

[2] 侯磊，孙宝江，李云，等．非常规油气开发对压裂设备和材料发展的影响［J］．天然气工业，2013，33（12）：105-110.

[3] Toms B A. Some observations on the flow of linear polymersolutions through straight tubes at large Reynolds numbers［C］//Proceedings International Congress on Rheology. Scheveningen, the Netherlands, 1948.

[4] 何静，王满学，吴金桥，等．多功能滑溜水减阻剂的制备及性能评价［J］．油田化学，2019，36（1）：48-52.

[5] Nguyen T C, Romero B, Vinson E, et al. Effect of salt on the performance of drag reducers in slickwater fracturing fluids［J］. J Pet Sci Eng, 2018（163）：590-599.

[6] 谢娟，袁梦瑶，惠海伟，等．滑溜水减阻剂的绿色配体-Fenton 降黏试验［J］．油田化学，2020，37（1）：159-164.

[7] Zakin J L, Myska J, Chara Z. New limiting drag reduction and velocity profile asymptotes for nonpolymeric additives systems［J］. Aiche J, 2010, 42（12）：3544-3546.

[8] 翟文，刘玉婷，邱晓惠，等．Gemini 型阳离子/阴离子表面活性剂胶束体系的流变特性［J］．油田化学，2018，35（4）：638-642.

[9] 李恩田，吉庆丰，王丰海，等．两性表面活性剂的湍流减阻性能与流场分析［J］．中国科技论文，2020，15（4）：444-448.

[10] 孙斌，张志敏，杨迪，等．减阻型纳米流体在圆管内的流动和换热特性［J］．化工学报，2015，66（11）：4401-4411.

[11] Cai C J, Sang N N, Teng S C, et al. Superhydrophobic surface fabricated by spraying hydrophobic R974 nanoparticles and the drag reduction in water［J］. Surf Coat Technol, 2016（307）：366-373.

[12] Yan Y L, Cui M Y, Jiang W D, et al. Drag reduction in reservoir rock surface：Hydrophobic modification by SiO2 nanofluids［J］. Appl Surf Sci, 2017（396）：1556-1561.

[13] Philippova O E, Molchanov V S. Enhanced rheological properties and performance of viscoelastic surfactant fluids with embedded nanoparticles［J］. Curr Opin Colloid Interface Sci, 2019（43）：52-62.

[14] 张锋三，沈一丁，王磊，等．聚丙烯酰胺压裂液减阻剂的合成及性能［J］．化工进展，2016，35（11）：3640-3644.

[15] Sreedhar I, Reddy N S, Rahman S A, et al. Drag reduction studies in water using polymers and their combinations［J］. Mater Today：Proc, 2020（24）：601-610.

[16] Sokhal K S, Dasaroju G, Bulasara V K. Formation, stability and comparison of water/oil emulsion using gum Arabic and guar gum and effect of aging of polymers on drag reduction percentage in water/oil flow［J］. Vacuum, 2019（159）：247-253.

[17] Kaur H, Singh G, Jaafar A. The study of drag reduction ability of naturally produced polymers from local plant source［C］//International Petroleum Technology Conference. Beijing, China, 2013.

[18] Santos W R, Caser E S, Soares E J, et al. Drag reduction in turbulent flows by diutan gum：A very stable natural drag reducer［J］. J Non-Newton Fluid Mech, 2020（276）：104223.

[19] Warholic M D, Heist D K, Katcher M, et al. A study with particle-image velocimetry of the influence of drag-reducing polymers on the structure of turbulence［J］. Exp Fluids, 2001, 31（5）：474-483.

[20] 刘宽，罗平亚，丁小惠，等．抗盐型滑溜水减阻剂的性能评价［J］．油田化学，2017，34（3）：444-448.

[21] Fan F, Zhou F J, Liu Z Y, et al. Experimental study on drag reduction performance in fracture［C］//The 53rd U.S.Rock Mechanics/Geomechanics Symposium. New York, USA, 2019.

[22] 冯炜，杨晨，高轩，等. 聚合物减阻剂减阻及破坏规律研究 [J]. 胶体与聚合物, 2019, 37 (4): 176-179.

[23] 崔强，张金功，薛涛. 疏水缔合聚合物减阻剂的合成及流变性能 [J]. 精细化工, 2018, 35 (1): 149-157.

[24] 冯玉军，王兵，张云山，等. 一种两性离子聚合物"油包水"乳液滑溜水减阻剂的研制与现场应用 [J]. 油田化学, 2020, 37 (1): 11-16.

[25] 高清春，汪志明，李小龙，等. 抗温耐盐滑溜水压裂液用聚合物合成研究 [J]. 石油与天然气化工, 2020, 49 (2): 80-86.

[26] 樊帆，周福建，刘致岉，等. 圆管中聚合物减阻剂的减阻机理研究与评价 [J]. 石油化工高等学校学报, 2020, 33 (2): 28-33.

[27] Virk P S, Merrill E W, Mickley H S, et al. The Toms phenomenon: turbulent pipe flow of dilute polymer solutions[J]. Journal of Fluid Mechanics, 1967, 30 (2): 305.

[28] Lumley J L. Drag Reduction by Additives[J]. Annual Review of Fluid Mechanics, 1976, 1 (1): 367-384.

[29] 何钟怡，史守峡. 线性剪切流中大分子的动力模型 [J]. 哈尔滨建筑大学学报, 1999 (1): 51-56.

[30] Keyes D E, Abernathy F H. A model for the dynamics of polymers in laminar shear flows[J]. Journal of Fluid Mechanics, 1987 (185): 503.

[31] Zhou J F, Zhang Q, Li J C. Probability distribution function of near-wall turbulent velocity fluctuations[J]. Appl Math Mech-Engl, 2005, 29 (10): 1245-1254.

[32] 龚俊，叶俊红，陈亮，等. 相渗改善特性减阻剂乳液制备及现场应用 [J]. 断块油气田, 2020, 27 (4): 528-532.

[33] Thais L, Gatski T B, Mompean G. Analysis of polymer drag reduction mechanisms from energy budgets[J]. Int J Heat Fluid Flow, 2013 (43): 52-61.

[34] 刘晓瑞，周福建，石华强，等. 聚合物减阻剂微观减阻机理研究 [J]. 石油化工, 2017, 46 (1): 97-102.

[35] Hsieh C C, Park S J, Larson R G. Brownian dynamics modeling of flow-induced birefringence and chain scission in dilute polymer solutions in a planar cross-slot flow[J]. Macromolecules, 2005, 38 (4): 1456-1468.

[36] Odell J A, Keller A. Flow-induced chain fracture of isolated linear macromolecules in solution[J]. J Polym Sci Part A Polym Chem, 1986, 24 (9): 1889-1916.

[37] Shetty A M, Solomon M J. Aggregation in dilute solutions of high molar mass poly (ethylene) oxide and its effect on polymer turbulent drag reduction[J]. Polymer, 2009, 50 (1): 261-270.

[38] Andrade R M, Pereira A S, SOARES E J. Drag increase at the very start of drag reducing flows in a rotating cylindrical double gapdevice[J]. J Non-Newton Fluid Mech, 2014 (212): 73-79.

[39] Soraes E J. Review of mechanical degradation and deaggregation of drag reducing polymers in turbulent flows[J]. J Non-Newton Fluid Mech, 2020 (276): 104225.

[40] Horn A F, Merrill E W. Midpoint scission of macromolecules in dilute solution in turbulent flow[J]. Nature, 1984, 312 (5990): 140-141.

[41] Zhang X, Duan X L, Muzychka Y. Degradation of flow drag reduction with polymer additives: A new molecular view[J]. J Mol Liq, 2019 (292): 111360.

[42] Risica D, Dentini M, Crescenzi V. Guar gum methyl ethers. Part I. Synthesis and macromolecular characterization [J]. Polymer, 2005, 46 (26): 12247-12255.

[43] Singh R P, PAL S, KRISHNAMOORTHY S, et al. High-technology materials based on modified polysaccharides[J]. Pure and Applied Chemistry, 2009, 81 (3): 525-547.

[44] Deshmukh S R, Singh R P. Drag reduction effectiveness, shear stability and biodegradation resistance of guar gum–based graft copolymers[J]. Journal of Applied Polymer Science, 1987, 33（6）: 1963-1975.

[45] Sharma R, Kaith B S, Kalia S, et al. Biodegradable and conducting hydrogels based on Guar gum polysaccharide for antibacterial and dye removal applications[J].Journal of Environmental Management, 2015（162）: 37-45.

[46] Wyatt N B, Gunthe R C M, Liberatore M W. Drag reduction effectiveness of dilute and entangled xanthan in turbulent pipe flow[J].Journal of Non-Newtonian Fluid Mechanics, 2011, 166（1/2）: 25-31.

[47] 明华, 卢拥军, 翟文, 等. 黄原胶压裂液特性与应用前景分析[J]. 精细石油化工, 2016, 33（1）: 66-70.

[48] Al-Sa R Khi A.Drag reduction with polymers in gas-liquid/liquid-liquid flows in pipes: A literature review[J].Journal of Natural Gas Science and Engineering, 2010, 2（1）: 41-48.

[49] 兰昌文, 刘通义, 唐文越, 等. 一种压裂用水溶性减阻剂的研究[J]. 石油化工应用, 2016, 35（2）: 119-122.

[50] 刘通义, 向静, 赵众从, 等. 滑溜水压裂液中减阻剂的制备及特性研究[J]. 应用化工, 2013, 42（3）: 484-487.

[51] 马国艳, 沈一丁, 李楷, 等. 滑溜水压裂液用聚合物减阻剂性能[J]. 精细化工, 2016, 33（11）: 1295-1300.

[52] 贾长贵, 路保平, 蒋廷学, 等. DY2HF 深层页岩气水平井分段压裂技术[J]. 石油钻探技术, 2014, 42（2）: 85-90.

[53] 范华波, 刘锦, 郭钢, 等. 致密油气 EM30 滑溜水压裂液体系[J]. 石油科技论坛, 2017, 36（S1）: 124-127, 199.

[54] 刘通义, 黄趾海, 赵众从, 等. 新型滑溜水压裂液的性能研究[J]. 钻井液与完井液, 2014, 31（1）: 80-83, 101.

[55] 马玄, 岳前升, 吴洪特, 等. 国内外水力压裂减阻剂研究进展及展望[J]. 中外能源, 2014, 19（12）: 32-36.

[56] Thomas M, Pidgeon N, Evensen D, et al. Public perceptions of hydraulic fracturing for shale gas and oil in the United States and Canada[J]. Wiley Interdisciplinary Reviews: Climate Change, 2017, 8（3）: 1-19.

[57] Zhang F, Shen Y, Ken T, et al. Synthesis and properties of polyacrylamide drag reducer for fracturing fluid[J]. Fine Chemicals, 2016, 33（12）: 1422-427.

[58] 郭粉娟, 谢娟, 张高群, 等. 低伤害高效减阻水压裂液的研究与应用[J]. 油田化学, 2016, 33（3）: 420-424.

[59] 柳雪青, 马立涛, 刘成, 等. 致密砂岩气藏孔尺度水锁机制及助排剂浓度优选[J]. 石油化工应用, 2023, 42（1）: 65-70.

[60] 谢富强, 郭立伟, 吴彦国, 等. 破乳型助排剂 BGPZ 的研制与应用[J]. 当代化工, 2022, 51（11）: 2564-2568.

[61] 赵学艳, 肖瑞杰, 曹桂荣. 表面活性离子液体参与构筑的胶束体系[J]. 化学通报, 2022, 85（10）: 1209-1218.

[62] 向超, 陈力力, 徐莹莹, 等. 一种新型压裂液纳米助排剂的研制及性能评价[J]. 石油与天然气化工, 2022, 51（3）: 71-75.

[63] 李俊健, 刘奔, 郭成, 等. 低渗透储集层表面活性剂胶束溶液助排机理[J]. 石油勘探与开发, 2022, 49（2）: 348-357.

[64] 陈亚联, 赵勇, 廖乐军. 一种新型复合型超低表面张力助排剂的制备及应用[J]. 石油地质与工程, 2020, 34（4）: 90-94.

[65] 梁天博，马实英，魏东亚，等 . 低渗透油藏水锁机理与助排表面活性剂的优选原则 [J]. 石油学报，2020，41（6）：745-752.

[66] 周正鹏 . 压裂用助排剂与评价方法研究 [D]. 西安：西安石油大学，2020.

[67] 许园，唐永帆，李伟，等 . 基于易降解型双子氟碳表面活性剂的新型助排剂研究 [J]. 石油与天然气化工，2019，48（5）：62-65.

[68] 于世虎，周仲建，张晓虎 . 多元协同助排剂的研究与应用 [J]. 钻采工艺，2019，42（5）：11-12，87-90.

[69] 关键 . 高温高压气井泡沫助排剂筛选评价研究 [D]. 青岛：中国石油大学（华东），2019.

[70] 陈小凯 . 高升稠油油藏开发后期驱油助排技术研究与应用 [J]. 石油地质与工程，2018，32（2）：107-110.

[71] 陈曦，郭丽梅，高静 . 微乳助排剂的研制及性能评价 [J]. 石油与天然气化工，2017，46（3）：88-93.

[72] 山树民，吕小明，辛宏，等 . 陇东致密油藏低界面张力及高接触角助排剂的研发及应用 [J]. 科学技术与工程，2017，17（13）：15-19.

[73] 陶育恩 . 低成本助排剂 YMZP-3 的制备与性能 [J]. 油田化学，2016，33（4）：607-611.

[74] 高建波，王乔怡如 . 高界面活性微乳液型助排剂 AO-4 的制备及效果评价 [J]. 石油与天然气化工，2016，45（3）：67-71.

[75] 崔国涛，王小娟 . SYZP 系列高效酸液助排剂性能研究与评价 [J]. 化工技术与开发，2016，45（6）：30-33.

[76] 任占春 . 高界面活性助排剂的配方设计和助排效果研究 [J]. 西安石油大学学报（自然科学版），2015，30（4）：10，97-102.

[77] 刘彦锋，雷珂，任颖，等 . 酸化压裂液用高效复合型表面活性剂 GZP-06 的性能研究 [J]. 应用化工，2015，44（6）：1160-1162.

[78] 郭学辉，沙帆，白军华，等 . 岩心流动法筛选酸化助排剂 [J]. 石油与天然气化工，2011，40（2）：101，190-194.

[79] 尉小明，柳荣伟，赵金姝 . 水平井开采中后期降黏助排技术研究 [J]. 特种油气藏，2010，17（3）：99-100，119，125-126.

[80] 张晓丹，郑延成，谢军德，等 . 防乳助排剂配方的筛选及性能评价 [J]. 石油与天然气化工，2009，38（4）：268，327-330.

[81] 王宏彪 . 压裂液用非氟碳助排剂研究 [D]. 大庆：大庆石油学院，2009.

[82] 舒勇，鄢捷年，李国栋 . 复合表面活性剂酸液助排剂 FOC 及其应用 [J]. 油田化学，2008，25（4）：320-324.

[83] 李刚 . 川西致密气藏压裂液氮助排剂优化研究及应用 [J]. 矿物岩石，2008（2）：118-120.

[84] 张贵才，陈兰，刘敏，等 . 表面张力和接触角对酸液助排率的影响研究 [J]. 西安石油大学学报（自然科学版），2008（1）：81-84，114.

[85] 陈兰，张贵才 . 酸化助排研究现状与应用进展 [J]. 油田化学，2007（4）：375-378.

[86] 陈伟章，徐国财，章建忠，等 . 复合表面活性剂溶液体系的超起泡性能研究 [J]. 精细与专用化学品，2007（S1）：21-24，27.

[87] 郭睿，蔡亚岐，江桂斌 . 高效液相/四极杆-飞行时间串联质谱法分析活性污泥中的全氟辛烷磺酸及全氟辛酸 [J]. 环境化学，2006（6）：674-677.

[88] 杜志平，王万绪 . 阴离子表面活性剂与阳离子表面活性剂的相互作用（Ⅲ）——高浓度区溶液性质 [J]. 日用化学工业，2006（5）：317-320.

[89] 杜志平，王万绪 . 阴离子表面活性剂与阳离子表面活性剂的相互作用（Ⅱ）——稀溶液性质 [J]. 日用化学工业，2006（4）：247-250.

166

[90] 王昕，陈誉华 . 全氟辛烷磺酰基化合物（PFOS）对脑血管内皮细胞的损伤作用 [J]. 中国现代医学杂志，2006（11）：1646-1648，1650.

[91] 梅万会 . 压裂过程中伤害因素分析 [J]. 内蒙古石油化工，2006（5）：162-163.

[92] 孙铭勤，张贵才，葛际江，等 . 高温酸化助排剂 HC2-1 的研究 [J]. 油气地质与采收率，2006（2）：93-96，110.

[93] 蒋海，杨兆中，杨亚东，等 . 压裂酸化排液影响因素分析 [J]. 内蒙古石油化工，2005（9）：114-116.

[94] 李莹，金一和 . 全氟辛磺酸对大鼠中枢神经系统谷氨酸含量的影响 [J]. 卫生毒理学杂志，2004（4）：232-234.

第5章 新一代滑溜水压裂液体系施工工艺

面对研究区巨大的剩余储量，未来的各种开发机会都依赖三方面的关键技术工艺，即水平井技术、储层改造压裂技术和水平井后期增能技术。本章研究的方法是基于对美国三个主要"页岩油"盆地（威利斯顿盆地、丹佛盆地、二叠盆地）共三万多口水平井实际资料进行分析，总结出水平井钻井和储层改造方面的各种做法。通过总结美国的资料和团队人员近30年在美国从事非常规油气藏的勘探与开发经验，研发出一套水平井钻井、完井、储层压裂改造和油井后期增能的工艺技术流程，也将适时地进行一些技术工艺方面的先导性试验。

5.1 水平井钻井设计理念

国外和国内的经验已经证明，水平井技术是开发非常规油气藏非常有效的手段。本节从美国三万余口水平井资料出发，主要从油藏开发的角度对水平井的设计进行讨论。水平井钻井工程方面的问题不是本章的研究重点，只在本章钻井工程部分进行一些讨论。

5.1.1 水平井井身结构

美国非常规油藏水平井的井身结构目前均采用了比较一致的做法（图 5-1），即使用三开结构。一般采用 20~30m 的 16in 地表表层套管，9⅝in 的技术套管，之后钻直井段和

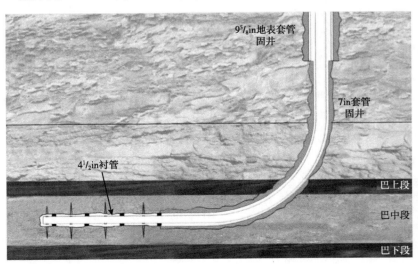

图 5-1 美国非常规油藏水平井目前多采用的井身结构（据 Sorensen 等，2010，改编）

曲线段。在曲线段达到水平后，下 7in 套管并固井。水平段的钻井是在 7in 套管内完成的。这样的做法是为了减少事故，保护最脆弱的曲线段，大幅提高水平段钻井的速度。水平段用 6in 钻头，钻井完成后下入 4½in 衬管，使用扶正器。根据所采用的压裂完井技术，或者固井，或者不固井。4½in 衬管可以通到地面，但大多数情况下是在 7in 套管下部使用衬管悬挂器，这样有利于以后采油人工举升措施，如使用电潜泵或者抽油机，缺点是 4½in 套管对采用高压裂排量有所限制。

本节钻井工程部分将讨论关于二开和三开的问题。研究团队认为，美国所有公司使用三开是有道理的。表面上看三开价格较高，而事实上使用三开保护了井身最脆弱的曲线段，使水平段打井速度大幅提高。美国的钻井速度高于国内的几倍，有学者认为普遍使用三开是其中的主要原因之一。如南泥湾油田水平井均采用二开结构。

从水平井曲线段造斜率来看，美国普遍在用 8°/100ft 以上的造斜率。南泥湾油田水平井的造斜率多在 5°/100ft 左右。美国的曲线段较短。

水平井钻井的一个关键问题是曲线段在目的层中的准确着陆。在没有周围控制井的情况下，水平井探井可以用直井形式先钻穿目的层。有必要时可以取心，最重要的是可以获得全套的裸眼井测井曲线，获取地层和深度的控制资料。之后找到造斜点钻水平井。水平井的着陆点宁浅勿深，如果着陆点过深，到了目的层之下，就需要向上导向，回到目的层。这样就在着陆点附近的"脚跟"处（水平井井底称为"脚趾"）形成一个低地，美国油田上俗称为"鱼钩"，尤其是对今后的采油来说，这种"鱼钩"祸害无穷。

另一个关键就是钻井过程中的精准导向。很多盆地的资料证明，水平井穿过目的层的长度与其产量成正比。虽然通过压裂可以连通一些油藏部位，但是油藏性质较好的部位与井筒的接触依然十分重要。

5.1.2　水平井井距与布井方式

美国的水平井绝大多数都比南泥湾油田的水平井深，垂深多在 2000~3000m。除非有地表限制，一般都是平行布井，即三维井。南泥湾油田目前采用二维井，也就是从一个地面井场放射状向四周钻水平井，或称为扇形布井。二维井的主要问题是无法按一定井距系统开发油藏，离井口处相邻水平井之间的井距过小，压裂相互影响，而井底处相邻井之间井距过大，两井之间的油藏无法开发，油藏资源浪费很大，井网混乱。本节钻井部分将讨论三维井在南泥湾油田使用的可行性，进行了理论三维井设计、扭矩分析等。

虽然理论上讲，井距与油藏性质有关，要依据油藏特征确定合适的井距。但是超致密非常规油藏本身的孔隙度和渗透率不高，其单井有效油藏体积实际上是有效"压裂改善油藏体积"（stimulated reservoir volume，SRV）。压裂的 SRV 有一定范围，不是压裂规模越大就越好。压裂规模太小一定不行，但如果压裂规模合适，就会形成一定规模的有效 SRV。为了达到一定经济规模的油气产量，就需要一定规模的有效 SRV。如果压裂规模过大，虽然有助于增能，SRV 也可能增大一些，但有效 SRV 不会增加太多。也就是离开井筒超过一定距离后，压裂过于分散，其有效性降低，那里的油是产不出来的。这就产生了井距的问题。

不同盆地的油藏特征不同，隔层情况不同，但是如果压裂设计合适，压裂形成的有效 SRV 差别不大。SRV 主要取决于压裂设计，而不是油藏。对多个盆地上百口井进行微地震试验，发现裂缝单翼缝长绝大多数不超过 200m。所以各盆地完全不同油层最终所采用的井距都差不多。以威利斯顿盆地为例，早期巴中段的绝大多数井是以 402m 井距打的（图 5-2），很快降至 200m，有些公司甚至在试验 100m。

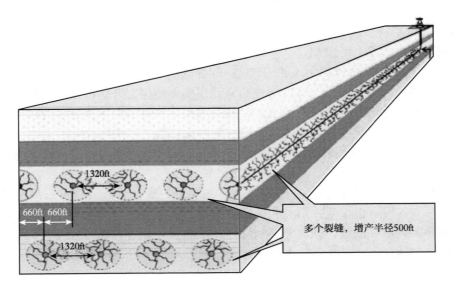

图 5-2　威利斯顿盆地巴中段水平井井距与布井（据大陆石油公司）

威利斯顿盆地除了巴肯页岩，也在开发巴肯页岩之下的三岔口组，主要集中在上段。在纵向上巴肯段和三岔口组的井是采用错位叠加的方式布井（图 5-2）。丹佛盆地瓦滕伯格（Wattenberg）油田的情况与威利斯顿盆地完全一样。Codell 组和 Niobrara 组也是分别以井距 200m 布井，部分地方在尝试井距 100m。同样，纵向上也是错位叠加。二叠盆地层位众多，但每个地方都选择一个到几个层位，挑肥拣瘦，纵向上采用错位叠加布井。井距也大概是 200m，但因为复杂的土地测量系统和不规则租地的原因，井网有些乱。

以团队人员多年的经验，在油田评价之后，井距越早确定越好。非常规致密油田开发，不能采用先打粗井网，过些年再打加密井的传统方式。这种做法失败的例子比比皆是。非常规致密油藏最好用最终井距一次性开发，像农场收割庄稼的方式。如果开始井打稀疏了，也尽量不要去加密补救。原因在于容易导致压力分布不均匀：一批粗井网先生产之后，就会在老压裂缝中形成低压力区，新加密井的压裂缝因而会绕过新油藏，直接进入这些压力低的老压裂缝中，使压裂效果大打折扣，同时也对老井的生产产生负面影响。本来还有一口好的老井，经过打加密井后变成了两口烂井。所以油井生产的顺序很重要，油田内一个小区块里的所有井，要尽量在相近的时间开始压裂和生产。一般以井场为单位，同井场的井几乎同时进行完井最为理想。

确定合适井距的最好方式就是早做先导性试验。微地震的压裂带宽和 SRV 的评价对确定井距极为重要，也是目前最好的方法。对于非常规油藏的储油机理现在了解的还远远不够，所以不要依赖体积法及油藏模拟测算的井距。这样测算的井距往往过大。如果说犯错误，井距也要宁密勿稀。如果井打稀了，就浪费了资源。如果井打得有点过密，可以增加采油速度，获取时间价值，也不是坏事。

5.1.3　水平井方向

对于水平井的方向与区域引力场之间的关系有两派不同的理论。绝大多数人认为应该垂直于区域最小主应力轴方向，即压裂张裂缝的方向。美国大多数公司都是以这种理论选择水平井方向。但是，也有一派认为水平井的方向应该平行于区域最小主应力轴，认为垂直方向已经有些自然裂缝，油容易产出，水平井应该钻在没有裂缝的方向。对于本章研究的三个盆地，压裂缝的方向以近东西方向为主，与鄂尔多斯盆地一样。大多数公司采用近南北向钻井，有不少公司选择近东西向钻井，也有不少公司采用斜角方式。统计美国三个盆地水平井方位角的分布，并与生产资料进行对比。可以看出水平井方向不是十分重要。事实上，平行于最小主应力轴的近东西向的井还稍好，但统计上基本可以看作是一样。南泥湾油田的扇形布井方式，也许在单井产能方面不会受大影响。

5.1.4　水平井水平段长度

美国水平井的钻井受土地测量系统和矿产权租地边界的限制。威利斯顿盆地、丹佛盆地和二叠盆地局部采用国会土地测量系统。其中，一个区块正常为一个平方英里的方块，由 6×6 共 36 个区块组成一个片区。水平井的水平段长度常以 1mile 为单位，多数井为 1mile 长，水平段长约 1500m。水平井打井最贵的井段是曲线段。曲线段钻完后，水平段的钻井相对较为便宜，因此有理由打长一点的井，以增加单井产量。如果一个公司拥有两个相邻的区块，就可打 2mile 的井，水平段长 3000m 左右。公司间常通过土地交换来获取更多的打 3000m 水平段的机会。三个盆地水平井水平段长度的分布。绝大多数井或为长度 1500m 左右，或为长度 3000m。其中有些井水平段长度不足 1000m，多为老井；有些水平段长达 4500~5000m。总之水平井段越长，产油量越高。但是，水平段为 3000m 的井产量并不是水平段为 1500m 的两倍。对同一个公司在同一块地质条件相仿的油藏区的井，水平段段长的比水平井段短的井，结果好的很多，但也不是两倍，也许为 1.5 倍。

从压裂角度来看，两倍长的井也同时做了两倍大的压裂，压裂本身不是问题。问题是出在水平井的采油工艺上。超致密油藏，即便初始时间有超压，都会很快遇到能量不足的问题。一般压裂返排后很快就需要举升，在美国一般早期使用电潜泵。使用举升措施就有单日排量限制的问题。由于曲线段常有泵挂深度不够的问题，随着油藏能量的降低，水平段长的井举升就更困难。尤其是如果井是沿地层下倾方向打的，水平段倾角小于 90°，水平段"脚趾"处的油难以流出。水平段中的"鱼钩"段也是一个重要瓶颈。所以，最理想的水平段倾角是 91°~92°。水平井尽量沿地层上倾 1°~2° 的方向打，并尽量避免"鱼钩"，这样油就可利用重力流向水平段"脚跟"，然后被举升。如果前面所讲的"水平井的方向不那么重要"（这一点是可信的），那么就可在有选择余地的情况下尽量布井多打上倾方向。从单井可采储量的角度，两倍长的井有近两倍的可采储量。水平段长还是要尽量的长，3000m 是比较合适的，过短不合算，而过长的完井与采油又难以驾驭。

5.2　水平井压裂设计理念

本节将讨论水平井分段多级压裂的工艺问题。通过总结美国三个盆地的压裂实践，结合作者多年的现场经验，下面介绍其团队研发的压裂模型，并提出新一代滑溜水压裂液体系施工工艺。

5.2.1 压裂模型

丹佛盆地瓦滕伯格油气田自20世纪60年代末期就进行大规模水力压裂的应用和研究，压裂方式多样，资料丰富，当时主要是直井的压裂。1998年，团队人员花大力气系统地收集了1600口井的地质数据、油藏数据和压裂数据，这套数据非常难得。1600口井全部只采用同一种压裂液，即1/3的凝析油加2/3的水，简单压裂液系统的液体都来自地层，无地层伤害，效果非常好（当时因为几次火灾事故，后来被禁用）。难得的是这套数据压裂规模变化大，液量、砂量和排量均覆盖了较大的数值区间。但是，用传统的统计学方法来分析资料，很难看到趋势。数据维数太多，地质数据、油藏数据和压裂数据相互影响叠加。问题是怎样能够将地质和油藏数据归一化、正常化，只看压裂参数对产量的影响，为了解决这个问题，团队人员开发了一种机器学习的神经元网络模型，也就是大数据人工智能的一种。利用神经元模型对这套多维的资料进行训练、学习，结果近乎完美，模型学会了数据中隐藏的规律。将所有地质和油藏数据归一化，然后系统扫描了液量—砂量—排量与天然气可采储量之间的四维空间，做出了一张关系图（图5-3）。

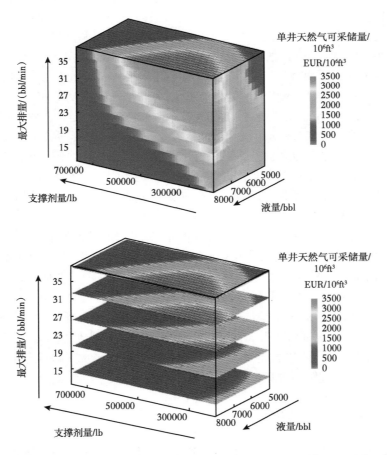

图5-3　瓦滕伯格油气田神经元模型所揭示的液量—砂量—排量与天然气可采储量之间的关系

从图 5-3 中可以看出，在数据区间中，一般是液量和排量越大，压裂效果越好；而砂量越大压裂效果越不好，这与当时用的砂比特别高有关，有时高达 87%。团队人员从智能模型中得出了大液量、大排量、低砂比的压裂设计理念，并成功应用于多个项目。低砂比降低了对压裂液黏度的要求，团队人员因此也成为美国大规模使用滑溜水的先行实践者。过去的压裂设计要靠试验，各种压裂理论和观点很多，但都有些"盲人摸象"之嫌。此压裂模型第一次呈现了"大象"的模样。美国三个盆地近些年水平井分段多级压裂的资料也显示出同样的规律，越来越多的公司采用滑溜水，再次从侧面证实了压裂模型所指的方向是正确的。

5.2.2　水平井压裂分段和射孔策略

水平井分段多级压裂的一个重要参数就是分段段数或者说是对设计更有用的单段长度。前面讲过，美国这几个盆地水平段多用 4.5ft 衬管或套管，根据不同的压裂工艺，选择固井或不固井。目前一般采用两种方式，一种就是桥塞分段、射孔压裂（plug and perf，PnP）；另一种是采用滑套系统（sliding sleeves，SS），多采用膨胀封隔器。一般探井和评价井都使用 PnP，目的是获得较为确定的分隔。开发井情况多样，有些公司只用 PnP，有些两种都用，个别只用滑套系统。滑套系统也有多种工艺及设备，结果不易总结，但效果上总体不如 PnP。其主要优点是快捷，尤其是与连续油管一起使用，缺点是封隔不确定，设备容易出事故。

对于射孔，美国公司一般都采用每段一簇射孔，为了保证单孔排量。但是后来逐渐发现，如果段长过大，油藏就不能充分压裂，段（簇）间就会留有未压裂段，造成资源浪费。所以，近年来段长越来越小，有些井甚至已经达到 90 段。对于射孔策略，与多数美国公司不同，作者主张一段多簇，按排量控制射孔总孔数。水平井单段段长有越来越短的趋势，单段段长从 200m 降至 120m 以内，以 60~100m 为主，产量上也是以 60~100m 以内为最佳。

经常看到有些公司对水平井水平段进行测井解释，以此选择完井段。测井只代表井孔穿过油藏处的物性，并不能由此看出油藏在垂向上变化情况。即便是解释为干层或者差油层，并不能说明井孔上下部位没有好的油层出现。除了避开明显的障碍层，各处均可完井，包括水层、干层、致密层，以求压裂连通到好的油层。水平井的导向很重要，要尽量钻在目的层中，但钻出目的层的情况经常发生，不可避免。除非特殊情况，不需要利用测井解释选择完井井段。

单段段长是水平井压裂的重要参数。段长以小于 100m 为佳，一般 60~80m 较为合适。过小的段长（如 20~30m）没有必要。过多的压裂阶段会造成施工时间和费用的增加，也增加了施工难度，提高了事故的发生概率。

无论采用何种完井方式，桥塞射孔工艺或者滑套工艺，作者倾向于能够控制进入地层单孔排量的工艺。就是水平段要固井，油藏与井孔的联系是通过射孔，而不是靠裸眼井壁用膨胀封隔器封隔，每段笼统压裂。有些滑套工艺不能满足这项要求。

与段长紧密联系的是射孔簇数及每簇射孔密度。美国公司的做法一般是每一段射一簇，所代表的射孔方式属于"有限入口"方式。段间距实际上就是射孔簇间距。这样，如果段长太大，两段的压裂裂缝间互不连通，会留下未压裂岩块，形成两段之间的三角形未压裂阴影区，会造成油藏资源浪费。想象一下，如果一栋大楼每层楼（每段）只开中间一个小窗户（射孔簇），光线（压裂液）进入大楼（油层），里面会有多少黑暗阴影区（无压裂块）。如90m一段，射开一个1m的射孔簇。两段之间的射孔簇距离也近90m。所以，美国采用段长越来越短，有的公司就采用20~30m一段，目的是增加沿井孔压裂的充分性。另外如果段长太长，用有限入口射孔，那么在油井生产时也大幅增加了流体进入井筒的曲径度。

与多数美国公司不同，团队人员提出的工艺是"一段多簇"射孔。每段应该均匀分布数个射孔簇，使簇间距达到20m左右。比如100m一段，两头各留10m，绕开接箍和短套，尽量均匀射开5簇。这样，全井的射孔簇都按20m的簇间距均匀分布。这种方式就可以用大一点的段长，如60~100m，同时减少未压裂阴影区。压裂需要的是聚焦的暴力射流，不是温柔的"淋浴"。所以无论是几簇射孔，每段的射孔总孔数按排量计算，然后按簇数分配单簇射孔密度。美国的一般做法，使用"大拇指（经验）定律"（Rule of Thumb），是每孔每分钟最少3桶排量，即0.48m³/min。如果用10m³/min的排量，每段约需21孔。再增加一倍的孔数用来应付无效孔，这样10m³/min排量就射40孔。如果100m段长射5簇，每簇就是8孔。有人可能会认为射孔数太少，会影响生产。但是经过大体积含砂液的磨损，经过压裂后的射孔孔径已经不是射孔时的孔径，已经变成了大洞。作者曾经遇到过压裂后从射孔中流出粒径超过5cm的油藏岩块。

5.3 水平井压裂设计主要参数

本节主要描述美国三个盆地中的主要操作公司所采用的水平井压裂设计中最主要的几个参数，即压裂液量、支撑剂量、砂比、排量。同前面一样，目的是为了展示各盆地的数据分布和区间。这些参数形成的组合才是基本设计，不应该简单地将单个参数用来做好坏评价。例如，并不是砂量越多越好，砂量多，一般相应的液量也多。所以不能仅用砂量或者液量来评价压裂。

5.3.1 液量和支撑剂量

压裂的总液量和总支撑剂量决定压裂的规模。美国这三个盆地使用大型压裂的历史很长，使用过各种压裂工艺。但是近些年水平井分段多级压裂的工艺逐渐走向统一，各公司使用的压裂方法在总体工艺上差别不大，主要差别在参数选择和压裂液的选择上。

5.3.1.1 压裂液

关于压裂液，目前使用在水平井分段多级压裂中的主要是两类：瓜尔胶为基础的胶液和减阻剂为基础的滑溜水。胶液又主要分为线性胶和交联瓜尔胶。其他类型的压裂，如氮气、氮气泡沫、二氧化碳等作为压裂液用的规模不大。二氧化碳主要用于帮助增能返排，在少量井中使用，每口井使用量也比较小，主要是因为缺乏便宜的气源。

瓜尔胶和滑溜水压裂液是目前最主要的压裂液。瓜尔胶为基础的压裂液比较复杂，油服公司的产品也很多，性质上差别也比较大，难以简单总结。这些年最主要的趋势是滑溜水的大量使用。多数公司已经完全使用滑溜水，有些公司两者兼用，也有些公司只用胶液，形成了滑溜水、混合液（滑溜水前置液＋胶液携砂液）和胶液三种液体系统。

瓜尔胶（交联或线性胶）和滑溜水，两者相比各有优点和缺点。瓜尔胶以具体产品的黏度性质而变化，但总体来讲其黏度高，携砂能力较强。其缺点是价格贵、成分复杂，需要破胶剂、助排剂等添加物。胶液有残渣，地层伤害较大；胶液很难循环使用。

滑溜水压裂，因为其英文名称"Slickwater Frac"曾经为注册商标，所以也常被称为水压裂或者清水压裂。它是用水作为压裂液，水经过轻微处理，加少量减阻剂、黏土稳定剂、杀菌剂等而成。

滑溜水携砂能力较弱，需要高排量动能来补偿浮力的不足，也需要使用较低的砂比。如果用较大量的前置液先造缝，后泵入携砂液，则携砂效果更佳。滑溜水的优点是比胶液便宜，一般价格是胶液价格的 50%~75%，甚至更低。其地层伤害小，也容易循环使用。滑溜水在造缝时由于其低黏度，在地层中所遇阻力小于胶液，因而可造成更长更复杂的裂缝，尤其是在大排量下。

在油田大规模使用压裂技术增产，水是十分宝贵的，特别是在像中国北方这种干旱缺水区。在油田开发一定阶段必须考虑压裂液和油田水的重复循环使用。滑溜水较为干净，易于循环使用。压裂水循环使用是降低压裂费用的最主要途径。美国的资料显示，滑溜水压裂的效果不亚于（有时甚至好于）胶液压裂。

减阻剂是滑溜水中最重要的添加剂。减阻剂的生产厂家主要为跨国公司（如 SNF 公司、Kemira 公司和 Solvay 公司），但它们往往不会把最先进的技术和产品投放中国市场。国内普遍使用的为第一代（粉末）和第二代（油基）减阻剂。国外有第三代（水基）减阻剂。市场上第一代到第三代的减阻剂主要的问题在于减阻效果差，溶解慢，需事先配制，环境不友好，对储层伤害严重，抗盐、抗钙、抗铁能力差，特别是其生物毒性会造成环境问题。减阻剂如果抗盐抗钙能力差会导致压裂水必须是清水。压裂返排液和油田水要经过水处理才能循环使用，会大幅增加成本。

针对以上的具体问题，本团队的油田化学专家研发的 CleanFrac™ 使得中国的滑溜水压裂液跨越了第三代，直接进入第四代。该系统即纳米复合减阻剂（JHFR-2）滑溜水系统（表 5-1）。

表 5-1　JHFR-2 纳米减阻剂性能参数

项目	指标	实际测量值
pH 值	6~9	7.0
运动黏度 /（mPa·s）	≤ 5.0	1.50
表面张力 /（mN/m）	≤ 28.0	25.5
岩心伤害率，%	≤ 20.0	9.8
生物毒性 EC_{50}	≥ 20000（无毒）	1.89×10^6
配伍性	室温和储层温度下均无絮凝现象，无沉淀产生	配伍性良好无絮凝、沉淀
减阻率 /%	≥ 70.0	73.6
10%CaCl₂ 盐水中减阻率 /%	≥ 65.0	70.2
0.1% 氯化铁中的减阻率 /%	≥ 65.0	70.1
膨胀体积 /mL	≤ 3.0	2.95

JHFR-2 减阻效果高（图 5-4），用量少，仅仅用 0.1% 的浓度，比胶液便宜很多。其成分是纳米复合的，因此可以速溶（图 5-5），无须事先配制，可在线自动化添加，井场操作简单；可保护储层，透明无残渣（图 5-6），自返排，抗高低温（-16~130℃），低黏度；

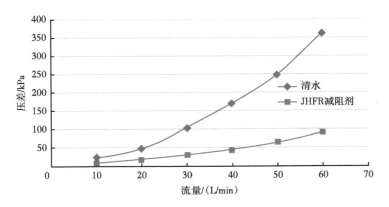

图 5-4　清水与 0.1%JHFR 减阻剂溶液压差对比

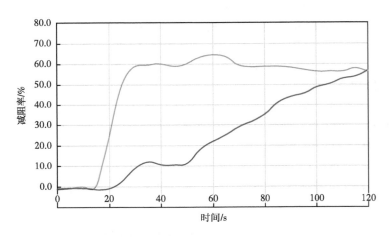

图 5-5　JHFR-2 的起效速度（红色）与市场对比产品（蓝色）的比较

图 5-6　JHFR-2 与市场对比产品的比较，JHFR-2 透明，无残渣（a）；将 JHFR 配制成 1000mg/L 的溶液，向其中加入 0.1% 的氯化铁，也是清澈透明状的，不产生沉淀（b）

环境友好，无毒，环保，可作为食品添加剂。可抗盐抗钙（表 5-2），可循环使用返排水和油田水；可在返排水、海水中迅速起效。JHFR-2 已在国内外油田试验及推广，如美国得克萨斯州的 Medina 油田、吉林油田、长庆油田、中原油田、二连盆地、中石油西南油气田的页岩气开发区块等，也已在南泥湾油田做过试验。

表 5-2　JHFR-2 与其他产品的抗盐性对比

减阻剂	0% KCl	2% KCl	10% KCl	减阻性能
JHFR-2	75%	75%	77%	几乎不变，略升
对比减阻剂 1	74%	63%	35%	大幅降低
对比减阻剂 2	75%	71%	69%	略有降低

5.3.1.2　支撑剂

美国这三个盆地的油藏深度都在 2000~3200m 之间，埋藏深度不算很大。所以支撑剂绝大多数是石英砂。石英砂粒径主要为 100 目、40/70 目、30/50 目、20/40 目。其中 20/40 目是过去用得最多的粒径。这些年由于滑溜水的大量使用，40/70 目和 30/50 目也开始用得多起来了。100 目主要是和其他粒径配合使用，用在压裂携砂液早期，充当暂堵剂。过去美国使用的石英砂主要是通过开发石英岩矿，通过人工破碎、磨圆和筛选制造的支撑剂。其圆度、纯净度和抗压性非常优秀。为了降低成本，最近这几年的趋势是有些公司开始使用部分天然砂。在比较深的层位，如 3000m 垂深以下，陶粒等一些抗压性较强的支撑剂也大量使用。

5.1.3.3　液量与支撑剂量

三个盆地的液量和支撑剂量特点是压裂规模随时间不断增大，这里面当然也隐含着水平井长度的增加。油井表现与压裂规模有关，但是 20000m³ 液量和 2000m³ 支撑剂以上的大型压裂，产量增长幅度并不特别明显。由于滑溜水的大量使用，另一个特点是压裂的视砂比与传统压裂相比大幅降低，在 20000m³ 液量以内的压裂，平均视砂比为 10%。这其中也包括胶液压裂的视砂比，大多数井不超过 15%。超过 15% 视砂比的井看不到明显的产量增幅。液量超过 20m³/m 和支撑剂量超过 2m³/m 的大型压裂产量增长幅度并不明显。10m³/m 液量和 1m³/m 支撑剂量就可达到不错的产油效果，视砂比约 10%。每米液量和每米支撑剂量是方便设计使用。与水平段长相乘即为所需的总液量和总支撑剂量。与单段段长相乘即为每段液量和每段支撑剂量。

液量是水平井压裂规模最重要的参数。依据美国水平井压裂的经验和结果，作者将压裂按规模分为四类（表 5-3）。作者的经验是中等液量和大液量对于非常规超致密油藏较为合适，即 5~20m³/m，其中 10m³/m 是个很好的先导性试验起始液量。虽然理论上讲，不同的油藏需要不同的压裂设计参数，这概念无疑是正确的。但是压裂很难研究，压裂与不同油藏之间的互动机理是个没有解决的问题。美国公司基本上还是以先导性试验和经验为基础，对不同油藏的压裂最终都采用了差不多的方式。

小液量不能充分压裂油藏，除了一些探井试井求产，证实含油性，一般不用。超大液量也不宜多用。由于压裂液在到达离井孔一定的距离后，排量过于分散，流速降低，动能不足，携砂能力丧失，支撑剂也已经全部滤失。就是说，压裂的有效 SRV 是有极限的，这完全与离井孔的距离有关。到达一定距离后，泵注再大的液量也无济于事。超大液量当然有助于增能，但是也增加了返排的时间和难度。所以，我们的工艺以 $10m^3/m$ 液量为基点，根据油藏特征向下可调整到 $5m^3/m$，向上到 $15\sim20m^3/m$。

表5–3　水平井压裂液量规模分类

压裂规模分类	液量 / （m^3/m）
小液量	小于5
中等液量	5~10
大液量	10~20
超大液量	大于20

支撑剂的量可以通过视砂比来确定总量，一般视砂比在 5%~10% 较为合适，即 $0.5\sim1.0m^3/m$。用视砂比先算出总砂量。从总液量刨去前置液量和顶替液量，用携砂液量和总砂量设计携砂段的泵注程序。泵注程序中滑溜水系统的最高瞬时砂比应该不超过16%。携砂液可以用较低的砂比（如10%），连续加砂。但是作者倾向于使用段塞式加砂，段塞可到 16%~20% 瞬时砂比，段塞之间为不加砂的压裂液。简单地讲，就是注一个携砂段塞，用纯压裂液往里面推一推，再注下一个段塞。段塞不宜过大，一般为十几立方米到几十立方米。作者主张滑溜水压裂使用低砂比。但是，必须指出低砂比不意味着低砂量，因为使用了大液量，砂量相对也大。

支撑剂的类型依油藏情况而定，特别是深度。按照闭合压力，需要用具有合适抗压能力的支撑剂。闭合压力是指实际作用在支撑剂上的有效闭合应力，即闭合压力和井底生产压力的差值。支撑剂的粒径一般没什么特别要求，但是滑溜水压裂中不同粒径经常混合使用。如用 40/70 目或者 30/50 目可用于绝大部分的携砂液，泵注程序最后用少量 20/40 目，以增加井筒和油藏间的连通性。

5.3.1.4　前置液

前置液的作用非常重要，这点常常被人们忽视。前置液的体积应占总液量的30%~50%。大液量前置液的目的是压裂过程分两步走：先造缝，后填砂。前置液造缝，携砂液填砂。前置液的泵注本身就是个无支撑剂压裂。油层在压裂裂开时，会有极小的剪切滑动（断层），由于断面不光滑或者由于岩石碎屑填入断面，岩层闭合时不会完全按原来的断面闭合，形成一定的"自支撑"现象。所以，在有些情况下，无支撑剂压裂，如清水压裂，也会一定程度上改进油层的流体传导率（如延长20世纪70年代使用的清水压裂）。无支撑剂的前置液可造缝更长。在大排量下，造成更为复杂的裂缝系统。

若不分两步走，用携砂液既造缝又填砂，携砂液所遇的阻力加大，流速减小，从而使更多的支撑剂沉降，沿着井口形成环形砂堆。压裂液黏度越高，砂比越高，则情况越糟。先造缝，后填砂有利于携砂液快速进入已经形成的裂缝中。美国20世纪70—80年代所用的特高砂比（50%~87%）胶液系统效果很差，不是因为携砂能力问题，而是高黏度高砂比胶液造缝能力差。如果当时加大前置液，效果可能会大幅改善。

前置液中可以加低砂比的细粒支撑剂小段塞，如用 3%~5% 砂比的 100 目或者 40/70目。每个段塞只用几个立方米的体积，用于填堵大缝。顶替液传统上是用一至两个井筒容量。但是最近有趋势使用更大的量，可以称作后置液。

5.3.2　排量

排量是压裂的动能。在 20 世纪 70—80 年代，排量的使用较为保守，一般为 2~3m³/min。当时的理论是高排量会造成裂缝高度增加，深度减小。后来的事实表明，这种观点是不全面的。裂缝的高度主要由隔层的强弱决定，不是靠调整排量能左右的。

由于排量不是美国各州油气监管部门要求报告的一项数据，需要向操作公司索取，不是能够常常获准的。如果获准也需要去单个井收集，工作量极大。所以本项研究中排量的资料有些欠缺。特别是像威利斯顿盆地，虽然收集到了近 1000 口井的排量，但它们主要来自很少的几个公司，如 Statoil 公司就有 1000 中的 441 口，均为交联瓜尔胶压裂液，造成数据中的偏误。个别重要公司的单井资料没有收集到，如 EOG 公司等。虽然通过私人交流，作者也掌握了这些公司大概的排量情况（如 EOG 公司是 8~10m³/min，有些井也使用 13~14m³/min），但还是缺乏单井实际资料。下面展示实际收集到的资料。

一般来讲，操作公司使用排量一般是统一的，不会因为压裂规模大小而变化。目前大多数公司使用的排量是比较大的，以 8~12m³/min 为多，瓜尔胶压裂液用的排量稍低一些。排量增大主要的一个原因是滑溜水的大规模使用。滑溜水携砂能力不强，需要大排量的动能来弥补浮力的不足，与此紧密相关的是射孔总孔数的控制，单孔必须保证最少每孔 3bbl/min 的排量。排量也是压裂液造缝的能量来源。排量越大，效果似乎越好，但 12~16m³/min 就可以达到较好的结果。

作者将排量划分为五类（表 5-4）。目前美国大多用的是 5~8m³/min 中等排量、8~12m³/min 的大排量、12~16m³/min 的超大排量。也有公司试验过超过 16~20m³/min 的特超大排量，但由于管柱系统、设备、费用等的限制，特超大排量目前意义不大。作者的工艺中以大排量为基点，即 8~12m³/min。如果有管注限制，比如油管压裂，可降到中等排量 5~8m³/min，特殊试验可提高到超大排量 12~16m³/min。

表 5–4　压裂排量的分类

排量分类	排量 /（m³/min）
小排量	小于 5
中等排量	5~8
大排量	8~12
超大排量	12~16
特超大排量	大于 16

5.3.3　美国主要公司压裂参数的组合

单个压裂参数没有意义，组合起来才是压裂设计。表 5-5 至表 5-7 分别列出威利斯顿盆地、丹佛盆地和二叠盆地主要公司的压裂参数组合，表中公司排名是以公司压裂井单井平均产能排列的。从每个盆地前几位的操作公司来看，液量在 10m³/m 以上，支撑剂量在 0.5~1.0m³/m，视砂比 5%~10%，排量 8~10m³/min。总体趋势可总结为大排量、大液量、低砂比压裂，与压裂模型高度一致。作者的工艺就是基于这个发现。

表5-5 威利斯顿盆地主要公司压裂参数组合

公司	压裂参数组合			
	液量/（m³/m）	砂量/（m³/m）	视砂比/%	排量/（m³/min）
EOG	10~15	1.0~1.5	10	8~10
Hess	3~5	0.3~0.4	8	5~7
Whiting	5~10	0.3~0.6	8	4~6
Statoil	5~15	0.3~1.0	5~15	10~12
Hunt	3~7	0.3~0.7	10	4~8
Marathon	2~5	0.2~0.5	10	5~8
Burlington	4	0.4	10	6~9
Oasis	3~15	0.3~1.0	10	4~5
XTO	5	0.3	8	6~15
Conoco	5~25	0.3~1.0	10	8

表5-6 丹佛盆地主要公司压裂参数组合

公司	压裂参数组合			
	液量/（m³/m）	砂量/（m³/m）	视砂比/%	排量/（m³/min）
EOG	15	2.0	10~15	8~10[1]
Noble	10	0.75~1.0	10	8~10
Anadarko	10~15	0.5~0.75	5	8~10
Bonanza Creek	7~10	0.8	10	8
PDC	10	1.0	10	
Encana	10	1.0	10	8
Carrizo	6	0.6	10	
Whiting	13	0.5~0.6	7	8~12
Barrett	8	0.8	10	7~8

表5-7 二叠盆地主要公司压裂参数组合

公司	压裂参数组合			
	液量/（m³/m）	砂量/（m³/m）	视砂比/%	排量/（m³/min）
BOPCO	5~10	0.5~1.0	10	
Newbourne	15~25	1.3~1.6	8	10~13
Cimarex	10~18	1.0~1.5	7	8~13
COG	6~25	0.7~2.0	8	15~20
Yates	10~15	0.8~1.5	10	10
EOG	10~30	1.2~2.5	8	8~10
Shell	8~25	0.5~1.5	8	8~10
XTO	10~20	0.5~1.0	5	12~15
Devon	5~20	0.5~2.0	10	12~13
Chevron	5~20	0.5~1.5	7~10	12~13
Anadarko	16	1.3	8	8~10
Energen	10~25	0.5~1.5	5~10	8~14
Laredo	17	1.0	6	
OXY	5~30	0.5~1.5	10	
Pioneer	10~20	1.0~1.5	10	12~13
Apache	2.4~30	0.1~2.7	5~10	10~16

5.4　致密油藏开发关键技术

本节结合长江大学余维初团队研发的油田化学产品,特别是JHFR-2纳米复合减阻剂、JHFD-2多功能添加剂和HE-BIO生物驱油剂等添加剂,提出新一代滑溜水压裂液体系施工工艺(大液量大排量大前置液低砂比体积压裂、致密油压裂三采一体化、同步植入驱油剂暂堵转向体积压裂、水平井压裂后期单井吞吐段间驱油的三次采油)。这套工艺适用于水平井和直井的压裂,目前已经在国内几个油田进行了先导性试验。对于水平井的钻井、方向、长度、井距、布井方式、井身结构等在前面的有关章节中分别进行过讨论。针对水平井大型分段多级压裂,下面主要介绍与这套压裂工艺直接相关的几个关键点。这是根据作者和美国的经验研究出的一套"最优化的""合适的"工艺,是适合于各地非常规油藏水平井压裂先导性试验的一个好的起点。

5.4.1　大液量大排量大前置液低砂比体积压裂

高砂比压裂是一种常规的压裂工艺,主要用于中高渗透率油气藏的压裂施工。高砂比压裂的目的是形成高导流能力的裂缝,从而能达到沟通原本相互隔离的油气藏的目的,实现压裂增产效果。然而,对于非常规储层,特别是致密储层及页岩储层,常规的高砂比压裂方法虽然能形成高导流的裂缝,但由于非常规储层极低的渗透率及自生自储的成藏特点,高导流裂缝所沟通的油气藏体积有限,存在压裂后初产低、产量递减快、稳产期短等问题。

为解决这一技术问题,近年来发展出了体积压裂技术,体积压裂是在压裂改造中形成一条或者多条主裂缝,同时对天然裂缝、岩石层理的沟通,以及在主裂缝的侧向形成次生裂缝,并在次生裂缝上继续分支形成二级次生裂缝,使主裂缝与多级次生裂缝交织形成裂缝网络系统,极大地提高储层整体渗透率,实现对储层在三维方向的全面改造。通过在地层中裂缝网络尽可能地延伸形成复杂裂缝,从而实现工业产能。因此,致密储层压裂增产改造理念与常规油藏不同,致密储层压裂造成的缝网越复杂,体积越大,压裂后的产量越高,应尽量提高储层改造 SRV 体积,最大限度地提高波及体积。

目前在非常规油气储层开发的过程中,压裂设计通常采用低黏度压裂液与高黏度压裂液混合或交替使用的方式,施工排量小、压力低、裂缝半长达不到设计要求及容易出现砂堵等现象,造成储层中未形成足够高导流能力的复杂网络填砂裂缝,增产效果不佳。

滑溜水体积压裂是在清水压裂的基础上发展完善起来的一项适合非常规油气藏的开采工艺。相对于常规交联压裂,滑溜水压裂可以形成复杂的网状裂缝,与水平井配套使用,可以形成大范围的泄油(气)面积,并且可以解决支撑剂的传输、携带问题,同时,由于其在裂缝中的独特的铺置机理,从而提供非常规油气流动所需的导流能力。例如吐哈油田三塘湖马 56 区块条湖组为致密石灰岩储层,在裂缝方位和油藏多裂缝预测的基础上,利用滑溜水 + 弱交联液体系实施大排量、低砂比、沟通天然裂缝的分段压裂技术路线,使得该区块致密油藏水平井多段压裂改造取得突破,为油田的高效开发奠定了基础。川西深层DY 气藏,采用常规压裂技术,施工中经常出现砂堵和泵压异常偏高的情况,导致加砂压裂施工失败。采用大液量、大排量和低砂比滑溜水加砂压裂改造技术,DY2-C1 单井现场试验施工成功率为 100%。

南泥湾油田前期水平井开发压裂选段参数设计依据经验，未进行系统研究，段间距 60~80m，段间距长，排量 6~8m³，排量小，液量 400~600m³，液量小，采用瓜尔胶压裂主体连续加砂方式。水平井压后投产间隔喷油，喷油次数与压裂段数大体相同，各段之间还是独立的压力系统，未形成整体压力系统。段与段之间压裂改造油层不充分，各段不连通，段簇间距有待进一步优化。鉴于此，有必要提供一种能增大储层改造体积、提高压裂的增产效果的一种体积压裂方法。受非常规页岩油气开发成功经验的启发，提出大液量大排量低砂比滑溜水分段压裂工艺，与现有技术相比，通过采用黏度低的滑溜水压裂液及大施工排量，增加了压裂液的压力，从而达到了增加储层改造体积、提高压裂的增产效果的目的。

5.4.1.1 水平井压裂段数

大液量大排量低砂比滑溜水压裂能产生更多有效裂缝并有效支撑裂缝。因此，采用该压裂工艺，适应延长组的地层特征，能对该地层进行有效压裂，提高油井产量。

其中段间距、簇间距是水平井压裂的重要参数，射孔簇间距如果太大，每段簇数少，压裂裂缝间互不连通，留下未压裂砂层，会造成油藏资源浪费。延长油田前期水平井压裂选段一般段间距 60~80m，簇间距 20m，每段 2~3 簇，压裂投产后效果不理想。

此井试验增加段间距、簇间距，使段间距、簇间距在水平段中均匀分布能使压裂流量均匀，各处均得到有效压裂，簇间距、段间距均为 20m 左右。总孔数按每孔不低于 0.3m³/min 排量计算，12m³/min 排量约需 40 孔。每段 5 簇射孔，每簇 8 孔，射孔密度 8 孔/m，压裂段数 8 段。

5.4.1.2 排量

压裂施工排量的大小决定了压裂施工的效率，储层裂缝中的净压力随着施工压力的增大而增大，主裂缝与次生裂缝之间实现更好的沟通，有助于复杂裂缝的形成[5-6]。

针对南泥湾油田长 6 致密砂岩储层，确保在其他影响因子恒定的状态下，逐步增加施工排量，用 Fracpro PT 软件模拟分析，得到不同排量下裂缝长、宽、高的数据。并计算储层改造体积 SRV 的大小（表 5-8）。

表 5-8　不同排量下的缝网模拟参数

排量 /（m³/min）	裂缝半长 /m	储层改造体积 /10⁶m³
4	120	2.3
5	127	2.7
6	132	3.0
7	136	3.3
8	140	3.5
9	144	3.7
10	147	4.0
11	149	4.3
12	152	4.5

分析表 5-9 中的数据可知，增加排量后，裂缝的缝长和储层改造体积都随之增加。因此，在其他施工参数不变的前提下，增加施工排量有助于储层改造体积的增加，也就是说，大排量有助于增加储层改造体积。

5.4.1.3 液量

压裂施工的总泵入液量对储层改造体积有着至关重要的影响，在进行压裂施工时，大液量更能获得缝长较大的理想裂缝[7]。

针对南泥湾油田长 6 段致密砂岩储层，确保在其他影响因子恒定的状态下，改变压裂液的总量，得到不同总液量下的裂缝特性和 SRV 见表 5-9。

表 5-9 不同液量下缝网模拟参数

总液量 /m^3	裂缝半长 /m	储层改造体积 /10^{6}m^3
400	111	2.1
600	125	2.8
800	136	3.3
1000	144	3.9
1200	152	4.5

从表 5-10 可以看出，在不改变其他施工条件的前提下，增加压裂液总量有助于增大储层改造体积，改善压裂效果。

5.4.1.4 小结

对 N199-P2 井进行压裂裂缝模拟，结果见表 5-10，设计满足施工要求，大液量、大排量、低砂比压裂可形成复杂缝网，达到体积压裂效果。滑溜水在大排量下造缝时由于其低黏度，在地层中所遇阻力小于胶液，因而可造成更长更复杂的裂缝。

表 5-10 裂缝几何形态参数

支撑缝长 /m	支撑裂缝总高度 /m	裂缝顶部的深度 /m	裂缝底部的深度 /m	平均缝宽 /m
196.4	51.1	529.5	581.6	1.7
186.1	47.1	531.3	578.5	1.7
182.1	49.8	530.2	580.0	1.7

为了验证模拟参数的可行性，现场通过优化的施工方案进行体积压裂，加砂方式一是用小阶梯（少量加砂 5m^3 左右，占总加砂量的 8%，打磨地层，沟通天然裂缝），二是主体段塞式（变粒径，由大到小，前置液使用 40/70 目陶粒，携砂液使用 30/50 目石英砂）。小阶梯先用低砂比 3%，分段按照 2% 的比例逐渐增加砂比，目的同加大前置液一样，让造缝的压裂液含砂量少一点，以减少阻力和沉降。段塞式加砂实际是更进一步降低砂比，从 8% 的砂比增加到 15%，注入一个段塞后用滑溜水将砂段塞向地层裂缝深部推进。

5.4.2 致密油压裂三采一体化

南泥湾采油厂浅层致密油如 N199 油井主要开发油层原始地层压力 5.8MPa，压力系数 0.73，孔隙度平均值为 6%，渗透率平均值为 0.5mD，属于特低孔隙度、超低渗透率储层。其纵向上油水界面不明显，油藏天然能量补给缺乏，采用天然能量开发时主要以弹性溶解气驱为主，由于地层能量不足导致油井产能低且递减快，计算自然能量开采采收率为10.3%，需压裂建产。南泥湾采油厂浅层致密油于 2015 年开展基于瓜尔胶压裂液的常规直井体积压裂工艺试验，排量 8.5m³、砂量 60m³、液量 389m³，初期产油 2.7t；2018 年实施基于瓜尔胶压裂液的直井滑套多层压裂工艺试验期日产油 1.4t；统计压裂投产油井初月产油量，其中 6 口井效果比较好，初月产油量为 24~28t，61 口井初月产油量为 10~19t，56口井初月产油量为 5~9t，63 口井月产油量小于 5t，油井初月产量数据显示，研究区域油井产能较低，需优化开采技术。地层能量成为制约该类油藏高效开发的主要矛盾。

非常规油藏致密，无论原始油藏能量是否充足，都是靠油层弹性能量支持生产的。对于单井来讲，油藏体积就是有效 SRV，其规模是有限的。油井都会碰到能量不足、递减快、采收率不高的问题。针对油藏增能的需求，传统的压力保持方法最常用的是注水。但注采井网为基础的注水开发是区域性的系统工程，涉及面较大、井较多，需要的配套设施多，投资较大，风险也大。并且，浅层致密油层物性差，渗流阻力及驱替压力梯度大，增注困难。低渗透岩石及超低渗透岩石的油水渗流主要表现为非达西渗流特征，存在启动压力梯度，岩石在小于某一压力梯度时不产生渗流。如注水井实测启动压力数据显示，启动压力最大值为 5.7MPa，除去个别井较低数据外，平均启动压力为 2.6MPa（图 5-7）。即以注采井网为基础的注水开发不一定是最好的开发方式或唯一的开发方式。

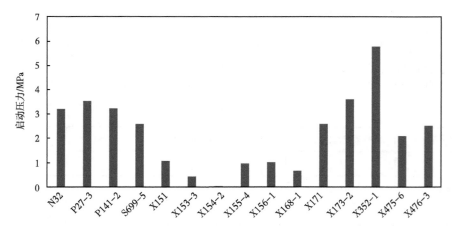

图 5-7　部分注水井实测启动压力数据统计

对于浅层致密油增能问题，入地的大量压裂液成为水平井开发前期能量补充的一种方式，以南泥湾采油厂浅层致密油为研究对象，在分析浅层致密油地质概况和开发技术难点的基础上，提出滑溜水结合驱油剂的压裂三采一体化的压裂优化设计。是在滑溜水压裂液中加入 HE-BIO 生物制剂。HE-BIO 可以将表面张力降至 30mN/m 以下，也可以将油水界面张力降低到 10^{-2}mN/m 以下（表 5-11）。它能有效降低原油黏度并且对油砂有很好的清洗效果。通过一段时间的闷井（15~20d），HE-BIO 的生物活性可在油藏中原地生成二氧化碳，进一步有助于驱油。

在滑溜水压裂液中加入 HE-BIO 生物驱油剂。使用之前，必须结合地层温度、压裂液、实地原油和水等做配伍和配方实验。HE-BIO 在滑溜水中的用量一般为 0.3%~0.5%，可在前置液、压裂过程中间和后置液中分段加入一定的体积的生物制剂。

表 5-11   HE-BIO 生物驱油剂技术指标

项目	指标	实测值
外观	黄色或棕色黏稠状液体	棕色黏稠状液体
pH 值（0.5%，体积分数）	6.0~8.0	7.5
溶解性	与水互溶	完全溶解
表面张力/（mN/m, 0.5%, 体积分数）	≤ 30	27.59
界面张力/（mN/m, 0.5%, 体积分数）	≤ 0.1	0.059

当然，其他类型的三次采油驱油剂，如表面活性剂、碱等也均可使用，但必须经过配伍性试验。生物制剂的好处是无毒性，压裂液易于循环使用。

5.4.2.1   驱油型滑溜水压裂液

结合南泥湾浅层致密油的特性设计了一种驱油型滑溜水压裂液，该体系配方为：0.1% JHFR 减阻剂、0.2% JHFD 多功能添加剂和 0.5% HE-BIO 驱油剂。滑溜水压裂液会在压裂后闷井过程中滞留地层，在改善油水流动性同时可能对地下水、河流等水资源造成污染，以及本身的残渣或黏土矿物的膨胀、运移，使得储层的渗透率大幅降低，储层内部孔隙半径变小，最终会导致油气产量下降。因此在对滑溜水性能评价中除减阻率外还对其生物毒性、岩心伤害、降界面张力等性能进行了测试。

驱油型滑溜水压裂液减阻率测试参照《页岩气压裂液 第 2 部分》（NB/T 14003.2—2016），利用 JHJZ-I 高温高压动态减阻评价系统，采用长 2.5m、内径 10mm 不锈钢管，测试 30L/min 排量下减阻率随时间变化结果（图 5-8），其在 30s 达到 75.8% 减阻率，90s 达到 83.4% 最大减阻率，且减阻率平稳直至 5min 后实验结束，即该体系具有速溶、高效减阻能力，无须事先配液，可直接泵入混砂车，满足现场连续混配的要求。

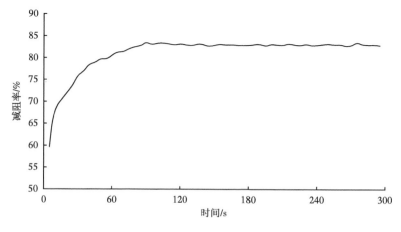

图 5-8   减阻率随时间的关系

其他性能参数结果见表 5-12：其运动黏度为 1.37mm²/s，防膨率为 80%，界面张力达 $1.8×10^{-2}$mN/m，具有低黏度、高防膨、低界面张力、可降低原油流动阻力的特点；10%CaCl₂ 盐水中减阻率超过 70%，而该区地层水总矿化度平均值为 82.68g/L，水型均为 CaCl₂ 型，即可直接采用地层水配液，降低成本；生物毒性实验参考《水溶性油田化学剂环境保护技术评价方法》（SY/T 6788—2010），利用发光细菌法，评价滑溜水的生物毒性，根据《水溶性油田化学剂环境保护技术要求》（SY/T 6787—2020）标准 $EC_{50} > 20000$mg/L 为无毒，驱油型滑溜水压裂液远高于该指标，无生物毒性；残渣含量按照《页岩气压裂液 第 3 部分：连续混配压裂液性能指标及评价方法》（NB/T 14003.3—2016）测试，残渣含量为零，岩心伤害参照《水基压裂液性能评价方法》（SY/T 5107—2016）测试，岩心渗透率伤害率为 9.8%，表明滑溜水滞留地层对环境及储层造伤害低，可长时间滞留。

表 5-12　驱油型压裂液性能参数

项目	测试结果
pH 值	7.0
运动黏度 /（mm²/s）	1.37
表面张力 /（mN/m）	25.5
界面张力 /（mN/m）	0.018
岩心伤害率 /%	9.8
残渣含量 /（mg/L）	0
生物毒性	无毒（$EC_{50}=1.89×10^{6}$mg/L）
减阻率 /%	83.4
10%CaCl₂ 盐水中减阻率 /%	70.2
防膨率 /%	80

5.4.2.2　压裂规模

压裂施工排量和总泵入液量的大小，对储层改造体积有着至关重要的影响。针对南泥湾采油厂长 6 段浅层致密油储层，确保在其他影响因子恒定的状态下，改变排量或液量，软件模拟分析不同排量或液量下裂缝长、宽、高的数据，并计算储层改造体积 SRV 的大小，发现增加排量或液量后，裂缝的缝长和储层改造体积都随之增加[8]。因此，在其他施工参数不变的前提下，大排量、大液量有助于增加储层改造体积，可产生更多有效支撑裂缝，获得缝长较大的理想裂缝，改善压裂效果。

以南泥湾采油厂勘探开发的实际现场工作经验，选择了其中 70 口井浅层致密油水平井压裂的基础数据。经过统计分析发现，其中排量在 10~12m³/min、液量在 10~12m³/m 的前三月产量较高（图 5-9 和图 5-10）。统计发现另一个特点是压裂的视砂比（总砂量 / 总液量）与传统压裂相比大幅降低，平均视砂比为 10%，这其中也包括胶液压裂的视砂比，大多数井不超过 15%（图 5-11），超过 15% 视砂比的井看不到明显的产量增幅，而视砂比在 5% 的前三月产量较高（图 5-12）。结合压裂优化模拟和现场施工，确定压裂排量以 10~12m³/min、液量以 10~12m³/m 为优选区间，支撑剂的量在 5% 左右，低砂比不意味着低砂量，大液量下总砂量相对也大。

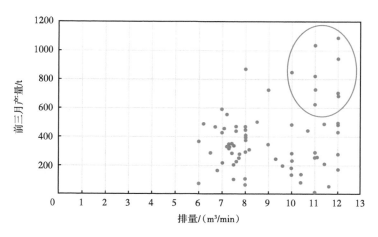

图 5-9　排量与前三月产量

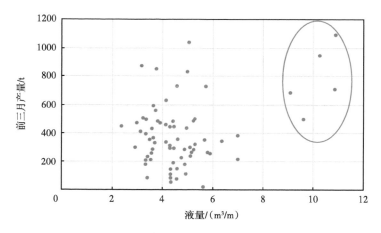

图 5-10　液量与前三月产量

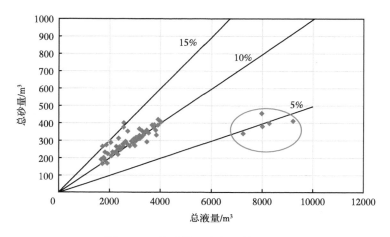

图 5-11　总砂量 / 总液量（视砂比）

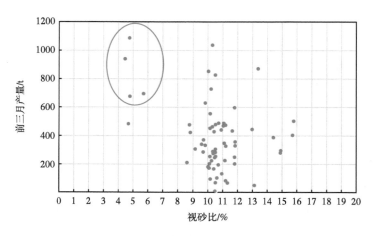

图 5-12　视砂比与前三月产量

由于储层埋藏浅，根据邻平台测试压裂情况及邻井同层测试压裂数据，采用低强度石英砂作为支撑剂，采用 40/70 目和 30/50 目用作携砂液进行段塞加砂支撑裂缝，最后采用 20/40 目大粒径连续加砂，以增加井筒和油藏间的连通性。

5.4.2.3　压裂分段和射孔

段间距、簇间距是水平井压裂的重要参数，即决定了改造的充分程度，又影响全井施工的投资量。美国威利斯顿盆地页岩油开采经历了比较长的摸索阶段，长达几十年，最终才取得成功。通过统计研究该盆地页岩油开采水平井单段段长随时间的变化，发现有越来越短的趋势，单段段长从 200m 降至 120m 以内，以 60~100m 为主，产量上也是以 60~100m 的段长最佳。其射孔一般每孔不少于 0.3m³/min。如果用 10m³/min 的排量，每段约 33 孔。

结合前期开发经验，过小的段长（20~30m）、过多的压裂段会造成重复改造，施工时间和费用的大幅增加，同时施工难度和事故可能性也相应增加。通过微地震裂缝监测南泥湾采油厂前期开发实例发现，当段长过大时（100m），簇数、孔数和排量难以兼顾，单孔排量变小，部分改造区未出现微地震事件点分布，特别是压裂段与段之间存在未改造区域（图 5-13）。经过优化段长 60~80m，监测发现各段微地震事件紧密相连，段间没有空白区，

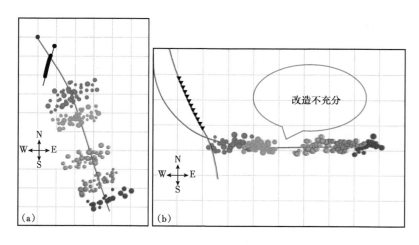

图 5-13　优化前微地震裂缝监测的俯视图（a）及侧视图（b）

且无重复改造（图 5-14），压裂改造充分，因此优化本区段长在 80m 左右较为合适。按每孔不少于 $0.3m^3/min$ 排量控制射孔总孔数，所以无论是几簇射孔，每段的射孔总孔数按排量计算，然后按簇数分配单簇射孔密度。各段平均簇间距均为 20m，每段射孔 4 簇，按照 $12m^3/min$ 排量需 40 孔，每簇 10 孔，孔密为 10 孔 /m。

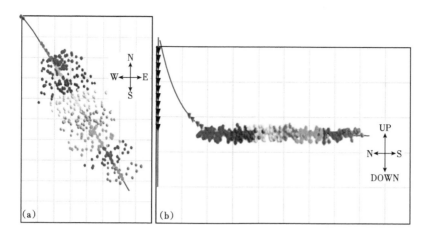

图 5-14　优化后微地震裂缝监测的俯视图（a）及侧视图（b）

5.4.2.4　闷井

利用大量压裂液滞留地层补充地层能量、进行油水置换，通过闷井过程中压力扩散传导，储层的流动由单相油流动变成了油水两相流动从而提高采收率。实验研究衰竭式吞吐过程中，不同闷井时间和压力下的采收率，为闷井提供依据。实验将饱和煤油的岩心装入岩心夹持器，加载围压后控制出口端压力在 4MPa 左右，开始饱和原油，待出口端出液 1PV 后即饱和完全。在 4MPa 条件下开展衰竭实验，降低出口压力，按照每 0.5MPa 的梯度进行降压，过程中监测出口端产出油量，至该压力下不产油后再继续降压，衰竭至 0.5MPa 后开展吞吐实验，恒压注入一定的水后闷井一段时间，开注入阀放喷，监测不同时刻下的产出油，计算采收率。由图 5-15、图 5-16 可知，相同闷井时间（24h）、不同闷

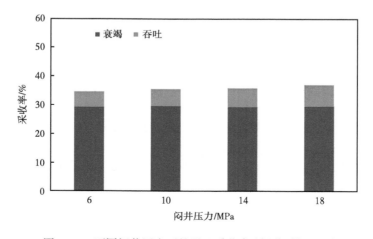

图 5-15　不同闷井压力下的吞吐采收率（闷井时间 24h）

井压力下吞吐效率随压下降而减小，但减小幅度不大，说明注入压力对单轮次吞吐的效果影响不大；在同一闷井压力（18MPa）下，随着闷井时间的增加，吞吐采收率呈现出逐渐增加的趋势，说明在单轮次吞吐时就保证一定的闷井时间。

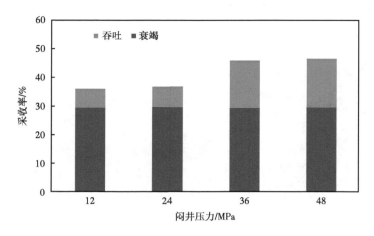

图 5-16 不同闷井时间下的吞吐采收率（闷井压力 18MPa）

通过长岩心驱油实验发现，压力传导只能在近井地带或近裂缝处较短有效，提高注入压力能有效提高压力传导率，但作用时间也会增大，因此，在实际压裂吞吐时应适当提高注入压力，同时增大闷井时间，可有效提高压力传导作用距离，为吞吐替油和渗吸起到辅助作用。结合生产实际监测，为使油水充分渗吸置换，闷井时间设计不少于 30d。

5.4.2.5 小结

采用次工艺通过 Fracpro PT 压裂软件对 P132-P2 井进行了全段压裂缝优化模拟，结果如图 5-17 所示，裂缝半长在 111~141m、裂缝高度 70~80m、支撑裂缝半长 111~137m、支撑裂缝高度 25~32m、无量纲导流能力 0.7~1.04，整体来看，设计可形成复杂缝网，形成较大的储层改造体积，达到体积压裂效果。

该工艺的具体操作是利用大排量、大液量、大前置液量、低砂比纳米滑溜水体系，液体体系就是油田水＋纳米减阻剂＋多功能稳定剂＋生物驱油剂。用 30/50 目和 20/40 目支撑剂，大排量（8~12m³/min），大液量（大于 10m³/m），大前置液（总液量 30%~50%），低砂比（5%~10%），非连续段塞式加砂泵入。压裂后闷井，使油层中发生水油驱替（同三次采油机理）。使用节制性返流，控制油嘴。先自喷，后采用抽汲或电潜泵。

单井易于试验，投资较少，风险较小，单井吞吐，无关油层连通性好坏，油水原路返回，增产措施以单井吞吐的方式较为合适，其中压裂工艺和增能工艺最为关键。压裂液良好的滤失性及驱油作用可提高裂缝两侧基质内难动用原油的采出程度，提高压裂施工增油效果。压裂工艺中增加压裂液量、增加压裂裂缝半长，压裂过程中在实现储层改造同时，利用大量压裂液滞留地层补充地层能量，在闷井过程中进一步扩散，使远井地带地层能量逐步提升，并趋于平衡。油井投产后，近井地带随开井放喷泄压，形成低压区，远井地带油气在高压推动下，向近井地带流动，产生油水置换，从而协同形成集"压裂＋增能＋驱替"的压裂三次采油一体化技术。

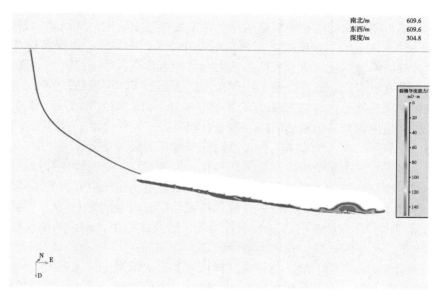

图 5-17　全段裂缝模拟导流能力图

采用大液量、大排量、大前置液、低砂比、间断段塞加砂和植入生物驱油剂的综合作用，即为压裂三次采油一体化新技术。现场实施简单，就是压裂。成本相对低廉，不仅可以补偿生产造成的压力和流体亏空，且液体击穿而接触沟通新的油藏。实质是增大与储层的接触面积和改造体积，补充低压层地层能量。应用 HE-BIO 生物驱油剂的特殊洗油驱油功效，达到压裂—增能—驱油的目的。当然，致密油藏水平井也可在生产后期注入生物驱油剂，但不如与压裂一起做方便。

5.4.3　同步植入驱油剂暂堵转向体积压裂

目前国内外低渗透油藏储层通过进行转向压裂改造才能更好地开发残留油藏获得较好的采收效果，同时非常规油气藏的开发也是通过段内多缝分段压裂等技术手段实现的，这已成为国内外勘探开发的重点，不论是常规直井改造压裂，或是非常规水平井段内多缝分段压裂，都需要利用暂堵剂进行压裂转向，使压裂液产生的新裂缝沿着与以前人工裂缝或天然裂缝不同的方向起裂和延伸，将新压开的裂缝转向至未改造区域或改造不充分的区域，从而建立新的油气渗流通道和改变油气层流体渗流驱替规律，获得单井有效改造体积，以提高低渗透储层的改造效果。重复压裂是低渗透油气藏常用的增产技术之一，通过对已压裂过的油层进行再次压裂，提高作用区域的裂缝复杂程度，增大泄油面积，进而提高油井产量。但是，重复压裂技术的改造有效期随压裂次数的增加而缩短，其增产幅度也越来越小，且对于多薄层油层、高含水厚油层等储层的改造效果不佳。

针对重复压裂技术存在的问题，有学者提出了暂堵转向压裂技术，即通过向地层内注入暂堵剂形成致密暂堵层，增加高渗透区域渗流阻力，实现压裂液转向压裂低渗透层的技术。施工结束后，暂堵剂可人工解堵或在地层条件下自行降解，不会对地层造成任何伤害。该技术工艺简单，施工效率高，增产效果显著，因此备受油田现场青睐。

　　暂堵转向压裂技术是在压裂过程中在实现造主裂缝后一次或者多次加入缝内暂堵材料来封堵主裂缝，能够在缝内实现短期暂堵，并使裂缝发生转向，从而增加裂缝的复杂程度，形成另一种意义上的复杂缝网进而获得更大的储层改造体积，以提高单井的产气量。常规的三次采油技术包括化学驱、气驱、热力驱、微生物驱、分子膜驱等，其中微生物驱三次采油技术具有成本低、施工方便、应用范围广、不伤害地层及施工设备、不污染环境等优点。常规的微生物三次采油施工方法主要有单井吞吐、微生物水驱、微生物循环驱、微生物水压裂及微生物与其他采油措施，如聚合物驱、三元复合驱、表面活性剂等复配。

　　目前转向压裂和三次采油作为两种提高油藏采收率的施工是分开进行的，一般是先实施转向压裂，再进行三次采油施工，施工周期长，投入过程繁杂，且伴有物料浪费环境污染的问题。转向压裂造成的如暂堵剂解堵不彻底、压裂液水锁效应等，会影响后续生物驱油剂的注入深度和广度，影响驱油效果，降低油藏储层三次采油的采收率，同时转向压裂采用高砂比常规水力压裂产生的裂缝复杂程度低，波及体积小，沟通的油气藏体积有限，存在压后初产低、产量递减快、稳产期短等问题。

　　通过在压裂液中植入驱油剂，使暂堵转向压裂和三次采油一体化施工，同时通过采用黏度低的滑溜水压裂液，以及采用大液量、大排量、大前置液、低砂比、间断柱状多级台阶式加砂工艺和植入生物驱油剂的综合作用，不仅补偿生产造成的压力和流体亏空，补充低压层地层能量，且液体击穿而接触到沟通新的油藏，有效地增大与储层的接触面积和储层改造体积、降低油水界面张力和原油黏度、达到了暂堵转向体积压裂—增能—增产的目的。相对于现有的先转向压裂再三次采油的方案具有明显实用性。

5.4.3.1　变黏滑溜水压裂液

　　压裂液黏度对人工裂缝破裂有直接影响，高黏度能显著提高储层的破裂压力，低黏度滑溜水比高黏度滑溜水更易形成复杂缝，且室内水化实验结果亦表明液体黏度越低，形成的裂缝越多，缝网越复杂，因此主体采用低黏度滑溜水压裂液。针对储层改造高黏度压裂液造主缝，低黏度压裂液造复杂缝的需求，选择了一种变黏滑溜水压裂液，可以通过改变其中减阻剂的加量来调节黏度。

　　变黏滑溜水压裂液按照减阻剂 JHFR-2E 加量大致可分为三个类别：0.02%~0.08% 为低黏度滑溜水、0.10%~0.18% 为中黏度滑溜水、0.20%~0.50% 为高黏度滑溜水。实验配制三种类型滑溜水进行评价，结果见表 5-13。采用六速旋转黏度计测试表观黏度，变黏滑溜水其黏度在 1.5~30.0mPa·s 范围内可调，根据连续混配施工不同阶段需求可选择相应黏度；采用 JHJZ-I 高温高压动态减阻评价系统对变黏滑溜水压裂液体系的减阻性能进行评价，低黏度滑溜水减阻率随着黏度升高而升高，黏度为 5.0mPa·s 时减阻率最高，达到 77.4%，中黏度滑溜水减阻率随黏度增加而降低，低黏度及中黏度滑溜水减阻率大于 70%，具有较好的减阻效果。

　　根据减阻性能及黏度范围选择 0.08%JHFR-2E 的低黏度滑溜水、0.18%JHFR-2E 的中黏度滑溜水及 0.50%JHFR-2E 的高黏度滑溜水进行施工。实验采用 0.02% 过硫酸铵，在 90℃ 地层温度下对所选择的变黏滑溜水进行破胶 2h，破胶液性能见表 5-14。平均黏度小于 5mPa·s，表面张力小于 27mN/m，界面张力小于 2mN/m，防膨率大于 80%，低黏度滑溜水和中黏度滑溜水残渣小于 50mg/L，高黏度滑溜水残渣小于 100mg/L。即变黏滑溜水破胶液具有较低的表面张力、界面张力、残渣含量及较好的防膨效果。

表 5-13　变黏滑溜水性能数据表

序号	体系名称	JHFR-2E 加量 /%	表观黏度 /（mPa·s）	减阻率 /%
1	低黏度滑溜水	0.02	1.5	71.0
2		0.05	3.9	76.4
3		0.08	5.0	77.4
4	中黏度滑溜水	0.10	7.2	75.1
5		0.14	10.6	72.2
6		0.18	14.4	71.7
7	高黏度滑溜水	0.20	16.5	—
8		0.30	21.5	—
9		0.50	30.0	—

表 5-14　变黏滑溜水破胶液性能数据表

序号	体系名称	JHFR-2E 加量 /%	表观黏度 / mPa·s	表面张力 / mN/m	界面张力 / mN/m	防膨率 / %	残渣含量 / mg/L
1	低黏度滑溜水	0.08	1.5	26.84	1.48	86.53	23.73
2	中黏度滑溜水	0.18	1.5	26.77	1.52	85.68	42.86
3	高黏度滑溜水	0.50	2.0	26.73	1.54	86.17	61.52

5.4.3.2　暂堵材料

在暂堵转向压裂技术中，高性能暂堵剂的研制是关键。根据暂堵剂在储层裂缝中作用机理的不同，可将其分为颗粒类暂堵剂、纤维类暂堵剂、胶塞类暂堵剂及复合类暂堵剂。

为保证改造效果，除首段外每段均进行暂堵转向，加大暂堵转向强度。结合邻井分析，采用暂堵球进行暂堵，设计暂堵球直径 22mm，在天然裂缝发育段可视情况采用暂堵球加暂堵剂的复合暂堵工艺。对于只使用暂堵球的施工段，每段暂堵孔眼及缝口数量为总孔眼的 1/3~1/2，暂堵球数量按照总的暂堵孔眼数的 1.0~1.1 倍设计，暂堵剂 50~100kg，现场可根据压裂施工压力响应灵活调整暂堵方式和次数。

暂堵剂封堵性能是影响转向压裂效果的关键因素之一，其直接决定了封堵的有效性及封堵后暂堵剂滤饼的承压能力，承压能力越大，越易形成新裂缝。暂堵球选用可降解聚酯材料，在水中 50℃ 下完全溶解时间小于 30h，90℃ 下完全溶解时间小于 10h，采用电动试压泵测试承压强度，暂堵球承压能力达到 50MPa 后无击穿，具有耐温性好、抗压强度高的特点。其性能参数见表 5-15。

表 5-15　暂堵球主要性能参数

参数	尺寸 /mm	温度 /℃	承压能力 /MPa	有效承压时间 /h	溶解时间 /h
暂堵球	22	50~90	＞ 50	≥ 4h	≤ 48

暂堵剂采用环保水溶性高分子材料，按照大（10~40 目）、中（40~80 目）、小（80~200 目）的不同粒径按不同比例组合，满足多种情况下的暂堵。采用人工模拟裂缝（0.5~2mm）评价暂堵剂暂堵性能，加入暂堵剂前后的压差可达到 20MPa 以上，具有强度高的优点。其性能参数见表 5-16。

表 5-16　暂堵剂主要性能参数

参数	粒径 / 目	温度 /℃	10~200 目筛余量 /%	暂堵压差 /MPa	溶解时间 /h
暂堵剂	10~200	50~90	≥ 90%	≥ 20	≤ 48

5.5　井口的要求

非常规油气资源具有其特殊的性质，在勘探开发过程中需要进行大规模的压裂改造施工。压裂是非常规油气整个开发过程中技术含量最高、工艺最复杂的环节，涉及的设备也很多，常规压裂一般施工排量为 4~6m³/min，施工用液量一般为 500~600m³；非常规压裂施工排量为 10~15m³/min，单层用液量 2000m³ 左右，其中压裂井口装置和压裂管汇是压裂过程中必不可少的关键装备，担负着钻井完井后井口固定、流体压力监测和控制、采油作业以及压裂液的输送、供给，设备需具备在超高压、高低温及酸性高腐蚀等复杂恶劣条件下安全可靠工作的能力；闸阀是压裂设备中的关键部件，需满足在压裂作业过程中耐高压、耐腐蚀、密封可靠、开关迅速的要求，从而实现对油气流体的有效控制，避免因功能失效而导致流体泄漏对人员、设备和环境造成危害。而且非常规压裂通常采用的是电缆传输桥塞及射孔枪的形式，这就决定了压裂井口既要能承受施工压力，同时又必须有足够大的通径。另外，由于单井压裂用液量达上万立方米，导致返排周期长。针对目前常规压裂井口及试气装置存在的不足进行了研究，设计配套了非常规压裂井口及地面测试流程，在鄂尔多斯致密油压裂施工中应用，取得了较好的效果。

5.5.1　压裂注入六通

由于压裂采用按每孔不少于 0.3m³/min 排量控制射孔总孔数，所以无论是几簇射孔，每段的射孔总孔数按排量计算，然后按簇数分配单簇射孔密度。各段平均簇间距均为 20m，每段射孔 4 簇，按照 12m³/min 排量需 40 孔，每簇 10 孔，射孔密度为 10 孔 /m，常规井口装置无法满足高排量的注入，会带来较大的节流效应，所以需要有针对性地进行配套优化。既能满足压裂施工时长时间、大排量加砂施工要求，有效减小井口的节流，又能在压裂后不动井口的情况下直接排液生产。

5.5.2　液压助力阀门

在压裂或放喷测试过程中如果出现紧急情况，为迅速关闭整个井口，设置了紧急液压助力阀门，该阀采用远程控制，具有紧急自动关井功能，并使人员远离高压危险作业区。

5.5.3　节流阀

节流阀是通过改变节流截面或节流长度以控制流体流量的阀门。将节流阀和单向阀并联则可组合成单向节流阀。节流阀和单向节流阀是简易的流量控制阀，在定量泵液压系统中，节流阀和溢流阀配合，可组成三种节流调速系统，即进油路节流调速系统、回油路节流调速系统和旁路节流调速系统。节流阀没有流量负反馈功能，不能补偿由负载变化所造成的速度不稳定，一般仅用于负载变化不大或对速度稳定性要求不高的场合。

5.5.4　地面测试流程

为保证合理分配各级压降和保护井口采气树，在测试期间原则上不频繁开关采气闸阀，第一级节流管汇要临时起到作为井口装置的作用，工作压力要达到甚至超过最高关井压力。设计测试流程时，应根据具体井况组合使用多台管汇台。对于超高压、高产的油井，还必须增加一套管汇与主流程相互连接作为备用。

5.6　现场施工准备

5.6.1　井场准备

由于滑溜水施工排量大、用液量大，现场准备要求较高，现场需要准备足够的面积排放施工车辆和使用液体。

按照目前的施工规模，现场需要摆放压裂车组及相关施工设备等大型车辆 20~25 辆，因此对井场面积有一定要求，需要压裂队伍对井场进行踏勘，确定井场面积。

各级均采用每级施工以后都将采用桥塞封堵已施工井段，因此多级压裂施工可以采用分批进行的方式。考虑到现场总液体容积有限，可以考虑分批次进行施工，每次施工结束以后，组织配液，然后进行下一次施工。

按照大型压裂经验，压裂返排液量在总泵注液量的 50% 以下，因此，现场需要准备足够的废液池，或者联系相关废液处理单位和废液的运输。

5.6.2　井筒准备

由于压裂采用光套管施工，因此在套管强度进行校核的基础上，设计施工排量。同时按照最高限压，准备井口和井口带压作业装置用于井口压力安全控制。井筒内部需要进行通井、洗井作业准备。

5.6.2.1　通井

采用 $\phi118mm \times 2000mm$ 通井规通井（钻具结构自上而下为油管 ＋ $\phi28mm$ 中间球座 ＋ $\phi118mm \times 2000mm$ 通井规 ＋ 斜尖），下钻速度控制在小于 20m/min，在距人工井底 100m 时减慢速度下至人工井底，以悬重下降 10~20kN 为准，试探 3 次，取最浅值为人工井底，然后上提钻具 1~3m，坐好井口。

5.6.2.2　洗井

用活性水反循环洗井，排量大于 500L/min，洗至进出口水色一致，洗井液用量不小于井筒容积的 1.5 倍。活性水配方：清水 +0.3% 助排剂 +0.3% 黏土稳定剂。

5.6.2.3　试压

压裂施工前必须试压，试压合格方可进行施工；地面管线、井口及设备试压 65MPa；

井筒试压 45MPa，稳压时间 20min，允许压降范围 0.7MPa 为合格，否则要分析原因采取其他措施。

5.6.3 道路准备

该压裂施工需要准备大型压裂车组，此类车辆的质量接近 30t，因此需要对进场道路进行踏勘和整理准备，保证大型车辆可以顺利通过。

5.6.4 水源准备

按照目前的施工规模，施工总用液量 6424m³，为保证施工顺利，需要联系充足供液能力的水源，如果采用河水或湖水，需要对配液水进行必要的过滤和处理。

5.7 压裂后排液和生产管理

（1）施工结束后，闷井 10~15d。放喷初期采用 ϕ3~8mm 油嘴控制放喷，排量 100~300L/min，根据压力变化情况用针形阀控制逐渐放大放喷。放喷排液时套管阀门关闭。准确记录油管压力和套管压力，计量排出液量。

（2）压裂液返排开始的 0.5h、0.5h、0.5h、0.5h、1h、1h、1h、1h、1h、1h、2h、2h、2h 分别取样检测返排液的 pH 值、黏度及 Cl^- 含量。

（3）若不能自喷，抽汲排液，油（水）日产量稳定，含油率达到 30% 以上，3d 内波动小于 15%，且水样分析 Cl^- 含量在 3d 内波动值小于 5% 后转求产。具体试油要求按照采油厂试油设计执行。

5.8 井控、HSE

5.8.1 井控要求

5.8.1.1 井控风险提示

（1）如施工区域油藏伴生气含量较高，预测该区存在一氧化碳、硫化氢等有毒有害气体，需引起注意。

（2）施工设计单位应依据地质设计对该井井场周围一定范围内（含硫油气田探井井口周围 3km、生产井井口周围 2km 范围内）的居民住宅、学校、厂矿（包括开采地下资源的矿业单位）、国防设施、高压电线和水资源情况以及风向变化等进行复核，并在施工设计中标注说明，制定出具体的预防和应急措施。

（3）施工设计中要有从抢险物资存放点到施工井场详细的抢险道路描述。

5.8.1.2 井控设备要求

（1）井控设备的配备。

①试油队伍的井控设备按不低于 35MPa 的压力级别进行配套。配备手动双闸板防喷器、防喷井口、油管旋塞阀各一套。作业前对作业井口、防喷井口和油管旋塞试压，试压压力 25MPa，稳压时间 30min，允许压降范围 0.5MPa 为合格。

②必须配齐与作业油管、电缆尺寸相一致的防喷器闸板芯子。

③防喷井口悬挂短节尺寸、油管旋塞阀尺寸与作业油管尺寸相一致。

④含硫区域选择与井口防硫级别一致的井控设备。

⑤试油作业承包商除按以上要求配齐施工现场井控设备外，还应根据作业区域就近储备 2FZ18-35MPa 双闸板防喷器，防爆工具（管钳、扳手、大锤、撬杠），节流、压井管汇各一套，压井材料 30t。

（2）井控设备的现场使用与检修。

①井控设备检修周期为 12 个月，超过 12 个月必须在井控车间检修。但在现场实施过井控作业的防喷器，即使不满 12 个月，也必须送回井控车间检修合格后，方可继续使用。

②井控设备的年检由试油作业承包商送延长油田公司认可的井控车间进行，出厂时井控车间应出具检修报告，统一编号，建立台账。

③所有送到井场的井控设备必须有延长油田公司认可的井控车间提供的检验合格证，并且检验结果合格。

④现场使用的井控设备必须挂牌管理，牌上内容应有产品名称、规格、检验日期、管理人等。所有阀门要明确开关状态，手动防喷器和锁紧标杆明开关方向和圈数。

⑤试油队在每口井开始作业前，应对作业井口、防喷器、防喷井口和油管旋塞进行检查、保养和试压，并建立记录台账。使用防喷器前，检查并确保防喷器闸板芯子尺寸与入井管柱（或电缆）尺寸相匹配。

⑥进行过现场维护保养的井控设备必须要有维护保养记录。

（3）井控设备的安装与验收。

①射孔与起下钻作业时必须在井口大四通上安装双闸板防喷器，防喷器上装配与井内管柱相配套的闸板芯子。

②检查保养好防喷井口、钢圈和油管旋塞，并摆放在井口备用。防喷井口阀门全开、油管旋塞处于打开状态，灵活好用。

③油井在作业前至少应该接一条放喷管线，并接出井口 20m 以外。

④放喷管线布局要考虑当地风向、居民区、道路、排液池及各种设施的情况，分离器至井口地面管线试压 25MPa，放喷管线试压不低于 10MPa。

⑤放喷管线不能焊接，拐弯处必须用锻造的高压三通，高压三通的堵头应正对气流冲击方向；地面放喷管线每隔 8~10m 要用水泥基墩带地脚螺栓卡子或标准地锚固定，地锚应满足放喷固定要求，拐弯处两端、放喷出口 2m 内要用水泥基墩带双地脚螺栓卡子或双地锚固定。

⑥地脚螺栓直径不小于 20mm，长度大于 0.8m，水泥基墩尺寸不小于 0.8m×0.66m×0.8m，压板圆弧应与放喷管线一致，卡子上用双螺帽并紧固。

⑦地面放喷管线应使用 $2\frac{7}{8}$in 油管，高含硫井应使用 $2\frac{7}{8}$in 防硫油管、防硫阀连接。

⑧大四通与防喷器之间的钢圈槽要清洗干净，钢圈装平并用专用螺栓连接上紧，螺栓两端外螺纹均匀露出。

⑨开工前先由试油井下作业承包商（单位）验收合格后向油田公司项目组提出验收申请，由项目组主管领导牵头，及时组织工程技术、安全、监督等人员会同试油井下作业承包商（单位）检查验收，达到井控要求后方可施工。

5.8.1.3 试油施工过程井控要求

（1）作业前的井控准备。

①按《石油企业现场安全检查规范》（Q/SY 08124.4—2016），根据井场实际情况布置好井场的作业区、生活区及电路、气路，符合安全要求。

②井控装置及各种防喷工具齐全，并经检查试压合格，摆放在井口。

③按设计要求储备好压井液及防火、防中毒、防爆器材。

④落实井控岗位责任制、培训及演练等井控管理制度。

⑤检修好动力、提升设备。

⑥对井控技术措施、要求向全体施工人员交底，明确各岗位分工。

⑦施工设计中明确与当地政府有关部门及有关单位的联系方式。

⑧试油施工过程中严格执行中油集团公司《石油与天然气井下作业井控规定》《井下作业井控技术规程》（SY/T 6690）和《延长油田试油（气）作业井控实施细则》。

（2）射孔要求。

①电缆射孔必须安装双闸板防喷器，其中上部为电缆闸板，下部为全封闸板。

②对存在异常高压层位的井选用油管传输射孔与压裂联作工艺，射孔前必须坐好井口、连接好地面放喷管线，做好防喷准备。

③射孔前应准备好断绳器，必须按设计向井筒灌满射孔液（负压射孔除外），射孔过程中应连续灌入，确保液面在井口，并有专人坐岗观察，同时对有毒、有害气体及可燃性气体进行检测。

④射孔过程中若发现溢流，停止射孔作业，关闭防喷器、关井观察、记录压力，紧急情况下可以将电缆切断，抢装井口，关井观察、记录压力。同时按程序向主管部门汇报。

（3）起下钻要求。

①油层打开后，起下钻前必须向井筒内灌满压井液，起钻过程中应连续补充，保持井筒压力平衡。需要压井时确认压井合格后，才能进行起下钻作业。

②起下钻作业前必须在井口大四通上安装防喷器，检查保养好防喷井口、钢圈、和油管旋塞，并摆放在井口备用。防喷井口阀门全开，油管旋塞处于打开状态，且灵活好用。

③起下大直径钻具时，必须控制起下钻速度，距射孔段 300m 以内，起下管柱速度不超过 5m/min，注意观察悬重及井口液面的变化。如果有异常，不得强行起管柱。

④更换钻具后应立即下钻，严禁起下钻中途停工休息和空井检查设备。若起下钻中途设备发生故障，在维修设备前必须安装好防喷井口（或油管旋塞），关井观察压力，严禁敞开井口。

⑤起下钻应坐岗观察，检测有毒、有害气体及可燃性气体含量，做好记录。若中途发生溢流、井涌，应及时关井观察。

⑥起钻完等下步方案时，井内必须先下入不少于井深 1/3 的油管，坐好井口，严禁空井等停。

（4）压井要求。

①压井液性能在满足压井压井要求条件下，尽可能降低对油藏的伤害。

②压井液准备量要求不少于井筒容积的 1.5 倍，具体根据现场实际情况确定。

③常规压井作业应连续进行，注入排量一般不低于 500L/min。

④压井过程中应保持井底压力略大于地层压力。

⑤压井结束后开井观察时间至少为下一道工序所需时间以上，井内稳定无变化为压井合格，起钻前须用压井液再循环一周，将井内余气排尽。

⑥压井合格后卸掉采油树，安装好双闸板防喷器进行起钻作业。起钻前要求在井口准备好防喷井口、油管旋塞等井控设备，水泥车在现场值班，准备两倍井筒容积的压井液。

⑦审批施工设计时严格把关，现场检查落实。

⑧压井前监督在现场对压井作业准备和后续作业保障情况进行检查验收，合格后方可进行作业。作业时要求监督驻井监督，并且认真记录作业过程备查。

⑨特殊情况下压井作业要根据具体情况制订压井措施，按程序批准后方可执行。

5.8.2　HSE 要求

5.8.2.1　HSE 提示

（1）环境气候。

夏季天气炎热，注意降温防暑；冬季天气寒冷，防止冻伤，路面结冰。

（2）灾害性地理地质现象。

该井位于陕北山区，夏季多雨，山体容易滑坡；山路崎岖，施工较难，注意安全。

（3）井场周边。

油气井井口距离高压线及其他永久性设施不小于 75m，距民宅不小于 100m，距公路不小于 200m；距学校、医院、油库、河流、水库、人口密集及高危场所等不小于 500m。

若安全距离不能满足上述规定，需进行安全评估、环境评估，按其评估意见处置。

须在井场周边设有警示，并做好安全防范措施，以确保工作人员和周边人员、财产绝对安全。

5.8.2.2　试油施工过程防火防爆防中毒安全要求

（1）作业现场应配备便携式复合气体检测仪（测量 CO、H_2S、O_2、可燃性气体）两台、正压式空气呼吸器四套。另外，气体检测仪和正压式空气呼吸器，必须经第三方有检测资质的单位校验合格后，才能投入现场使用。

（2）在含有 H_2S 和 CO 等有毒有害气体的作业现场应至少配备一套固定式多功能检测仪、四台便携式复合气体检测仪（测量 CO、H_2S、O_2、可燃性气体）、正压式空气呼吸器六套及一台配套的空气压缩机。

（3）试油设备的布局要考虑防火安全要求。值班房、发电房、锅炉房与井口、排污池、储油罐的距离不小于 30m、且相互间距不小于 20m，锅炉房、发电房等有明火或有火花散发的设备应设置在井场盛行季节风的上风处；在森林、苇田、草地、采油气站等地进行作业时，应设置隔离带或隔离墙。

（4）高气油比区域的井场布局要充分考虑通风条件，井场不得封闭，计量罐距井口不小于 25m，生活区距井口不小于 50m，打开地层后井口应持续检测可燃性气体及有毒、有害气体含量，现场应安装防爆排风扇，井口的伴生气应引出井场外点燃。

（5）井场应平整，安全通道应畅通无阻。井场内设置明显的风向标和安全防火防爆标志。严禁吸烟，严禁使用明火，若需动火，应执行《石油工业动火作业安全规程》（SY/T 5858）。

（6）作业时如发生气侵、溢流、井涌，要立即熄灭井场所有火源。

（7）作业时，进出井场的车辆和作业车辆的排气管必须安装防火罩，作业人员要穿戴"防静电"劳保服。

（8）井场照明设施应防爆，所用电线应采用双层绝缘导线，架空时距地面不小于2.5m，进户线过墙和发电机的输出线应穿绝缘胶管保护，接头不应裸露和松动。电器、照明设施、线路安装等执行《试油（气）安全规程》（SY 5727）、《石油与天然气钻井、开发、储运防火防、爆安全技术规程》（SY/T 5225）等标准要求。

（9）作业现场应配备35kg干粉灭火器两具，8kg干粉灭火器两具。消防斧两把，消防掀四把，消防桶四个，消防砂2m³，消防毛毡十条。

（10）在高含 H_2S 和 CO 气体区域作业的相关人员上岗前应按《含硫化氢油气田硫化氢监测与人身安全防护规程》（SY/T 6277）接受培训，熟知 H_2S 和 CO 的防护技术等，经考核合格后方可上岗；进行试油作业施工时，应严格执行《含硫化氢油气田硫化氢监测与人身安全防护规程》（SY/T 6277）和《含硫化氢油气井井下作业推荐作法》（SY/T 6610）标准，针对每口井（井组）的具体情况、周边环境等要制订具有针对性的现场应急预案。

（11）洗井液、压裂液和排出的地层液体，必须进入井场的排污池，排污池必须有防渗、防漏、防倒灌和防外溢措施，放喷管线出口离井口30m以上。

（12）作业前应做好周围居民的告知和宣传工作，放喷测试时对该范围内空气中硫化氢和一氧化碳含量进行监测，确保其处于安全临界浓度范围内。如果超标，要及时协助地方政府做好该范围内居民疏散工作。

5.8.2.3　试油作业中 H_2S、CO 应急处置程序

（1）当检测到空气中 H_2S 浓度达到 15mg/m³（10mg/L）或 CO 浓度达到 30mg/m³（25mg/L）阈限值时启动并执行试油关井程序，现场应：

①立即关井，向上级（第一责任人及授权人）报告；

②立即安排专人观察风向、风速以便确定受侵害的危险区；

③安排专人佩戴正压式空气呼吸器到危险区检查泄漏点；

④开启排风扇，向下风向排风，驱散工作区域的弥漫的有毒、有害气体及可燃性气体。

⑤非作业人员撤入安全区。

（2）当检测 H_2S 浓度达到 30mg/m³（20mg/L）或 CO 浓度达到 60mg/m³（50mg/L）的安全临界浓度时，启动试油队处置预案，现场应：

①切断作业现场可能的着火源；

②戴上正压式空气呼吸器；

③向上级（第一责任人及授权人）报告；

④启动并执行试油（气）作业关井程序，控制 H_2S 或 CO 泄漏源；

⑤清点现场人员，撤离现场的非应急人员；

⑥指派专人至少在主要下风口距井口 50m、100m 和 500m 处进行 H_2S 或 CO 监测，需要时监测点可适当加密；

⑦通知救援机构。

（3）若现场 H_2S 达到 150mg/m³（100mg/L）或 CO 浓度达到 375mg/m³（300mg/L）时，先切断电源、作业机，通井机立即熄火，立即组织现场人员全部撤离；撤离路线依据风向

而定，H_2S 向高处、CO 向低处均选择上风向撤离。同时向上级（第一责任人及授权人）报告，并通知救援机构等待支援。

（4）当发生井喷失控，油气井中 H_2S 含量达到 150mg/m³（100mg/L）或 CO 浓度达到 375mg/m³（300mg/L）时，在人员生命受到威胁，失控井无希望得到控制的情况下，作为最后手段应按抢险作业程序，制定点火安全措施，对油井井口实施点火，油井点火决策人应由生产经营单位代表或其授权的现场总负责人来担任（特殊情况下由施工单位自行处置），并做好人员撤离和安全防护。

5.8.3　安全及环保控制

5.8.3.1　安全控制

（1）施工作业应有安全照明措施。作业车辆和液罐的摆放位置与各类电力线路保持安全距离。

（2）参照《井下作业安全规程》（SY/T 5727—2014）规定：以施工井井口为半径，沿压裂泵车出口至施工井口地面流程两侧 10m 为界，设定为高压危险区。高压危险区使用专门安全警示线（带）围栏，高度为 0.8~1.2m。高压危险区设立醒目的安全标志和警句。

（3）参照《井下作业安全规程》（SY/T 5727—2014）规定：施工作业的最高压力应不大于承压最低部件的额定工作压力。根据本井套管的抗内压技术指标（相关技术手册提供），地面高压管线试压 55MPa，施工限压 50MPa。

（4）压裂施工前，由现场指挥、井口操作人员与压裂准备作业方指定人员对施工井进行检查，确认达到设计要求。

（5）施工前，由现场指挥向施工人员进行压裂设计交底，并进行现场安全教育。

（6）施工人员穿戴劳保用品，分工明确，服从统一指挥，非施工人员严禁进入施工现场。

（7）参照《井下作业安全规程》（SY/T 5727—2014）中的规定：地面流程承压时，未经现场指挥批准，任何人员不得进入高压危险区。因需要进入高压危险区时，应符合下列安全要求：

①经现场指挥允许；

②危险区以外有人监护；

③执行任务完毕迅速离开；

④操作人员未离开危险区时，不得变更作业内容。

（8）无线电报话机通信系统畅通，凡携带报话机者，人人必须正确佩戴。

（9）所有参加压裂施工人员须服从压裂作业队指挥人员统一指挥，不得擅自离岗，不得做与工作无关的事。

（10）施工中非仪表车操作人员，一律不允许进入仪表车。

（11）压裂施工应按设计要求对压裂设备、地面流程和井口装置试压。如管线或井口有泄漏，处理后应重新试压。

（12）进行循环试运转，检查管线是否畅通、仪表是否正常。

（13）起泵应平稳操作，逐台启动，排量逐步达到设计要求。

（14）施工过程中管汇、管线、井口装置等部位发生漏，应在停泵、关井、泄压后处理，不应带压作业。

（15）压裂施工出现砂堵，应反循环替出混砂液，不应超过套管抗内压强度硬憋。

（16）压裂施工完毕，应按设计要求关井，拆卸地面管线。

（17）按设计要求关井，扩散压力，观察压力变化。按设计要求排液。

（18）安全设施配备和安全各项工作的落实符合延长油田和施工所属区域的安全相关规定。

（19）压裂施工前，关闭水平井井筒周边300m以内的所有油井与注水井。

5.8.3.2　环保控制

压裂施工时必须采取环保措施，尽量降低对空气、水和地面的污染，所有操作安全符合环保法律法规，严格执行《石油天然气工业健康、安全与环境管理体系》（SY/T 6276—2014）要求。

压裂入井材料要求：压裂入井材料要求必须符合检测标准，配液质量符合标准。

（1）所有有害物质尽快清除，一切废水和无用材料都要以有利于环保的方式加以处理。

（2）施工过程中产生的工业垃圾、生活垃圾必须集中存放，统一处理。

（3）现场备液时尽量减少压裂液外溢，减少对井场的污染。添加化工品后，不能将盛装化工品的桶倒放，以免残余化工品外流。

（4）压裂液返排时，施工方按照采油厂要求在井场预备好池子，控制排放，不得污染周围地面环境。

（5）施工结束后，将剩余残夜收回，按指定方式、指定地方排放。对井场作业区域进行全面清理，清理现场，恢复地貌，必须达到工料完、净场地清。

（6）压裂施工期间需密切巡查临井情况，并制定巡查临井监控措施，组建专人及小组负制监控。

5.9　设备总表

射孔枪射孔＋套管加砂分段压裂工艺所需设备清单见表5-17。

表5-17　压裂设备表

序号	设备和工具
1	压裂泵车：必须满足施工排量12m³/min要求
2	混砂车：满足施工排量12m³/min要求
3	砂罐车：满足施工要求
4	高压管汇：满足12m³/min要求
5	低压管汇：满足12m³/min排量（由压裂队伍根据情况提供足够4in或8in管线
6	压力通道：高压端2个
7	高压管线：满足排量12m³/min要求

续表

序号	设备和工具
8	5in×6in 离心泵用于施工过程中实时转液供液（压裂队伍根据供液情况准备）
9	配液设备
10	工作压力范围 70MPa 的压裂车（最小排量 0.5m³/min）
11	70MPa 或 105MPa 高压管线（连接泵车）
12	夜间施工充足灯光（可以射孔，压裂）
13	井场发电机或相应电力供应，电压为 220V 和 380V
14	现场移动营房一间

分段压裂工艺所需其他设备见表 5-18。

表 5-18　其他设备表

序号	设备和工具
1	N80 倒角油管 1600m
2	测井和完井
3	射孔枪
4	射孔弹
5	安全油管
6	桥塞坐封工具
7	井口压力设备
8	可溶桥塞

参 考 文 献

[1] 孟延斌，李玉宏，李金超 . 延长油田石油地质特征 [J]. 内蒙古石油化工，2014（22）：59-62.

[2] 王香增 . 鄂尔多斯盆地延长探区低渗致密油气成藏理论进展及勘探实践 [J]. 地学前缘，2023，30（1）：143-155.

[3] 张奔，贺先勇 . 延长油田东部浅层 – 水平缝 – 超低渗油藏水平井开发技术创新研究 [J]. 中国石油和化工标准与质量，2022，42（18）：196-198.

[4] 汪立君，郝芳，陈红汉，等 . 中国浅层油气藏的特征及其资源潜力分析 [J]. 地质通报，2006（Z2）：1079-1087.

[5] 薛军民，李玉宏，高兴军，等 . 延长油田递减规律与采收率研究 [J]. 西北大学学报：自然科学版，2008，38（1）：112-116.

[6] 孙敏，樊平天，李新，等 . 鄂尔多斯盆地南泥湾异常低压油藏成因及异常低压对油藏开发的影响 [J]. 西安石油大学学报（自然科学版），2013，28（6）：22-26.

[7] 杨诚，董帅 . 鄂尔多斯盆地伊陕斜坡三叠系延长组沉积演化特征分析与研究 [J]. 石化技术，2016，23

（12）：144-145.

[8] 唐颖，唐玄，王广源，等.页岩气开发水力压裂技术综述 [J].地质通报，2011，30（2）：393-399.

[9] 周东魁，李宪文，肖勇军，等.一种基于返排水的新型滑溜水压裂液体系 [J].石油钻采工艺，2018，40（4）：503-508.

[10] 余维初，丁飞，吴军.滑溜水压裂液体系高温高压动态减阻评价系统 [J].钻井液与完井液，2015，32（3）：90-92.

[11] Wu J J，Yu W，Ding F，et al. A Breaker-Free，Non-Damaging Friction Reducer for All-Brine Field Conditions[J]. Journal of Nanoscience & Nanotechnology，2017.

[12] 范宇恒，肖勇军，郭兴午，等.清洁滑溜水压裂液在长宁 H26 平台的应用[J].钻井液与完井液，2018，35（2）：122-125.

[13] 柳志齐，丁飞，张颖，等.页岩气用滑溜水压裂液体系的储层伤害与生物毒性对比研究[J].长江大学学报（自科版），2018，15（5）：7，56-60.

[14] 余维初，吴军，韩宝航.页岩气开发用绿色清洁纳米复合减阻剂合成与应用 [J].长江大学学报（自科版），2015，12（8）：78-82.

[15] 余维初，周东魁，张颖，等.环保低伤害滑溜水压裂液体系研究及应用 [J].重庆科技学院学报（自然科学版），2021，23（5）：1-5，15.

[16] 李平，樊平天，郝世彦，等.大液量大排量低砂比滑溜水分段压裂工艺应用实践 [J].石油钻采工艺，2019，41（4）：534-540.

[17] 孙敏，樊平天，李新，等.鄂尔多斯盆地南泥湾异常低压油藏成因及异常低压对油藏开发的影响 [J].西安石油大学学报（自然科学版），2013，28（6）：22-26+45+7.

[18] 魏宁，贺怀军，张建成.特低渗油田压裂兼驱油一体化工作液体系评价 [J].化学工程师，2020，34（7）：38，44-46.

[19] 邢继钊，张颖，周东魁，等.乌里雅斯太凹陷砂砾岩油藏压裂三采一体化技术与应用 [J].长江大学学报（自科版），2020，17（6）：37-43.

[20] 樊建明，王冲，屈雪峰，等.鄂尔多斯盆地致密油水平井注水吞吐开发实践——以延长组长 7 油层组为例[J].石油学报，2019，40（6）：706-715.

[21] 樊平天，刘月田，冯辉，等.致密油新一代驱油型滑溜水压裂液体系的研制与应用 [J].断块油气田，2022，29（5）：614-619.

[22] 张颖，周东魁，余维初，等.玛湖井区低伤害滑溜水压裂液性能评价 [J].油田化学，2022，39（1）：28-32.

[23] 张颖，余维初，李嘉，等.非常规油气开发用滑溜水压裂液体系生物毒性评价实验研究 [J].钻采工艺，2020，43（5）：11，106-109.

第 6 章 南泥湾致密油压裂实践成效

经过南泥湾采油厂的努力和延长油田的支持，采用了前文描述的压裂液体系及压裂设计理念进行开发。于 2018 年 4—5 月在 N199-P2 井开展大液量、大排量、低砂比体积压裂先导性试验（图 6-1），试验过程平稳顺利。压裂的同时采集了地下和地面两套微地震，得到了宝贵的资料。

图 6-1 N199-P2 井压裂现场

虽然大液量、大排量、低砂比滑溜水压裂工艺取得初步成效，但还没有完全发挥出它应有的潜力。目前南泥湾采油厂所钻的水平井多在油藏边沿进行扩边，产能常常不如油田的"甜点区"，未能展示水平井和分段压裂真正的潜力。进行压裂三次采油一体化试验的过程中，在压裂液中加入驱油剂，形成有驱油功能的功能性压裂液，比 P2 井等井的压裂更进一步。在压裂设计上，通过进一步的研究，理念上也有进步。因此，2020 年 3 月，向南泥湾采油厂提供了 4 口水平井压裂三次采油一体化的设计报告，在 2021 年 6 月至 7 月，在 P132 井区设计了 P132-P2 井的压裂三次采油一体化压裂先导性试验（图 6-2），整个施工过程平稳顺利，且压力平稳，排量稳定，为提高该井的产量打下了良好基础。

图 6-2 P132-P2 井压裂现场

6.1　N199-P2 井大液量、大排量、低砂比、体积压裂先导性试验

6.1.1　N199-P2 井基本概况

　　N199 井区位于南泥湾采油厂河庄坪—李渠区域，北部与安塞油田毗邻，东边为宝塔油田。本区地处黄土高原，地表为第四系黄土覆盖，沟谷纵横，梁峁交错。地面海拔1200~1500m，相对高差300m左右。地处中纬度北温带，深居内陆，气候干旱少雨，属于典型的大陆性干旱、半干旱、半湿润季风气候区。总的特点是：干旱少雨，蒸发强烈，温差大，湿度低；冬春两季多风沙，夏季炎热多雨水，降水主要集中在 7 月、8 月、9 月，且降水强度大，多出现暴雨。年平均气温 10.4℃，极端最低气温 -25℃，极端最高气温39℃，无霜期 170 天。区内农业生产水平较低，区内交通方便。

　　河庄坪地区及周边地区延长组储层中天然垂直裂缝十分发育，无论是地面露头、还是井下岩心中均可直观见到较多天然裂缝，利用地层倾角测井解释技术，在延长组中也识别出较多天然裂缝，且均以垂直缝为主。该井区构造为一平缓的西倾单斜，内部构造简单，局部发育差异压实形成的鼻状构造。长 6_1 砂体发育，平均砂体厚度 17m，平均油层厚度15m，油层中深552m，平均孔隙度 8.5%，渗透率 0.88mD，含油饱和度 36%。N199-P2井井身结构为二开增斜单稳水平井，完钻井深 1461m，水井段长 735m，水平方位角 143°，完井方式为套管完井（表 6-1）。水平井水平段的测井解释，只代表井孔穿过砂体处的油藏物性，并不能由此看出砂体在垂向方向的油层变化情况。即便是解释为水层或者差油层，并不能说明垂向砂体上下部位油层。除了避开明显的砂泥岩隔层外，各处均可射孔，包括水层、致密层，以求压裂连通好油层。

表 6-1　N199-P2 井（压裂井）参数表

井号	N199-P2 井	地理位置	陕西省延安市南泥湾镇		
井别	采油井	构造位置	鄂尔多斯盆地伊陕斜坡		
地面海拔 /m	1011 m	井位坐标	X: 4060873.83　　Y: 37373498.58		
补心海拔 /m	1017m	开钻日期	2017.9.8	完井日期	2017.9.29
完钻层位	长 6-1	完钻井深 /m	1461	地层温度 /℃	27
补心高度 /m	6	人工井底 /m	1429.5	完井方法	套管完井
靶前距 /m	341.5	井眼方位角 / (°)	143	入窗点 /m	726
造斜点 /m	157	最大井斜角 / (°)	90.7	水平段长度 /m	735
完井试压 /MPa	20	预测地层压力 / MPa	3.5	有害气体预测	—
目的层砂体 厚度 /m	18	油中垂深 /m	556	A 靶垂深 /m	547.5　B 靶垂深 /m　548.53

套管	外径 / mm	壁厚 / mm	钢级	下入深度 /m	水泥返深 /m	固井质量
表层套管	244.5	8.94	J55	100	0	合格
油层套管	139.7	7.72	P110	1456.89	16.65	合格
短套管位置 /m	520.31~523.41/648.19~651.16/546.16~546.41（漂浮接箍）					
钻井异常提示	—					

6.1.2　油藏地质特征

6.1.2.1　地层特征

长 6 油层组主要为灰白色厚层块状中—细粒长石砂岩与灰绿色、深灰色及黑色砂质泥岩和粉砂岩的不等厚互层，夹碳质页岩和斑脱岩薄层。为三角洲前缘亚相，长 6_1 为三角洲平原亚相。长 6 油层组划分为四个油层亚组（以下简称亚组），即长 6_1、长 6_2、长 6_3 和长 6_4。

（1）长 6_4 亚组。

由 1~2 个反韵律沉积构成，上部以浅灰色、灰绿色细粒长石砂岩为主，砂岩泥质含量较高；下部为浅灰色、深灰色粉砂质泥岩、泥质粉砂岩；顶部为凝灰质泥岩薄层。沉积厚度 18~25m。

（2）长 6_3 亚组。

主要为灰绿色、灰色、深灰色、黑色泥岩、砂质泥岩和灰绿色、灰色中—厚层长石细砂岩、粉细砂岩、夹 1~3 层灰绿色斑脱岩，厚度一般为 28~38m，多数在 30m 左右。主要由 2~3 个沉积旋回组成，沉积旋回以反旋回居多，发育差异较大。

（3）长 6_2 亚组。

主要为浅灰色、灰色、灰白色中—厚层细粒长石砂岩及灰色、灰绿色细砂岩、粉砂岩与灰绿色、深灰色、黑色泥岩、砂质泥岩、斑脱岩不等厚互层，地层厚度在 29~40m 之间。总体来说，本亚组砂岩层数、单层厚度与长 6_1 亚组差不多。该层为区内重要含油层段，砂岩自然电位负异常特征明显，为箱状或漏斗状、钟状负异常。

（4）长 6_1 亚组。

由 2~3 个韵律旋回组成。上部为泥岩，中部和下部为两到三个块状细砂岩夹泥岩及泥质粉砂岩。砂岩自然电位负异常特征典型，多数为箱状负异常，也有钟形—箱形和箱形—漏斗形负异常，沉积厚度 32~43m。为区内主要含油层段。本次水平井开发目的层是长 6_{1-2} 亚组为本区主力油层之一。

6.1.2.2　构造特征

本区局部构造与区域构造一致，为一平缓的西倾单斜，地层倾角小于 1°，千米坡降为 7~10m，内部构造简单，局部发育差异压实形成的鼻状构造。各层组的构造形态有一定的继承性。从长 6_{1-2} 亚组顶面构造等值线图上看（图 6-3），N199 井区发育 1 个比较明显的近东西向鼻状构造，主要位于 Y35 井—N199 井一线，构造落差 5m，构造形态与区域一致，具有良好的继承性。

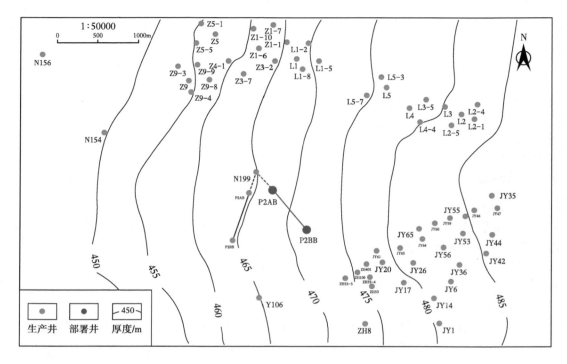

图 6-3　N199 井区长 6_{1-2} 亚组顶面构造等值线图

6.1.2.3　储层特征

（1）储层岩石学特征。

延长组长 6 油层组储层的岩石类型较为单一，储层的岩性以灰色细粒长石砂岩为主，较致密，夹有粉—细粒和少量中—细粒砂岩，最大粒径 0.5mm，一般介于 0.1~0.45mm，储层碎屑颗粒分选好，一般呈次棱角状，颗粒排列为支架状，并以线接触为主，其次为点—线接触。储层的胶结类型主要有薄膜型—孔隙型、压嵌—孔隙型、镶嵌—压嵌型、孔隙型和薄膜型，其中以薄膜型—孔隙型为主，占胶结类型的 63.0%。

长 6 储层岩性主要为长石细砂岩和长石中细砂岩，碎屑成分占 85%~95%，碎屑矿物成分中长石含量高，长石含量 40.7%~52.0%，平均值为 49.5%；其次为石英、岩屑和云母，石英含量 24.4%~27.1%，平均值为 26.9%。

长 6 油层组砂岩的结构特点为碎屑颗粒较均一，主要粒级（0.1~0.3mm）占 80% 以上，分选好，磨圆度为次圆状—次棱角状。颗粒呈线状或点线接触。胶结类型主要为孔隙式，次为薄膜式和（连晶型、薄膜—孔隙）孔隙—再生式。

可见，本区三叠系延长组长 6 储层具有典型的低成分成熟度、高结构成熟度特征。由于沉积环境演变及成岩作用的差异不大，长 6 油层组砂岩的矿物组分在纵向上变化较小。

（2）储层物性特征。

根据本区岩心分析资料统计，长 6_{1-2} 储层孔隙度多分布在 10.0%~12.0% 之间；高值区渗透率为 0.4~0.6mD，低值区渗透率为 0.2~0.4mD。

（3）砂体展布。

长 6_{1-2} 亚组属三角洲平原亚相沉积，水下分流河道规模较大。水平井实施区砂体呈北东—南西方向展布，主要在 Y65 井—Z8 井；L1 井—N199 井；Z9-3 井—N154 井发育为 3 条水下分流河道，其他地区发育为河道侧翼或间湾。长 6_{1-2} 亚组砂体发育，连片性较好，平均砂体厚度 17m，砂地比 0.6。

预计 N199-P2 井设计长 6_{1-2} 亚组水平段砂岩厚度 17~21m，长 6_{1-2} 亚组目的层入靶点 A 点至水平段末端点 B，砂岩厚度变化不大，平均厚度为 18m 左右（图 6-4）。

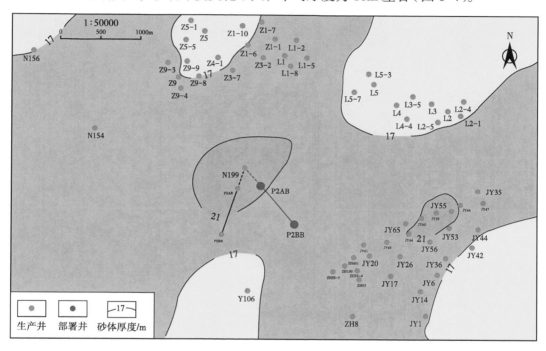

图 6-4　N199 井区长 6_1^2 油层砂体厚度等值线图

（4）长 6 油层组特征。

N199-P2 井设计区油层发育情况主要受砂体分布影响，油层发育与砂体匹配关系较好，油层厚度一般为 15~20m，厚度稳定，局部达 20m 以上。预计 N199-P2 井设计水平段油层厚度 15~20m，平均值约 16m（图 6-5）。

（5）油藏储层特征。

低渗透油藏的储层特征主要表现为储层物性差、非均质性严重、孔喉细小且溶蚀孔发育、原始含水饱和度高、储层敏感性强、裂缝发育、原油性质好等特征。N199 井区研究区域内含油层为长 $4+5_2$ 亚组、长 6_1 亚组、长 6_2 亚组，主力油层细分为长 6_1^1、长 6_1^2、长 6_2^1、长 6_2^2。油层为三角洲前缘亚相，主要发育水下分流河道、水下分流间湾、河口坝、水下天然堤四种沉积微相。储层的岩石类型主要为灰色细粒长石砂岩和岩屑长石砂岩，主要储集空间为原生残余粒间孔和次生孔隙，次生孔隙包括粒间溶孔、粒内溶孔（长石溶孔、岩屑溶孔）；孔隙结构属细孔微喉道、细孔微细喉道类型为主。参考地质研究成果，长 6_1 亚组孔隙度平均为 6.8%，渗透率平均值为 0.5mD；长 6_2 亚组孔隙度平均值为 5.8%，渗透率平均值为 0.5mD。属于特低孔隙度、超低渗透率储层。

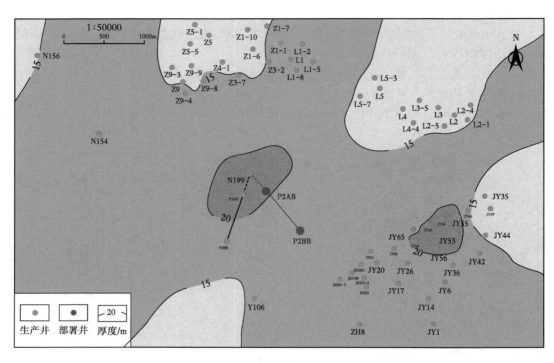

图 6-5　N199 井区长 6_1^2 油层厚度等值线图

6.1.2.4　油藏类型

根据地质研究成果结论，N199 井区研究区域沉积相和成岩作用对油气成藏起主要作用，油藏分布在三角洲前缘水下分流河道砂体发育部位，油藏受带状砂体控制，含油性受岩性控制。该区长 6 油藏均分布在北东—南西向三角洲平原水下分流河道砂体上，研究区域内长 6 油层组饱和压力为 1.44MPa 左右，油藏受带状砂体控制，含油性受岩性、物性控制。由于储层物性差、非均质性强，含油性变化也较大，油水分异不明显，无油水界面，为典型的弹性—溶解气驱动岩性油藏。

6.1.2.5　油藏渗流特征

N199 井区油藏渗流特征符合低渗透油藏基本特征，在相对渗透率曲线上表现的特征为：束缚水饱和度高，原始含油饱和度低；残余油饱和度高；两相渗流范围窄；驱油效率低；油相渗透率下降快，水相渗透率上升较慢且最终值低；见水后产液及产油指数下降幅度较大。

参考 N199 井区周边油区前期研究成果，根据室内润湿性测试资料及相对渗透率试验，长 6 油层组束缚水饱和度平均值为 37%，等渗点饱和度为 55.88%，相对渗透率为 0.058~0.248mD，残余油饱和度为 35.62%~39.45%，最终水相渗透率为 0.23mD。根据克雷格法则，束缚水饱和度大于 25%、等渗点含水饱和度大于 50% 的储层为水湿性，所以该区长 6 润湿性为弱亲水性。

6.1.2.6　油藏流体性质

参考 N199 井区周边油区前期研究成果，根据相邻油区 J210-7 井、J191-4 井及 J199 井、C1 井的高压物性资料，地面平均原油密度为 0.842g/cm³，地面平均原油黏度为 5.2mPa·s，地层平均原油密度为 0.792g/cm³，地层平均原油黏度为 4.11mPa·s，气油比平均值为

17.7m³/m³；饱和压力平均值为 1.84MPa。体积系数平均值为 1.075，属于低密度、低黏度、低—中等凝固点。原油流度大，油水流度比小（表 6-2、表 6-3）。地层水分析资料显示，地层水 pH 值平均为 6.8，属中偏酸性；总矿化度平均为 82.68g/L，水型均为 $CaCl_2$ 型。

表 6-2　N199 井区参考流体数据—地面原油参数

井号	层位	含水率 /%	密度 / (g/cm³)	黏度 / (mPa·s)	凝固点 /℃	初馏点 /℃
J199	长 6_1	3.8	0.8399	4.6	23	114
C1	长 6_1	47.5	0.8432	5.8	23	104
J6	长 6_1	2	0.8406	4.7	12	79
J120	长 6_1	2	0.8389	2.8	16	96

表 6-3　N199 井区参考流体数据—地下原油参数

井号	层位	取样深度 / m	油层压力 / MPa	油层温度 / ℃	饱和压力 / MPa	气油比 / m³/m³	体积系数	原油密度 / g/cm³	黏度 / mPa·s
J210-7	长 6	600	5.31	34.4	1.8	17.1	1.073	0.794	3.486
J191-4	长 6	550	3.57	37	1.89	18.3	1.077	0.79	2.739
X67	长 6	550	6.7	35.2	4.32	43.8	1.158	0.742	2.009

6.1.2.7　地层压力及温度系统

根据 N199 井区邻区河庄坪油区前期研究成果资料，油区原始地层压力为 5.8MPa，压力系数 0.73，属低压压力系统。区域温度梯度为 2.92℃/100m，平均油层温度为 38℃，属于正常温度系统。

6.1.3　N199 井区开发现状及动态特征

6.1.3.1　开发生产现状

N199 井区研究区域自 2006 年 1 月至 2019 年 1 月间，累计产油 8.74×10^4t，累计产水 10.57×10^4m³，累计产液 20.89×10^4m³，采出程度 2.15%，平均折算年采油速度 0.179%。2019 年 1 月，油井数 198 口，开井数 173 口，月产油 1035.68t，月产水 1368.49m³，月产液 2586.94.3m³，平均日产油量为 34.41t，月综合含水率为 52.9%（图 6-6）。

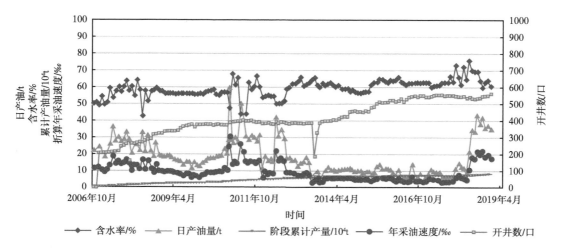

图 6-6　N199 井区综合生产曲线

根据 N199 区开发历程,初步分为五个阶段:第一阶段:2006 年 1 月至 2007 年 4 月,油区开发初期及上产阶段,月开井 65~103 口,月产油 550~800t,平均月产油 626t,折算年采油速度 0.183%;第二阶段:2007 年 5 月至 2008 年 10 月,油区稳产阶段 I,月开井 114~138 口,平均月产油 820t,平均折算年采油速度 0.23%;第三阶段:2008 年 11 月至 2010 年 10 月,油区递减阶段 I,月开井 140 口,平均月产油 500t,平均折算年采油速度 0.15%;第四阶段:2010 年 11 月至 2012 年 9 月,由于产量接替油区上产稳产阶段 II,平均月开井 174 口,平均月产油 820t,平均折算年采油速度 0.25%;第五阶段:2012 年 10 月至 2018 年 4 月,油区递减阶段 II,月开井 111~180 口,平均月产油 311t,平均折算年采油速度 0.09%。2018 年 5 月开始增加生产井开井数使月产量上升至 1000t 左右。

6.1.3.2　油层无自然产能

低渗透油田及特低渗透油田由于其油层的特低渗透率及低地层压力条件,使其自然产能极低。大部分油井常规钻完井后无自然产能,只有采用大规模压裂改造技术及优化配套开采技术才可获得工业化开发。

N199 井区有生产油井 199 口,目前开井数 173 口。2006 年至 2007 年以射孔压裂投产 136 口井,之后生产井达 199 口,统计油井初月产油量,其中 6 口井效果比较好,初月产油量为 24~28t,61 口井初月产油量为 10~19t,56 口井初月产油量为 5~9t,63 口井初月产油量小于 5t(见图 6-7)。

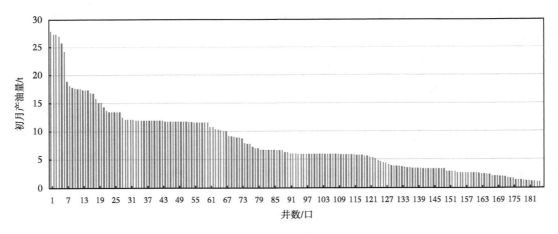

图 6-7　N199 井区部分油井初月产油量统计

N199 井区投入产的 186 口油井中,初月最高日产油量为 0.33t,大部分油井日产油量为 0.05~0.15t。油井初月产量数据显示,研究区域油井产能较低。

6.1.3.3　油层能量不足

N199 井区研究区域油井主要开发层位为长 6 油层,原始地层压力 5.8MPa,压力系数 0.73,均属于低压、未饱和岩性油藏。根据地质研究成果,纵向上油水界面不明显,油藏天然能量补给缺乏,采用天然能量开发时主要以弹性溶解气驱为主,由于地层能量不足导致油井产能低且递减快。

N199 井区研究区域自然能量开采采收率的计算,主要采用国内石油行业公布并普遍采用的公式方法确定。

（1）中国石油天然气总公司研究院《新增可采储量标定方法的研究》推荐公式：

$$E_r=0.05842+0.0846\lg（K/\mu_{oi}）+0.3464\phi+0.00387S \tag{6-1}$$

（2）胜利油田经验公式：

$$E_r=0.09129+0.088921\lg（K/\mu_{oi}）+0.18966\phi+0.00218S \tag{6-2}$$

（3）长庆油田经验公式：

$$E_r=0.1646+0.1226\lg（K/\mu_{oi}） \tag{6-3}$$

式中，K 为渗透率，mD；ϕ 为孔隙度；μ_{oi} 为地层原油黏度，mPa·s；S 为井网密度，口 /km²。

（4）弹性及溶解气驱采收率公式：

弹性驱计算公式：

$$E_{R1}=（p_i-p_b）\times C_t \tag{6-4}$$

溶解气驱公式采用《石油可采储量计算方法》（SY 5367-89）中推荐的公式：

$$E_{R2}=0.2126\left[\frac{\phi（1-S_{wi}）}{B_{ob}}\right]^{0.1611}\times\left(\frac{K}{\mu_{ob}}\right)^{0.0979}\times（S_{wi}）^{0.3722}\times\left(\frac{p_b}{p_a}\right)^{0.1741} \tag{6-5}$$

式中，p_i 为平均原始地层压力，MPa；p_b 为油藏平均饱和压力，MPa；C_t 为地层综合压缩系数，10^{-4}MPa^{-1}；ϕ 为油藏平均孔隙度；S_{wi} 为油藏原始含水饱和度；B_{ob} 为饱和压力下的原油体积系数；K 为油藏平均有效渗透率，mD；u_{ob} 为原油饱和压力下的黏度，mPa·s；p_a 为油藏废弃压力，取油藏饱和压力的 65%，MPa。

N199 井区油藏参数取选为 K=0.55mD；u_{oi}=4.5mPa·s；u_{ob}=4.4mPa·s；S=40 口 /km²；ϕ=6.8%；p_i=5.8MPa；p_b=1.5MPa；p_a=0.975MPa；C_t 借用临区川口油田数据为 22×10^{-4}MPa^{-1}；B_{ob}=1.05；S_{wi}=37%。

根据以上油田经验公式，N199 井区计算自然能量开采采收率分别为 14.01%、9.81%、6.6%、11.77%，四种方法计算结果平均值为 10.3%。

因此，对于低渗透油田及特低渗透油田，利用天然能量开采其采收率较低，几乎没有开发经济效益。必须采用其他补充地层能量方法比如注水提高或保持地层压力，以达到经济有效开发。

6.1.3.4　油层物性差

根据国内研究者对低渗透油藏及超低渗透油藏的渗流理论研究及岩心室内试验和矿场测试资料均表明，低渗透岩石及超低渗透岩石的油水渗流主要表现为非达西渗流特征，存在启动压力梯度，岩石在小于某一压力梯度时不产生渗流。渗流特征与介质和流体性质有关，渗透率越低或者液体黏度越大，启动压力就越大。

$$Q=\frac{2\pi hK}{\mu\ln\dfrac{r_H}{r_w}}\left[p_H-p_w-\sqrt{\frac{\phi}{2k}}\tau_o（r_H-r_w）\right] \tag{6-6}$$

式中，Q 为单位时间的流量，cm^3/s；K 为渗透率，mD；μ 为流体黏度，mPa·s；τ_0 为毛细管半径，cm；ϕ 为孔隙度；h 为油藏厚度，cm；p_w 为流动压力，MPa；p_H 为供油边界压力，MPa；r_w 为井筒半径，cm；r_H 为供油半径，cm。

根据黄延章推导的存在启动压力梯度即非达西渗流统计下油井产量计算公式（6-6）可以看出，当存在启动压力时单井产量将减小，减小的幅度与岩石渗透率、原油性质及井距有关。渗透率越小，原油的极限剪切应力越大，井距越大，产量减小幅度就越大。根据安塞油田的试验数据，单井产量比达西渗流统计下减小 20% 左右。根据新民油田小井距试验井组模拟计算结果，非达西渗流比达西渗流采出程度低 5%。

借鉴新窑研究区域部分注水井实测启动压力数据显示，最大启动压力为 5.7MPa，除去个别井较低数据外，平均启动压力为 2.65MPa（图 6-8）。

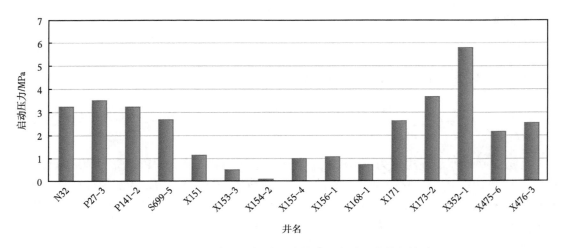

图 6-8　新窑研究油区部分注水井实测启动压力数据统计

6.1.3.5　提液稳产难

低渗透及超低渗透多孔介质的毛细管较细，介质的渗透率与压力变化关系敏感。低渗透油藏在开发生产过程中随着地层压力的下降使储层受到有效围压的作用，导致储层渗透率不断降低。储层物性越差，渗透率越低，这种关系越明显而且此过程不可逆。

N199 井区油区东部的建阳 9 油井，于 2006 年 1 月射孔压裂投产，开采层位为长 6_1 亚组。射孔压裂投产排液后，初月产油量为 17.67t，初月产液量为 27m^3，初期含水为 22% 时，由于油井生产时率一直较低使含水率上升缓慢，但月产油量及月产液量均不断下降。折算平均日产油 0.1~0.28t（图 6-9）。

6.1.3.6　产量递减规律特征及分析

低渗透及超低渗透油藏由于物性差，通常采用人工压裂增产方式生产，因此受储层非均质性及裂缝因素的影响，地层水或注入水易沿着裂缝或高渗透带突进，造成区域局部含水率上升或发生水淹。

N199 井区东部的建阳井区主要开采层位为长 6_1 亚组，西部油井为部分油井长 6_1 亚组和长 6_2 亚组分别开采。由于油区内储层物性差存在非均质性，油井均采用射孔压裂投产方式，油区内不同区块含水率变化存在明显差异。油区东部建阳油区含水率上升速度较缓，月综合含水率基本维持在 20% 左右；西部油区含水率持续升高，月综合含水率达到 60% 左右（图 6-10）。N199 井区已因高含水率关停井 28 口。

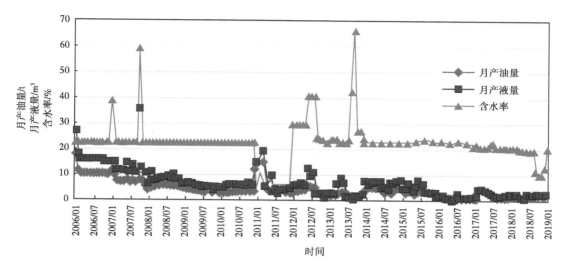

图 6-9　N199 井区建阳 9 井生产曲线

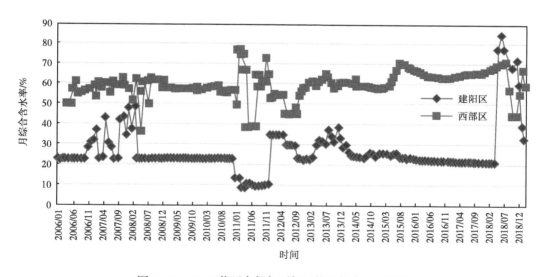

图 6-10　N199 井区东部与西部区块月综合含水曲线

对于任何类型油藏在其开发全过程中，产量的变化基本都遵循逐渐上升、相对稳产、逐步下降的阶段，产量按照着一定规律逐渐递减。尤其是低渗透油藏或超低渗透油藏，由于其储层物性差及压力敏感性，非达西渗流特征及相对渗透率曲线变化特点等决定了其产量递减的规律性，稳产时间短，阶段内初期递减速度快，后期递减缓慢。

根据 N199 井区东部油井生产数据统计（图 6-11），在 2014—2018 年，通过控制高含水率井及提高油井生产时率等措施，产量递减速度减缓，综合递减率为 8% 左右。根据产量递减分析显示，在不同的开采阶段，产量递减率受采油速度、含水率上升速度等因素影响，在中高含水率阶段产量递减率高于低含水率阶段。

JY64 井、JY24 井及 C1 井、L1 井分别位于 N199 井区研究区域的东部及南北部，投产时间均为 2006 年，产量递减规律基本相同，表现为生产初期产量递减速度快、递减幅度大，中后期递减速度逐渐减缓。符合低渗透或超低渗透油藏开采特征及产量递减规律特征（图 6-12）。

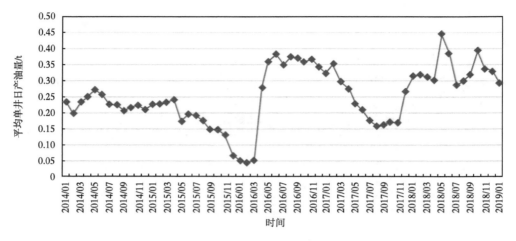

图 6-11　N199 井区东部油井平均单井日产油量曲线

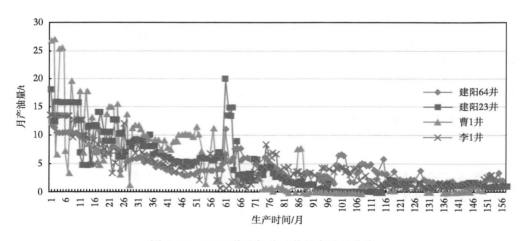

图 6-12　N199 井区部分油井月产油量曲线

N199 井区有水平井 8 口，单井初期产油较高（150t/d 以上的占 4 口），由于初期含水率较高（80%-99%），经初期 1~2 个月含水率下降不明显；产量递减速度较快，产量波动较大（图 6-13）。

N199 井区平 2 水平井日产油水平数据显示（图 6-14），开发初期日产油水平在 20~25t，最高到 30t，初月产量达 595t。日产油水平 7~10t 稳产达 4 个月，递减率 4.6%。之后日产油水稳定在 3~4t。平 2 水平井开发效果较好。

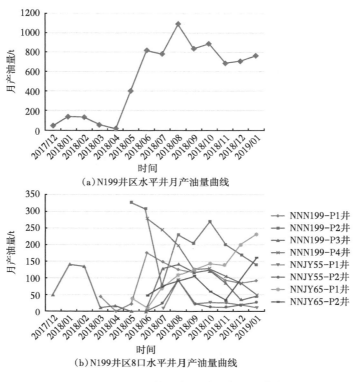

（a）N199 井区水平井月产油量曲线

（b）N199 井区 8 口水平井月产油量曲线

图 6-13　N199 井区水平井月产油量曲线

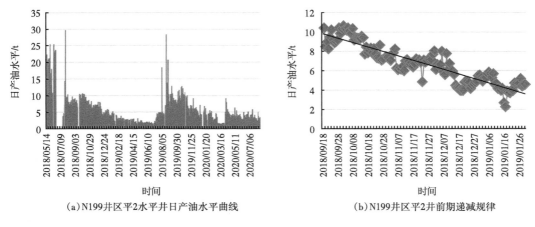

（a）N199 井区平 2 水平井日产油水平曲线

（b）N199 井区平 2 井前期递减规律

图 6-14　N199 井区 P2 水平井日产油水平井曲线及前期递减规律

6.1.4　大液量大排量低砂比体积压裂施工

以水平井分簇射孔 ＋ 速钻桥塞隔离分段压裂技术、采用纳米滑溜水压裂液体系，完成 N199-P2 井体积压裂改造，以达到高效开发的目的[1-2]。该井为延长油田南泥湾采油厂的一口水平井，水平井段长度为 735m，为 6in 井眼下 5½in 套管固井完井。压裂改造段数初步定为 8 段。其他地层参数如下：地层压力：3.5MPa（压力系数 0.97）；地层温度：27℃；表层套管：9⅝in（φ244.5mm），8.94mm J55 STC；油层套管：5½in（φ139.7mm），7.72mm P110；水平段长度：735m。

压裂采用 12m³/min 排量，按照上述的射孔理念，可以射 40 孔。可将射孔分为 5 簇，避免接箍和短套之后，射孔簇间距约为 20m，每簇射 8 孔。每段平均 1000m³ 液量，液量平均 11m³/m，视砂比 5%，约 50m³ 的 30/50 目石英砂。泵注程序使用 35% 的液量作为前置液，携砂阶段采用阶梯式小段塞泵注。鉴于平 2 井同井场另有三口水平井，呈扇形分布，为了减小与邻井在井口附近小井距处相互干扰而朝向井底方向井距逐渐增加的事实，决定减小第七段和第八段规模至 800m³，同时加大第一段和第二段规模至 1200m³。设计的压裂规模亦呈扇形分布。使用套管压裂，采用水力泵送桥塞和射孔连作工艺。设计包含压裂时收集地下微地震资料。

与此同时，设计了 2069 丛式井组 6 口井的一组对比试验，采用三种压裂方式，每种两口，包括两口采用南泥湾油田常规的压裂方式，两口采用南泥湾油田常规压裂使用的压裂液，压裂参数由研究团队设计，两口采用大液量大排量低砂比，这仅仅是压裂设计理念的对比，六口井采用了南泥湾常规的射孔策略，不是本书分段压裂理念。

6.1.4.1 措施井基本情况

该设计主要依据《N199-P2 井完井工程设计》、钻完井、测井等资料，具体压裂施工设计需由施工单位依据试油压裂方案设计完成。以水平井分簇射孔 + 速钻桥塞隔离分段压裂技术、采用纳米滑溜水压裂液体系，完成 N199-P2 井体积压裂改造，以达到高效开发的目的。本区延长组长 6 油层组裂缝较为发育，以高角度、张性构造裂缝为主，裂缝发育程度与裂缝延伸方向相关，区内以东偏北 10°~15° 裂缝最发育，裂缝应为多期形成。根据岩心观察和试油资料得以验证，大部分具有裂缝的岩心都有不同程度的油气显示（表 6-4）。

表 6-4　油层基本数据表

序号	深度范围 / m	厚度 / m	自然伽马 / API	声波时差 / μs/m	冲洗带电阻 / Ω·m	地层电阻率 / Ω·m	泥质含量 / %	孔隙度 / %	渗透率 / mD	含油饱和度 / %	解释结论
1	1331.59~1434.54	102.95	76.72	226.50	60.90	43.61	18.50	8.82	0.81	44.45	油水同层
2	1259.5~1312.85	53.80	85.06	220.62	54.76	39.56	24.93	7.98	0.52	36.40	差油层
3	973.99~1060.2	86.03	76.58	227.49	52.55	38.58	18.58	8.94	0.86	41.59	油水同层
4	921.72~968.5	46.79	79.73	228.74	53.52	38.70	20.85	9.10	0.93	42.56	油水同层
5	877.6~920.27	42.67	80.50	231.17	47.50	33.77	21.50	9.46	1.10	40.69	差油层
6	807.95~835.84	27.89	87.49	233.69	46.08	32.90	26.90	9.75	1.26	41.63	油水同层
7	699.59~727.25	27.66	89.24	234.87	44.06	31.30	28.47	9.86	1.35	40.13	油水同层

6.1.4.2 水力泵入桥塞分层工艺

（1）水力泵送下桥塞和射孔联作。

使用泵送方式可以进行射孔、下桥塞或二者联作。作业过程中需要测井方和液压泵方密切配合，及时沟通，控制好泵速和电缆速度，避免意外发生。

（2）泵速和电缆速度。

泵速随仪器外径、长度和套管尺寸变化。泵速过大和电缆移动速度过快导致电缆弱点断开和桥塞意外坐封和遇卡的风险加大。仪器串与套管间隙过小（小于 5mm），容易因泵速突然波动、井筒内砂堵和地层破裂而导致电缆头张力突然增大，电缆弱点断开。

本井使用的橡胶杯与套管内壁几乎没有间隙，合理泵速将会降低，暂定为 0.5~2.2m³/min，实际施工作业过程中要根据电缆张力和电缆速度及时调整泵速。

射孔枪和桥塞组合建议测速见表 6-5。

表 6-5　射孔枪和桥塞建议速度

通常枪 / 桥塞组合测速（m/h）	
枪 / 桥塞组合下井速度	2000~3000
射孔枪提出速度（无桥塞）	2000
射孔枪 / 桥塞提出速度	水平段 2000~3000
	斜井段 2000~3000
	直井段 4000

需要准备两台压裂泵，最低排量为 0.5m³/min，用来泵送桥塞。

（3）泵送桥塞通信流程。

为保证作业的顺利进行，需要从泵车连接出一个监视器到测井车，这样可同时监测泵压、泵速及电缆张力，保证作业的成功率。另双方应配备步话机实现实时沟通。

（4）施工步骤。

①泵送作业步骤。

（a）作业前仔细研究井斜方位数据，标出变化较大的地方，仪器串在过这些地方时张力可能有变化，出现异常情况及时处理。

（b）与液车操作员充分沟通，使对方理解作业过程，确保泵速平稳变化，泵速突变会使桥塞意外坐封。

（c）准备下井时提前几分钟通知液车操作员启动泵。

（d）测井地面系统关闭最小最大张力关机设置，保证绞车不会因张力变化突然停车。

（e）在井斜角 30° 时开始泵送，在井斜角 75° 时达到最大泵速，将泵速分成 6 级，记下每级泵速增加仪器到达深度。

（f）在仪器串 30° 时启动泵，预设 1/6 泵速，保持绞车以正常泵入速度转动。

（g）当泵达到预设泵速时（通常 5~10s），再增加 1/6 泵速；依次增加，直到达到最大泵速，此时井斜角应在 75°。

（h）电缆张力开始会随泵速增加而增加，但随重力作用变弱，进入水平段后张力变小。

（i）此时观察 CCL 测井曲线，确保测到期望的 CCL 间距。

（j）经过 90° 井斜角时，张力通常保持 45kgf，直到井底。

（k）在到达预订深度前，通知泵车操作员将很快停止泵送。

（l）到达预订深度时，通知停泵，在通知和等泵停止这期间，仪器还要移动 3~4.5m 才真正停止。

（m）泵停止后 1~5s，会观察到张力下降，此时可以停止绞车。

②桥塞坐封步骤。

（a）实时校深。

（b）确认测井系统的警示报警和关机设置正确。

（c）缓慢拉动到位，以保持一致张力和防止电缆缠绕。

（d）停止任何泵活动。

（e）电缆张力误差纠零。

（f）点火坐封桥塞，开始记录时间。

（g）坐封后释放通常需要少于 2min。

（h）释放后可观察到张力下降。

（i）如果使用的桥塞可以试压，甲方也要求试压，则可以让泵操作员以低泵速（0.5m³/min）做压力测试。注意不要加压超过电缆重量，否则有可能使仪器串冲出。

（j）如果开始试压，将射孔枪移动到位，如果 CCL 能看到套管短节则校深；试压后，经甲方同意，点火射孔枪。

③ 射孔步骤。

（a）上提电缆拉动射孔枪到下一个停止深度期间校深。

（b）点火之前/期间/之后，如果需要，可以用适当泵速。点火时不能超过 75% 最大泵速。几个原因需要射孔时有适当泵速：保持泵速可阻止上一个完井段的流体/碎屑返流到新射孔段，可阻止碎屑落到射孔枪上导致仪器窜卡。

（c）甲方确认准备好后点火。

（d）停泵，开始上提电缆。上提过程中，每 304m 记录一次张力，这将有助于计算不同深度的最大安全张力。

（e）当上提到斜井段附近时，由于摩擦力和进入直井段，电缆张力会增加。

（f）将仪器串提到防喷器内，关闭其下阀门，拆卸射孔枪，准备下次作业。

6.1.4.3　压裂方案设计总体原则

本次压裂设计针对长 6 储层致密、天然裂缝发育的特点，借鉴国外非常规油气藏开发的成功经验，采用大规模压裂，沟通天然裂缝，形成复杂的网状裂缝形态，增大与储层的接触面积，提高单井产量。

根据国外在非常规油气藏的压裂施工经验，结合水平段体积压裂工艺和本井的具体物性情况，确定以下总体原则：

（1）以"体积压裂"作为设计目标。该区域天然裂缝发育，两组水平主应力相差较小，为形成复杂的裂缝形态提供了有利条件；而且由于钻井方向沿最小主应力方向，所以水力压裂会形成垂直于井筒方向的裂缝，有利于增大裂缝与储层的接触面积，达到"体积压裂"的效果。

（2）在保证施工安全的前提下，尽量提高施工排量；大排量有利于形成复杂的裂缝形态，使支撑剂在裂缝中有效地铺置，从而最大化有效裂缝与储层的接触面积。

（3）选择水平井多簇射孔（球笼式）快钻桥塞分段压裂，即压裂快钻桥塞+射孔泵送联作工艺，提高施工效率，保证施工顺利进行。

（4）采用（球笼式）快钻桥塞，段内第一趟射孔桥塞工具串泵送座桥塞后，井筒试压 30MPa 稳压 10min 压力不降 0.2MPa 合格，进行第一趟射孔桥塞工具串多簇上提射孔，并利用已射多簇孔进行第二趟或第三趟射孔工具串的泵送和按设计要求射孔。

（5）8 段压裂施工结束，采用连续油管+螺杆钻具+专用钻头，钻塞和清除井筒残留物。

根据 N199-P2 井水平段的物性分布和应力状态，进行了分级方案和射孔位置选择，选择原则为：

（1）各级的多个射孔簇对应的最小主应力应基本一样，以保证多条裂缝同时延伸。

（2）各级的每个个射孔簇对应的物性相对较好的位置，或则物性基本相同的位置。

（3）同一趟管柱施工的射孔簇总长度要适应防喷器的长度，因此同一段 3 簇射孔需泵送 1~2 趟射孔工具串方可完成。

（4）射孔簇避开套管节箍，短节。

（5）避开固井质量差的层段（在测固井质量和校深后调整）。

6.1.4.4　压裂液优选

非常规油气藏开发的核心技术之一是滑溜水压裂技术。滑溜水压裂液是针对非常规油气藏改造发展起来的一项新技术，滑溜水在页岩油气直井和水平井压裂中的应用都很广泛。滑溜水压裂液是指在清水中加入一定量减阻剂、表面活性剂、黏土稳定剂等添加剂的一种新型压裂液，又称为减阻水压裂液。减阻剂是其中最关键的添加剂，其作用主要是阻止层流向湍流的转变或减弱湍流程度。国内外使用的减阻剂具有一定的生物毒性、储层伤害严重、抗盐、抗钙、抗铁能力差等问题。目前国内普遍应用的为第一代减阻剂和第二代减阻剂，本团队研发的减阻剂 JHFR-2 使得中国的压裂液跨越第三代，直接进入第四代纳米复合减阻剂滑溜水压裂阶段[3-7]。

选用 JHFR-2 纳米减阻剂，这主要是基于以下几点：

①保护储层：自返排，对储层渗透率无任何伤害；减少了残渣对裂缝的伤害：使用的交联冻胶压裂液中一般有 10~15mg/L 的残渣；而滑溜水中加入的降阻剂的含量仅 0.1%。JHFR-2 纳米减阻剂减阻效率高，透明无残渣。

②保护环境：无毒，采用 FDA GRAS 可用作食品添加剂物质；大幅降低了施工费用：滑溜水施工需要很少量的添加剂。JHFR-2 无毒，环保，抗盐，耐温。

③抗盐抗钙：高盐、高钙对减阻率无负面影响；可以循环使用返排水用于后续井的压裂。

④低黏度：比常规交联冻胶压裂施工更容易形成复杂的裂缝形态和更长的造缝能力：在应力状态和岩石结构都满足形成复杂裂缝形态时，低黏度液体和更高施工排量有利于形成复杂裂缝形态。

⑤纳米复合：速溶、高效减阻，相对简单的施工组织和实施，无须事先配制，在线自动化添加，对大规模施工尤其重要。

（1）压裂液体基础配方。

压裂液体基础配方为 0.1%JHFR-2 减阻剂 +0.2%JHFD-2 多功能添加剂 + 水。上述的 JHFR 减阻剂滑溜水即为绿色环保低伤害滑溜水压裂液体系，JHFD-2 为多功能添加剂，兼具防膨与助排的效果。

（2）压裂液、滑溜水体系的性能参数。

所配滑溜水绿色环保，减阻性能优异，具有较低的表面张力及较高的防膨性能，有利于增产改造。抗盐能力强，利用返排液配制时也能表现出很好的减阻效果，满足连续混配和可回收利用的要求。其主要参数见表 6-6。

表 6-6　滑溜水体系主要参数

项目	测试结果
pH 值	6.7
密度 /（g/cm³）	1.1
运动黏度 /（mm²/s）	1.3
减阻率 /%	清水中 73.8，返排水中 73.2
生物毒性 /（mg/L）	$1.13×10^6$，无毒
表面张力 /（mN/m）	24.3
界面张力 /（mN/m）	0.7
膨胀体积 /mL	2.4

6.1.4.5　支撑剂优选

按照本井的设计原则，支撑剂选择主要参照以下标准：

（1）石英砂（20/40 目）的闭合压力 ≥ 28MPa，密度：1.62~1.65g/cm³。

（2）石英砂（30/50 目）的闭合压力 ≥ 28MPa，密度：1.62~1.65g/cm³。

（3）石英砂（40/70 目）的闭合压力 ≥ 28MPa，密度：1.62~1.65g/cm³。

其中，闭合压力是指实际作用在支撑剂上的有效闭合应力，即闭合压力和井底生产压力的差值。实践证明该区油井后期生产过程中的井底生产压力一般很低，因此设计时通常采用闭合压力的绝对值作为优选支撑剂的标准。根据计算和邻井同层测试压裂数据，推荐采用低密度、低强度石英砂或者陶粒作为支撑剂。

6.1.4.6　井口压力计算

对于这样的大排量降阻水施工作业，井口和套管的强度校核是非常关键的。根据该降阻剂的摩阻图板，通过考虑闭合压力（裂缝起裂压力）、净压力、液体摩阻、井筒液柱压力和近井筒摩阻等，可以估算压裂施工过程中的泵注压力，从而对井口、井筒套管的承压能力进行分析，确定合理的泵注程序。

套管性能参见表 6-7。

表 6-7　套管参数表

管柱名称	外径 /mm	壁厚 /mm	内径 /mm	钢级	下深 /m	抗内压 /MPa	抗外挤压力 /MPa
油层套管	139.7	7.72	124.26	P110	1456.89	53.4	43.3

从压力计算结果看，套管具备直接进行压裂施工的条件。

可根据套管安全系数的标准（1.1~1.25），在正常施工中，5½ in 7.72mm P110 套管能满足要求。5½ in7.72mmP110 套管满足正常施工和砂堵时的套管安全系数的标准（1.1~1.15）

依据《井下作业安全规程》规定：施工作业的最高压力应不大于承压最低部件的额定工作压力。本井油层套管采用 P110 套管，P110 套管的抗内压技术指标见表 6-7，因此施工压力限压 45MPa。

6.1.4.7　段数优化

对目的储层参数进行分析，在综合考虑储层物性，应力场特征的基础上，可以将该井水平段划分为多个井段分别进行措施改造，从而获得整个水平段的有效改造。

这里的物性参数考虑了的储层物性包括声波时差、渗透率和有效孔隙度，完井参数考虑了应力场的变化，综合物性参数和完井参数，对整个水平段的质量进行评估，并据此进行分层。

在垂直井中分层的一般原则是将储层物性、完井参数较好（或者相同）的作为目的层段，尽量放在同一级进行施工，存在储层物性或完井物性其一不好的次之，如果两项均不好的层段在尽量不进行射孔和改造。当然，对于具有勘探性质的措施井，一般不会放弃两项均差的层段，但尽量采取单独一段施工的方法，实现井段的有效改造。

但是在水平井中，测井解释的储层物性只代表水平井孔段穿过特定砂体处的物性，并不反映该砂体上部或下部的物性情况。因此，除非有特殊情况，在水平井中一般采用均匀分段的方法，以段长作为分段的主要标准，一般段长小于 80~100m 为佳。射孔亦采用段内均匀分簇，以排量决定总孔数。总孔数按每孔 0.3m³/min 排量算，例如 12m³/min 的排量约需 40 孔。根据美国现场总结的经验公式一般是假定 50% 的射孔有效（用射孔枪射孔），即 20 孔有效。有效射孔按每孔 0.47m³/min 的排量算。我们选择的单孔排量比美国稍微大一些，以保证压裂力度。射孔簇在段内均匀分布的目的是在油井生产时减少油水进入井孔的路径曲折度。其次也有不把鸡蛋放在一个篮子的意思，力求东方不亮西方亮。第三个原因是减少套管后面油藏的楔形死角。在一大段油藏中只射开 1m 或 2m 的射孔方式，或称为有限入口射孔方式，已经过时。这种方式会产生更大的楔形死角和路径曲折度，已经证明不利于油井的压裂和之后的生产。

N199-P2 井共进行 8 段施工。按照以上说明，以 12m³/min 排量计算，每段射孔 5 簇，每簇 8 孔，射孔密度每米 8 孔或者每 0.66 米 8 孔，共 40 孔，簇间距 20m，段间距也是 20米，因而使 40 簇射孔在水平井孔中均匀分布。射孔段及桥塞位置见表 6-8。

表 6-8　射孔位置汇总表

段数	段顶深度/m	段底深度/m	射孔簇号	射孔顶部深度/m	射孔底部深度/m	射孔簇长度/m	孔数	最近接箍/m	桥塞深度/m
第一段	1303	1390	1	1389	1390	0.66~1	8	1386.69	
			2	1368	1369	0.66~1	8	1367.00	
			3	1347	1348	0.66~1	8	1352.69	
			4	1326	1327	0.66~1	8	1329.88	
			5	1303	1304	0.66~1	8	1307.44	
第二段	1207	1281	6	1280	1281	0.66~1	8	1284.88	1295
			7	1265	1266	0.66~1	8	1262.19	
			8	1246	1247	0.66~1	8	1228.38	
			9	1232	1233	0.66~1	8	1228.38	
			10	1207	1208	0.66~1	8	1206.25	
第三段	1095	1180	11	1179	1180	0.66~1	8	1183.00	1190
			12	1158	1159	0.66~1	8	1160.31	
			13	1135	1136	0.66~1	8	1137.81	
			14	1110	1111	0.66~1	8	1115.19	
			15	1095	1096	0.66~1	8	1092.92	

段数	段顶深度 / m	段底深度 / m	射孔 簇号	射孔顶部深度 / m	射孔底部深度 / m	射孔簇长度 / m	孔数	最近接箍 / m	桥塞深度 / m
第四段	992	1075	16	1074	1075	0.66~1	8	1069.59	1085
			17	1053	1054	0.66~1	8	1058.00	
			18	1032	1033	0.66~1	8	1035.06	
			19	1011	1012	0.66~1	8	1012.53	
			20	992	993	0.66~1	8	989.66	
第五段	880	964	21	963	964	0.66~1	8	967.22	980
			22	942	943	0.66~1	8	944.91	
			23	923	924	0.66~1	8	933.34	
			24	902	903	0.66~1	8	910.78	
			25	880	881	0.66~1	8	888.44	
第六段	780	862	26	861	862	0.66~1	8	865.28	875
			27	844	845	0.66~1	8	842.41	
			28	822	823	0.66~1	8	819.91	
			29	802	803	0.66~1	8	797.44	
			30	780	781	0.66~1	8	785.91	
第七段	675	760	31	759	760	0.66~1	8	763.72	770
			32	738	739	0.66~1	8	741.41	
			33	717	718	0.66~1	8	719.03	
			34	698	699	0.66~1	8	696.63	
			35	675	676	0.66~1	8	673.97	
第八段	555	655	36	654	655	0.66~1	8	651.16	665
			37	627	628	0.66~1	8	636.66	
			38	605	606	0.66~1	8	602.75	
			39	576	577	0.66~1	8	579.97	
			40	555	556	0.66~1	8	557.75	

　　本井初步设计分为 8 段进行压裂，其中第 1 段可以采用油管传输射孔，也可以采用爬行器射孔，第 2 段到第 8 段采用电缆射孔，采用射孔枪及射孔弹（SQJ36RDX25-7）。

6.1.4.8　测试压裂设计方案

　　根据前面的分析，应力大小和地层压力还存在很大的不确定性。因此，建议在第一级施工前做一个测试压裂。如果可能的话，建议在进行大规模施工动员前几天，进行一个小型注入，并在井口安装存储式压力计进行长时间的压力监测。测试压裂的基本泵注程序见表 6-9。

表 6-9　测试压裂泵注程序

步骤	泵速 /（m³/min）	液体	泵注体积 /m³	备注
破裂地层	0.5	滑溜水	20	持续泵注直到起裂
关井测压降	0	—	—	1~2d

6.1.4.9　酸预处理

为了确保射孔孔眼的清洁和较低的破裂压力（破裂压裂较高时），建议先泵注一个滑溜水阶段以确保注入性，然后再泵注两个酸预处理阶段，中间用一个滑溜水阶段隔开。每个酸处理或滑溜水阶段约用 $10m^3$。以 $10m^3$ 酸液为计算标准，确定酸液添加剂浓度及用量。酸液配方见表 6-10。

表 6-10　$10m^3$ 酸液配方表

酸液添加剂	水	31% 盐酸	JHFD-2 多功能添加剂	JHS 杀菌剂	缓蚀剂
浓度		15%	0.20%	0.05%	2.50%
用量	9.9314 m^3	498.7kg	21.5kg	5.4kg	268.1kg

如果地层比较容易破裂，则不需要进行挤酸，可以视具体情况而定。酸液由施工单位准备。

6.1.4.10　压裂施工泵注程序

第一段、第二段泵注程序见表 6-11。

表 6-11　第一段、第二段泵注程序（套管注入）（1303~1390m）

施工阶段	液体类型	液量 /m₃	排量 /（m³/min）	砂比 /%	砂量 /m³	阶段时间 /min	支撑剂类型
前置液	滑溜水	18	2~6	0	0	4.5	无
	滑溜水	20	6~8	0	0	2.9	无
	滑溜水	24	8~12	0	0	2.4	无
	滑溜水	40	12	0	0	3.3	无
	滑溜水	16	12	3	0.48	1.3	40/70 目石英砂或低密度陶粒
	滑溜水	48	12	0	0	4.0	无
	滑溜水	16	12	5	0.8	1.3	40/70 目石英砂或低密度陶粒
	滑溜水	42	12	0	0	3.5	无
	滑溜水	16	12	7	1.12	1.3	40/70 目石英砂或低密度陶粒
	滑溜水	40	12	0	0	3.3	无
	滑溜水	16	12	8	1.28	1.3	40/70 目石英砂或低密度陶粒
	滑溜水	40	12	0	0	3.3	无
	滑溜水	16	12	9	1.44	1.3	40/70 目石英砂或低密度陶粒
	滑溜水	48	12	0	0	4.0	无
携砂液	滑溜水	24	12	7	1.68	2.0	40/70 目石英砂或低密度陶粒
	滑溜水	16	12	8	1.28	1.3	40/70 目石英砂或低密度陶粒
	滑溜水	10	12	9	0.9	0.8	40/70 目石英砂或低密度陶粒
	滑溜水	24	12	0	0	2.0	无
	滑溜水	24	12	8	1.92	2.0	40/70 目石英砂或低密度陶粒
	滑溜水	16	12	9	1.44	1.3	40/70 目石英砂或低密度陶粒
	滑溜水	8	12	10	0.8	0.7	40/70 目石英砂或低密度陶粒
	滑溜水	18	12	0	0	1.5	无
	滑溜水	30	12	7	2.1	2.5	30/50 目石英砂
	滑溜水	16	12	8	1.28	1.3	30/50 目石英砂
	滑溜水	10	12	9	0.9	0.8	30/50 目石英砂
	滑溜水	20	12	0	0	1.7	无

施工阶段	液体类型	液量 /m₃	排量 / (m³/min)	砂比 /%	砂量 /m³	阶段时间 /min	支撑剂类型
	滑溜水	24	12	8	1.92	2.0	30/50 目石英砂
	滑溜水	20	12	9	1.8	1.7	30/50 目石英砂
	滑溜水	12	12	10	1.2	1.0	30/50 目石英砂
	滑溜水	20	12	0	0	1.7	无
	滑溜水	20	12	9	1.8	1.7	30/50 目石英砂
	滑溜水	16	12	10	1.6	1.3	30/50 目石英砂
	滑溜水	12	12	11	1.32	1.0	30/50 目石英砂
	滑溜水	20	12	0	0	1.7	无
	滑溜水	20	12	10	2	1.7	30/50 目石英砂
	滑溜水	18	12	11	1.98	1.5	30/50 目石英砂
	滑溜水	16	12	12	1.92	1.3	30/50 目石英砂
	滑溜水	20	12	0	0	1.7	无
	滑溜水	18	12	11	1.98	1.5	30/50 目石英砂
	滑溜水	12	12	12	1.44	1.0	30/50 目石英砂
	滑溜水	8	12	13	1.04	0.7	30/50 目石英砂
	滑溜水	20	12	0	0	1.7	无
携砂液	滑溜水	16	12	12	1.92	1.3	30/50 目石英砂
	滑溜水	12	12	13	1.56	1.0	30/50 目石英砂
	滑溜水	8	12	14	1.12	0.7	30/50 目石英砂
	滑溜水	30	12	0	0	2.5	无
	滑溜水	18	12	8	1.44	1.5	20/40 目石英砂
	滑溜水	12	12	9	1.08	1.0	20/40 目石英砂
	滑溜水	8	12	10	1.56	2.0	20/40 目石英砂
	滑溜水	28	12	0	0	2.3	无
	滑溜水	18	12	9	1.62	1.5	20/40 目石英砂
	滑溜水	12	12	10	1.2	1.0	20/40 目石英砂
	滑溜水	8	12	11	1.56	2.0	20/40 目石英砂
	滑溜水	26	12	0	0	2.2	无
	滑溜水	18	12	10	1.8	1.5	20/40 目石英砂
	滑溜水	12	12	11	1.32	1.0	20/40 目石英砂
	滑溜水	8	12	12	1.56	2.0	20/40 目石英砂
	滑溜水	22	12	0	0	1.8	无
	滑溜水	16	12	11	1.76	1.3	20/40 目石英砂
	滑溜水	12	12	13	1.56	1.0	20/40 目石英砂
	滑溜水	8	12	15	1.56	2.0	20/40 目石英砂
顶替液	滑溜水	20	12	0	0	1.8	无
合计		1204			60.04	110.4	

6.1.4.11 压裂施工

压裂共施工八段，第一段、第二段注入滑溜水压裂液 1325m³，40/70 目的支撑剂（石英或陶粒）15m³，30/50 目支撑剂 32m³，20/40 目支撑剂 20m³；第三段到第六段注入滑溜水压裂液 1100m³，40/70 目的支撑剂（石英或陶粒）13.5m³，30/50 目支撑剂 32.5m³，20/40 目支撑剂 12m³；第七段、第八段注入滑溜水压裂液 880m³，40/70 目的支撑剂（石英或陶粒）13m³，30/50目支撑剂20m³，20/40目支撑剂12m³。总计注入8810m³滑溜水压裂液，110m³ 40/70目支撑剂，234m³ 30/50目支撑剂，112m³ 20/40目支撑剂。其中JHFR-2纳米减阻剂总用量为8.8m³；JHFD-2多功能添加剂总用量为18m³，滑溜水总量达8800m³，前置液超过总液体量的30%，滑溜水体系运动黏度小于2mm²/s，采用先造缝，后小阶梯、段塞填砂参数施工。前置液中加细粒40/70目陶粒段塞，携砂液用30/50目石英砂支撑剂，尾部追加20/40目石英砂。加砂方式一是用小阶梯，二是段塞式。小阶梯先用低砂比，逐渐增加砂比，目的同加大前置液一样，让造缝的压裂液含砂量少一点，以减少阻力和沉降。段塞式加砂实际是更进一步降低砂比，注入一个段塞后用滑溜水向油藏中将砂段塞向地层裂缝深部推进。现场施工压力稳定表现了良好的适应性。第一段压裂施工曲线如图6-15所示。

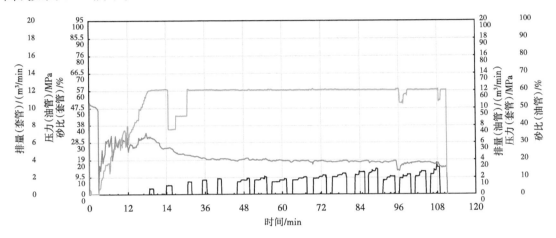

图 6-15　N199-P2 井长 6 油层组第一段压裂施工曲线图

6.1.5　压裂后效果评价分析

6.1.5.1　微地震裂缝监测

平2井试验一项重大收获就是微地震检测。压裂时同时进行了地下微地震检测和地面微地震检测。两队检测队伍"背对背"，互不知情。井下微地震检测利用了老井N199直井作为观测井，将仪器放入井中，检测压裂的过程。

简单地说，微地震是指岩体破裂时动力波在岩体中传播时导致的震动现象，之所以称为微地震，通俗地讲是能量水平低、难以察觉。在学术层面上，主要是相对地震和声发射而言，如图6-16所示，一般地，自然地震发生时地震波频率低于50Hz、高于10kHz的破裂事件称为声发射，频率介于二者之间的破裂称为微地震事件。

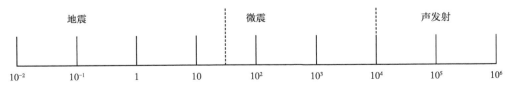

图 6-16　地震、微地震、声发射事件对应的频率范围差别

在石油行业，微地震井中监测主要用于了解水力压裂过程中破裂发生和发展状况，监测方式包括实时监测和记录结果的后分析，压裂过程的实时监测起到了解压裂过程中井周围岩破裂发生和发展情况的目的，后分析则可以深入了解压裂过程中压力变化对围岩破裂的影响，并开展破裂条件、破裂性质、破裂带尺寸等一系列环节的分析工作，为相似条件下的压裂设计提供重要依据。

井下微地震理论来源于大地地震的地震学。在水力压裂过程中，地层经受着来自与净压力成比例的极大的应力，以及由裂缝内压力、地层压力之差引起并与之成比例的孔隙压力的变化。这两种变化都影响着在裂缝附近弱层理的稳定性（如天然裂缝、裂隙及交互的层面），并使得它们能够剪切滑动。这种剪切滑动类似于沿断层的地震（只不过是振幅小的多），用微地震或微小的大地地震来描述。正由于是地震、微地震发射出弹性波，可以采用适当的技术记录这种信号，但它们发生的频率高得多，且一般均在声频的整个范围内，这些弹性波信号用适当的传感器来探测、记录，并由此分析出有关震源的信息，通过分析压裂作业过程中产生微地震信号的震源信息，即可解释压裂过程中形成的水力裂缝扩展的信息。

水力压裂时，大量高黏度高压流体被注入储层，这样使孔隙流体压力迅速提高。一般认为高孔隙压力会以两种方式引起岩石破坏。第一，高孔隙流体压力使有范围应力降低，直至岩石抵抗不住被施加的构造应力，导致剪切裂缝产生；第二，如果孔隙压力超过最小围应力予整个岩石抗张强度之和，则岩石便会形成张性裂缝。水力压力作业初期，由于大量的超过地层吸收能力的高压流体泵入井中，在井底附近逐渐形成很高压力，其值超过岩石围应力与抗张强度之和，便在地层中形成张性裂缝。随后，带有支撑剂的高压流体挤入裂缝，使裂缝向地层深处延伸，同时加高变宽。这种加压的张开的裂缝，在它周围的高孔隙压力区引起剪切破裂。岩石破裂时发出地震波，这是储存在岩石中的能量以波的形式释放出来。

井中监测过程示意图如图 6-17 所示，在确定压裂目的层后，选定合适的监测井，根据固井质量和监测井的井口，尽量把检波器放置在目的层深度上下，以便最有效地监测到由压裂释放的破碎能量，检波器接收到的能量返回到地面监测工作站后，送入处理软件接

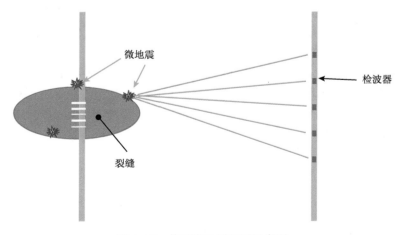

图 6-17　井下微地震监测示意图

口进入数据处理，经过处理后就得到了压裂破碎的地下位置，所有压裂破碎事件都经过接收处理后，就得到了压裂期间地下地质体的破裂情况（几何特征）。井中监测压裂微地震主要优势是：井下采集信噪比高，可信度高。

水力压裂的裂缝空间展布特征信息可以作为油田开发井网、射孔的方位及压裂参数优化的参考依据。

（1）仪器参数。

N199-P2 井压裂微地震井中监测仪器录制因素见表 6-12。

表 6-12　N199-P2 井压裂微地震井中监测仪器录制因素表

井下仪器型号	Maxiwave	记录格式	Segy
采样间隔	0.25ms	检波器级数	12 级
主频率	500Hz	记录长度	10s
级间距	20m	增益	40dB

井下检波器道号																	
第 1 级			第 2 级			第 3 级			……	第 10 级			第 11 级			第 12 级		
X	Y	Z	X	Y	Z	X	Y	Z	……	X	Y	Z	X	Y	Z	X	Y	Z

（2）建立观测系统。

以压裂井 N199-P2 井井口为坐标原点，建立压裂井 N199-P2 井轨迹和监测井 N199 井轨迹的统一压裂监测坐标系，确立检波器位置与压裂段的相对坐标（图 6-18）。

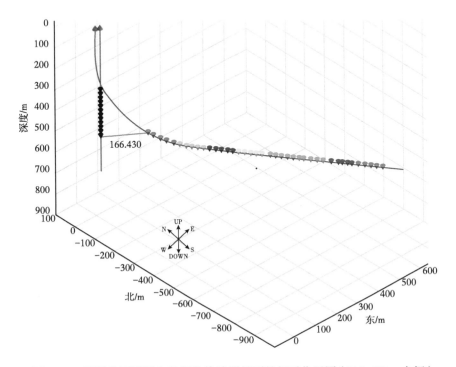

图 6-18　压裂井压裂段和监测井检波器排列的相对位置图（323~479m 之间）

监测井 N199 井已经投产，所以，要求在射孔段上方打桥塞隔断射孔处产出的气泡，以避免气泡产生的噪声干扰对微地震事件的监测。根据现有条件，采用 12 级 Maxiwave 三分量检波器接收，检波器级间距定为 20m，并综合考虑 N199 井已进行射孔，考虑到井检波器下井安全，并且检波器的位置尽可能地靠近压裂目的层上下，所以，12 级三分量检波器实际下放测深位置为 305~525m，间距 20m（表 6-13），检波器和压裂位置的距离在 166~987m，满足接收条件。

表 6-13　N199 井十二级检波器的位置

检波器号	测深 /m	北偏移量 /m	东偏移量 /m	垂深 /m
1	305	−8.83	16.42	305
2	325	−8.83	16.42	325
3	345	−8.83	16.42	345
4	365	−8.83	16.42	365
5	385	−8.83	16.42	385
6	405	−8.83	16.42	405
7	425	−8.83	16.42	425
8	445	−8.83	16.42	445
9	465	−8.83	16.42	465
10	485	−8.83	16.42	485
11	505	−8.83	16.42	505
12	525	−8.83	16.42	525

P2 井试验一项重大收获就是微地震检测。压裂时同时进行了地下微地震检测和地面微地震检测。两队检测队伍"背对背"，互不知情。井下微地震检测利用了老井 N199 直井作为观测井，将仪器放入井中，检测压裂的过程。如图 6-19 所示，第一段、第二段、第三段、第四段由于离观测井较远，井下仪器没有完全检测到很多微地震事件，只有第五段、第六段、第七段三段检测到比较多的事件，获得了宝贵的资料。第八段仪器故障，没有检测。

①第五段、第六段、第七段检测结果揭示，各段微地震事件紧密相连，但是又没有重复改造现象，段间也没有空白区，说明段间距、簇间距、射孔策略设计较为合理。

②裂缝以近东西的方向展布，方位角平均 75° 左右，上下偏离不超过 10°，与区域其他地区检测的结果一致。

③裂缝带单翼长度在 103~192m 之间，没有超过 200m，与之前对各地几百口井微地震的研究一致。这个数据对将来井距的确定至关重要，尤其是使用三维平行布井时，南泥湾油田水平井单层地下井距在 200~250m 之间为佳。裂缝带的宽度基本与我们选择的段长一致，因为 P2 井是几乎垂直于裂缝带方向。裂缝带高度均在 32~35m 之间，比较稳定。

④单段压裂的 SRV 都在（200~250）×10⁴m³，规模相当大。图 6-20 显示第六段单段的 SRV。

⑤由于垂深小，仅 550m，地面微地震相当有效，不但检测到所有八段压裂，而且与地下微地震高度一致（图 6-21）。

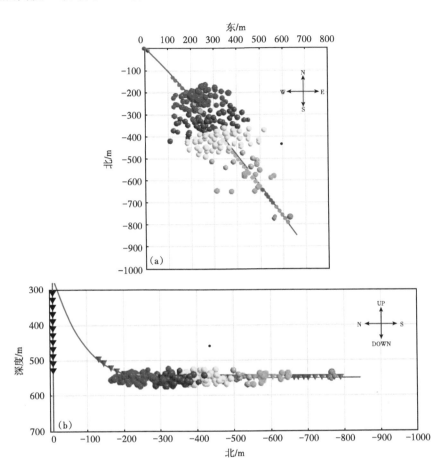

图 6-19　N199-P2 井井下微地震检测结果的俯视图（a）和侧视图（b）

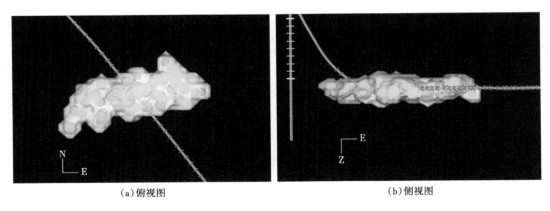

（a）俯视图　　　　　　　　　　（b）侧视图

图 6-20　N199-P2 井第六段井下微地震检测结果：SRV=248.175×10^{4}m^3

231

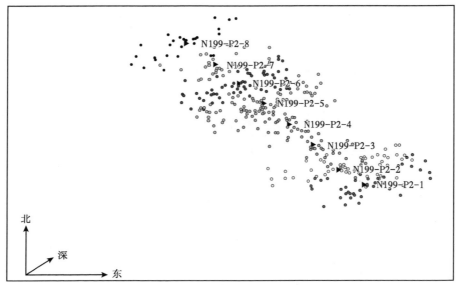

（a）俯视图

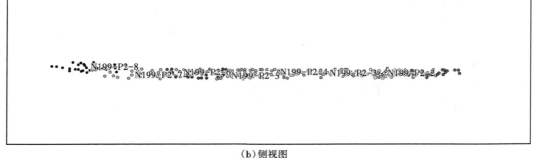

（b）侧视图

图 6-21　地面微地震检测结果

（3）微地震事件定位成果。

分别对 N199-P2 井 8 层的压裂进行了微地震井中监测，分别展示了微地震事件定位的俯视图、各段裂缝网络的半缝长和缝高，以及压裂产生的储层改造体积、破裂拟合面、微地震事件密度等，整体定位成果如图 6-22 至图 6-24 所示。

（4）监测结果概述。

为了全方位识别人工裂缝的形态，优化水平井井网井距，验证设计参数的合理性，通过地面和井下两种不同手段进行实时监测。由表 6-14、图 6-25 可知，两种监测结果基本一致，整体来看压裂裂缝东西两翼基本相等，改造较为充分。各段微地震事件紧密相连但又没有重复改造现象，从目前监测结果看段间距簇间距设计较为合理。

从图 6-25、图 6-26 可以看出，井下裂缝监测距离超过 600m 时，微地震事件越来越少。第四段至第七段微地震信号较多，监测效果较好，统计分析微地震事件扩展与液量关系，当液量达到 $800\sim900m^3$ 时，持续增加液量，裂缝向外扩展较少，建议同等地质条件、同等射孔方式、排量情况下，总液量控制在 $800\sim900m^3$。

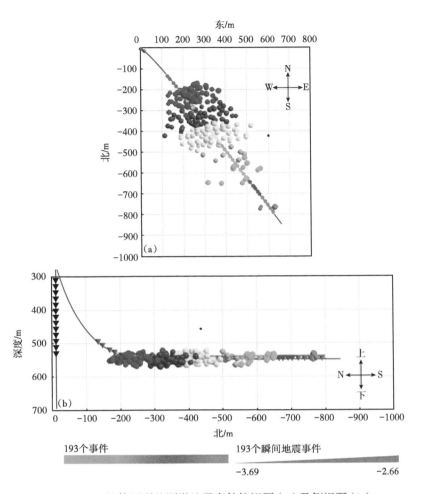

图 6-22　整体压裂监测微地震事件俯视图（a）及侧视图（b）

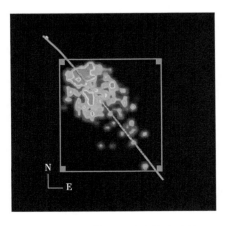

图 6-23　整体微地震事件密度体

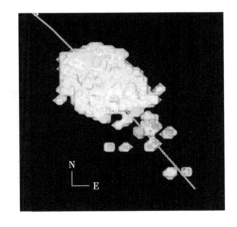

图 6-24　整体储层改造体积：SRV=781.25×10⁴m³

表 6-14 裂缝监测统计表

序号	井下裂缝监测统计表						地面裂缝监测统计表					
	裂缝网络长 /m		裂缝网络宽 /m	裂缝网络高 /m	裂缝网络走向（北东）	储层改造体积 /10⁴m³	裂缝长 /m		裂缝高 /m	裂缝网络走向（北东）	主缝走向（北东）	支缝走向 /（°）
	西翼	东翼					西翼	东翼				
1	84	123	82	29	78°	131.85	110.9	190.3	27	69.4	42	近东西向
2	141	134	86	32	72°	181.12	170.5	190.8	34	77.4	75	北东 76、北东 78、近东西向
3	161	185	111	33	77°	251.77	172.4	187.8	33	70.9	70	北东 41、北西 65、近东西向
4	192	154	104	35	71°	248.17	153.4	149.4	34	66.8	37	北东 75、北西 15、北西 78
5	103	136	101	32	68°	191.25	131.8	150.6	30	75.2	30	北东 85、北东 40

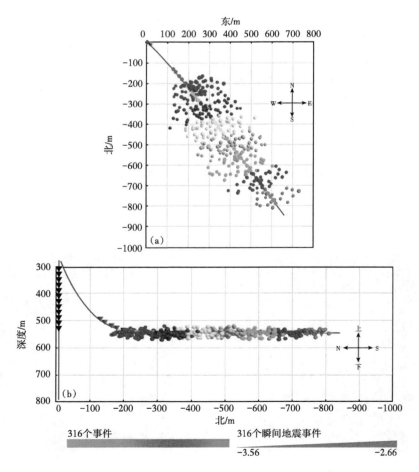

图 6-25 压裂监测整体微地震事件俯视图（a）及侧视图（b）

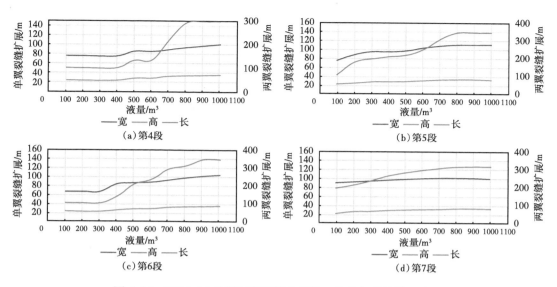

图 6-26　N199-P2 井第四段至第七段施工液量与裂缝扩展分析

（5）总结

①N199-P2 井共压裂 8 段，监测 7 段 193 个事件点，整体来看压裂裂缝东西两翼基本相等，改造较为充分。由于埋深较浅，压力系数较低，岩石破裂能量较低，震级较小，在 −3.69~ −2.66 之间，如图 6-27 所示。

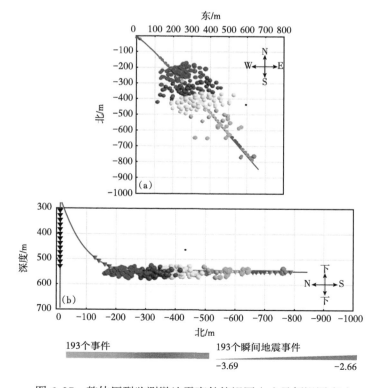

图 6-27　整体压裂监测微地震事件俯视图（a）及侧视图（b）

②由于埋深较浅，压力系数较低，岩石破裂能量较低，本井监测到事件点震级范围在 -3.69 至 -2.66 级之间（图 6-28），绝大多数事件点震级集中在 -3.48 级至 -3.07 级之间，各段之间最大震级基本无较大变化，最小震级有随监测距离减小而减小的趋势。

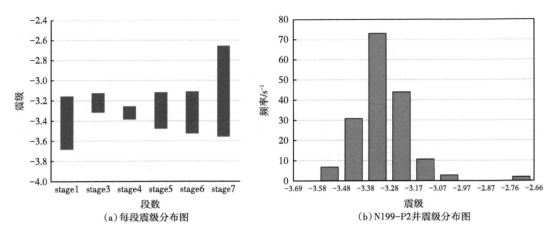

图 6-28　微地震事件震级分布图

③由于本井监测目的层较浅，加之同井场监测地面噪声较强，而且在井下存在未知强干扰，数量较多，导致监测距离较的远前几段监测到的微地震事件数量较少。

④本井事件点展布特征表明裂缝网络主要呈北东东—南西西向展布（图 6-29），认为本井附近最大主应力方向为北东东—南西西向。

⑤前四段由于监测距离较远，噪声干扰较大，监测到的微地震信号较少，但从后边几段监测结果推测分析，前几段储层改造应该也较为充分。

⑥对比本井监测距离与事件数呈负相关关系。监测距离超过在 600m 时，事件数也明显减少，表明本次监测的距离超过 600m 时监测效果开始变差。但是本井是同井场压裂监测，地面噪声较大，而且存在能量较强的井下未知干扰源，数量较多，导致有效监测距离较小，一般情况下有效监测距离可能更大一些。

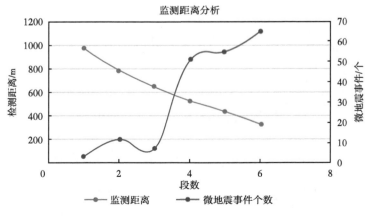

图 6-29　监测距离分析图

⑦本次施工中，第五段、第六段裂缝扩展较长除了施工液量较多外，破裂压力与停泵压力均较低，裂缝长度较长可能与此有关，如图 6-30、图 6-31 所示。

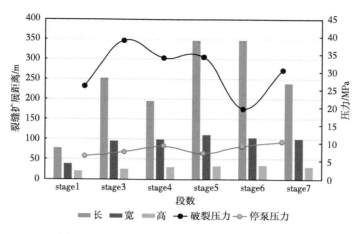

图 6-30　微地震监测裂缝扩展与施工参数分析

⑧在监测距离较近，微地震事件较多的几段，储层改造体积与总液量成正比例趋势。

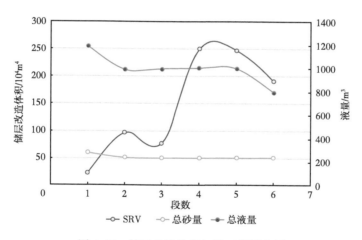

图 6-31　储层改造体积与施工规模分析

⑨本次监测结果各段微地震事件紧密相连但又没有重复改造现象，从目前监测结果看段间距簇间距设计较为合理。

P2 井压裂后经过约一个月的闷井，于 2018 年 6 月底开始人工抽汲试油，日抽汲液量约 60m³，其中含油 27t，含水率 50% 以上。抽汲期间，P2 井不知为何，不如同井场 P4 井。P4 井也为大排量压裂，在 P2 井之后压裂，但压裂规模只有 P2 井的一半。P4 井日抽汲液量也为 50~60m³，但是含水率只有 P2 井的一半，日抽汲油量达 35t。抽汲的产能影响因素很多，有时不能真实反映油井投产后的产能。油井上泵投产后，虽然初期两井不相上下，但很快 P2 井就显示出其巨大 SRV 的优势，初产量在 20t/d 以上。P2 井成为当时南泥湾采油厂产量最好的井。

由表 6-15 可知，大液量、大排量、低砂比滑溜水压裂入地液量是其他压裂的 2.5~3.5 倍，压后返排率低，大量液体进入地层未返出，有效弥补了地层亏空，有利于后期稳产。

表 6-15 N199 井区压裂参数对比表

井号	压裂方式	段数	段间距/m	簇间距/m	簇数	排量/m³/min	最大砂比/%	平均加砂量/m³	破裂压力/MPa	停泵压力/MPa	总加砂量/m³	入地液量/m³	平均每段入地液量/m³	放喷液量/m³	返排率/%
N199-P2	大液量滑溜水压裂	8	23	20	5	12	16	57	32.45	8.6	456	7957.9	995	726	9.12
N199-P4	瓜尔胶桥塞体积压裂	5	72	20	3~4	10	35	50	16.8	9.3	250	2368	474	305	12.88
N199-P1	TDY 体积压裂	8	76	20	1	8	35	46	21.4	9.42	364	3219.6	402	742	23.05
N199-P3	TDY 体积压裂	8	76	20	1	8	35	46	16.06	8.5	364	3159.4	395	1209	38.27

由表 6-16 可知，同一井组地质条件基本相同情况下，大液量、大排量、低砂比滑溜水压裂初周月日产油是 TDY 压裂的 1.7 倍，是桥塞压裂的 1.2 倍。随着投产时间的延续，油井含水率下降，产量趋于稳定。大液量大排量低砂比滑溜水压裂稳定日产油量是其他压裂方式的两倍，产量较高，效果明显。

本试验井采用大规模压裂，增大与储层的接触面积，提高单井产量。因为大排量、大液量有利于形成复杂的裂缝形态，使支撑剂在裂缝中有效地铺展，从而使有效裂缝与储层的接触面积最大化。与此同时，砂比越高，使更多的支撑剂沉降，沿着井口形成环形砂堆，不利于携砂液快速进入已经形成的裂缝中。在该井的试验表明，大液量、大排量、低砂比滑溜水分段压裂工艺具有良好的推广应用前景。

表 6-16 N199 井区不同压裂方式产量对比表

井号	初周月			累计产量情况					稳定产量情况		
	日产液量/m³	日产油量/t	含水率/%	累计生产天数/d	累计产液量/m³	累计产油量/t	含水率/%	平均日产油量/t	日产液量/m³	日产油量/t	含水率/%
N199-P2	20.76	7.53	57.33	73	1504	636.80	50.18	8.75	18.92	9.5	40.7
N199-P4	19.88	6.50	61.53	72	1136.5	435.84	54.88	6.09	9.20	4.7	40.0
N199-P1	16.64	4.33	69.39	74	1162	406.00	58.89	5.46	8.10	4.4	35.9
N199-P3	16.59	4.41	68.73	74	1166	400.26	59.60	5.40	8.17	4.4	37.1

6.1.5.2 结论

（1）滑溜水在大排量下造缝时由于其低黏度，在地层中所遇阻力小于胶液，因而可造成更长、更复杂的裂缝。

（2）地面裂缝监测与井下裂缝监测人工裂缝形态解释结论基本相同，但地面裂缝监测更便宜，达到识别裂缝形态的效果，验证了大液量、大排量、低砂比。滑溜水压裂改造体积大的特点。

（3）水平井段间距、簇间距均匀分布，段间距 20m，簇间距 20m，微地震事件紧密相连，无重复改造，压裂改造较为充分，段间距及簇间距合理。

（4）大液量大排量的滑溜水压裂利用脉冲式、变粒径加砂方式，当液量达到 800~900m³ 时，持续增加液量，裂缝向外扩展较少，建议同等条件下将总液量控制在 800~900m³ 之间。此方式压后返排率低，大量液体进入地层未返出，可起到油水置换的作用，弥补了地层亏空。

（5）大液量、大排量、低砂比分段压裂技术投产效果好于其他压裂方式，油井稳定日产油量是其他压裂方式的 2 倍，是周围常规生产井的 30 倍，增产效果显著。

P2 井之后，南泥湾采油厂采用与我们类似的设计，利用纳米滑溜水，又进行了四口水平井的压裂，其中的有个别井在产能上已经超过了 P2 井。N199 井周围含水率比较高也许是主要原因，产液量上这些井不相上下。P2 井同南泥湾的其他井一样，递减速率快。除了油藏能量不足，水平井的举升工艺不足也起很大的作用。几个月内日产量掉到 10t 以下，在 5~7t 徘徊。2019 年，南泥湾采油厂采用了一些新的采油措施，使一年后的 P2 井日产量又回到 20t，说明其潜力一直没有完全显现出来。P2 井试验使研究人员意识到通过闷井，可以发生水油驱替。P2 井除了最后压裂的第八段自喷了 726m³ 液，其中 5t 是油，其余的段都是磨掉桥塞后抽汲的。与一般压裂不同的是返排时出油早，返排第一天就见油。这是进一步研发压裂三次采油一体化的动因，为什么不让压裂液在压裂的同时具有驱油的功能？

6.2　P132-P2 井致密油压裂三采一体化先导性试验

6.2.1　P132-P2 井基本概况

南泥湾 P132-P2 井位于南泥湾油田松树林—新窑区位于陕西省延安市宝塔区麻洞川乡和南泥湾镇。属陕北黄土塬区，地形起伏不平，为沟、梁、峁地貌，地面海拔 900~1100m，相对高差最大 200m。气候属大陆季风性气候，冬春少雨雪，植被不发育，年降水量为 565mm 左右，主要集中在六月至九月，年平均气温 10.4℃，极端最低气温 -22.3℃，极端最高气温 35℃，无霜期 170d。区内农业生产水平较低，区内交通方便。

目的层长 6 油层组为主力油层之一，压裂段储层参数见表 6-17、表 6-18、表 6-19，储层中天然垂直裂缝发育，岩性主要为长石细砂岩和长石中细砂岩，碎屑成分约占 85%~95%，碎屑矿物成分长石含量高，长石含量 40.7%~52.0%，平均含量 49.5%；其次为石英、岩屑和云母，石英含量 24.4%~27.1%，平均含量 26.9%。其碎屑颗粒较均一，主要粒级（0.1~0.3mm）占 80% 以上，颗粒呈线状或点线接触，胶结类型主要为孔隙式，次为薄膜式和（连晶型、薄膜—孔隙）孔隙—再生式，具有典型的低成分成熟度、高结构成熟度特征。地面原油密度 0.842g/cm³，原油黏度 5.68mPa.s，凝固点 19.0℃；沥青含量 0.57%。属低密度、低黏度、低凝固点、不含硫轻质油。评 132 平 2 井完钻井深 1502m，水平井段长度为 733m，水平方位 155.56°，地层温度 30℃。储层孔隙流体黏度 5.42mPa·s，目的层岩石综合压缩系数 0.92。目的储层物性参数及同层位周围邻井情况见表 6-17 至表 6-19。

表 6-17　压裂层位储层参数

名称	垂深 /m	有效渗透率 /mD	孔隙度	含水饱和度 /%	备注
上隔层	484.13	8.9424	0.7411	44	通过邻近直井测井曲线获得
储层	524.5	7.735	0.4157	40	
下隔层	545	7.5991	0.4127	62	

表 6-18　压裂段储层参数

压裂段数	垂深 /m	有效渗透率 /mD	孔隙度	含水饱和度 /%	备注
第一段	516.84	9.26	0.99	60.57	通过压裂井测井曲线获得
第二段	522.24	7.00	0.30	73.22	
第三段	518.56	7.31	0.50	73.34	
第四段	519.29	7.85	0.63	72.78	
第五段	514.55	8.47	0.74	65.99	
第六段	521.67	8.22	0.78	71.63	
第七段	520.67	8.53	0.83	66.75	
第八段	525.58	7.69	0.51	71.24	

表 6-19　其他物性参数

名称	值
储层孔隙流体黏度 / (mPa·s)	5.42mPa·s
裂缝方位角 / (°)	70
目的层岩石综合压缩系数	0.92
储层孔隙压力 /MPa	

6.2.2　油藏地质特征

6.2.2.1　地层特征

此部分内容同 6.1.2.1。

6.2.2.2　构造特征

本区局部构造与区域构造一致，为一平缓的西倾单斜，地层倾角小于 1°，千米坡降为 7~10m，内部构造简单，局部发育差异压实形成的鼻状构造。各层组的构造形态有一定的继承性。

从长 6_1 顶面构造等值线图上看，本区发育一个比较明显的近东西向鼻状构造，主要位于评 133 井—评 132 井一线，构造落差 5m，构造形态与区域一致，具有良好的继承性。

6.2.2.3　储层特征

（1）储层岩石学特征。

本区长 6 储层的岩性主要为灰色细粒长石砂岩，其次中粒及中—细粒，细—中粒长石砂岩，具有近似的岩石学特征。砂岩的主要矿物成分为长石，占 33.0%~64.0%，平均含量 50.7%（其中钾长石 12.0%~32.0%，平均含量 23.2%；斜长石 12.0%~46.0%，平均含量 26.6%）；次为石英，占 18.0%~50.0%，平均含量 33.2%；岩屑含量 5.0%~26.0%，平均含量 14.9%。岩屑主要为变质岩岩屑，其次是火成岩岩屑及少量沉积岩岩屑。砂岩中含少量重矿物，包括稳定组分榍石、石榴子石等，也有稳定性差的绿帘石等。

填隙物含量为 3.0~37.0%，平均含量 9.6%，其中杂基含量为 1.0%~28.0%，平均含量 3.8%；胶结物为 1.0%~36.0%，平均含量 5.8%。杂基主要为泥质，其次是泥微晶碳酸盐。胶结物主要为方解石（1.0%~36.0%，平均含量 4.9%）和长英质（1.0%~35.0%，平均含量 2.1%），少量方解石交代碎屑充填孔隙，石英次生加大和长石次生加大普遍并充填孔隙，使大部分粒间孔消失，孔隙变小；浊沸石部分溶蚀形成溶孔，改善孔隙；绿泥石胶结呈栉壳状，充填粒间孔。

长 6 砂岩的结构特点为碎屑颗粒较均一，主要粒级（0.1~0.3mm）占 80% 以上，分选好，磨圆度为次圆状—次棱角状。颗粒呈线状或点线接触。胶结类型主要为孔隙式，次为薄膜式和（连晶型、薄膜—孔隙）孔隙—再生式。

可见，本区三叠系延长组长 6 储层具有典型的低成分成熟度、高结构成熟度特征。由于沉积环境演变及成岩作用的差异不大，长 6 亚组砂岩的矿物组分在纵向上变化较小。

（2）储层物性特征。

长 6 储层的孔隙度最大值 20.6%，最小值 0.8%，平均值为 8.8%；渗透率最大值为 30.02mD，最小值 0.01mD，平均值为 0.61mD。长 6_1 储层孔隙度集中分布在 7%~11% 之间，渗透率集中分布在 0.2~0.8mD 的低渗透率值之间。

预计该井水平段入靶点 A 至井底，储层物性整体变化较小。

（3）砂体展布。

长 6_1 亚组为三角洲平原沉积，并以水上分流河道沉积为主。水平井实施区砂体呈北东—南西方向向展布。长 6_1 亚组砂体发育，连片性较好，平均砂体厚度 12m，砂地比 0.46。水上分流河道规模较大。从长 6_1 亚组砂岩等厚图、沉积相图看出，区内主要发育有 1 条水下分流主河道，北东—南西向展布，规模较小，宽 0.5~1.0km；砂层厚度一般在 12m 以上。分流河道沉积与分流间湾沉积之间的广大地区为分流河道侧翼沉积，砂层厚度一般为 12~15m，砂地比 0.3~0.5。

预计 P132-P2 井设计长 6_1 亚组水平段砂岩厚度 6~15m，长 6_1 亚组目的层入靶点 A 点至水平段末端点 B，砂岩厚度变化不大，平均厚度为 10m 左右。

（4）长 6_1 亚组特征。

P132-P2 井设计区油层发育情况主要受砂体分布影响，油层发育与砂体匹配关系较好，油层较厚区域主要分布在该井区中部区域，厚度稳定，局部达 15m 以上。预计 P132-P2 井设计水平段油层厚度 3~12m，平均约 7m。

6.2.2.4　流体性质

根据《南泥湾油田松树林—新窑区延长组长 4+5 油层组、长 6 油层组新增石油探明储量报告》，Y514 井区长 6 油藏原油密度、黏度等变化均不大，具有低密度（0.840g/cm³）、低黏度（50℃ 下 4.51mPa·s）、低凝固点（14.4℃）的特点。

地层水 pH 值 4.63~6.53，平均值 5.93，偏酸性；总矿化度 17286.66~58202.41mg/L，平均 41601.63mg/L，水型主要为 $CaCl_2$ 型。

6.2.2.5　地层压力和温度

本区无原始地层压力资料，根据 Z3 井、Z4 井、X173-4 井、Y562 井 -6 井等 7 口井的压力恢复测试，目前平均地层压力为 2.60MPa，平均压力系数 0.44，小于静水柱压力，所测油层压力明显偏小，选用其中压力系数最高值 0.59（评 139 井）为代表，但与邻区川口、安塞、青化砭等油田的油层压力系数为 0.8~0.9 相比，这一值也偏低。

根据 7 口井测温资料，油层平均温度分布在 24.3~29.6℃。平均油层温度为 26.9℃。

6.2.2.6 油藏类型

长 6 油藏为典型的岩性油藏，储集类型为孔隙型，无明显边（底）水。油藏驱动类型为弹性－溶解气驱。

6.2.3 压裂三次采油一体化压裂施工

6.2.3.1 措施井基本情况

该设计主要依据《P132-P2 井钻井地质工程设计》、钻完井、测井等资料，以簇式射孔＋可溶桥塞（全金属可溶）分段压裂技术、采用滑溜水压裂液体系，完成 P132-P2 井压裂改造，以达到高效开发的目的。

该井为延长油田南泥湾采油厂的一口水平井，水平井段长度为 733m，为 8½in 井眼下 5½in 套管固井完井。压裂改造级数初步定为 8 级。措施井基础数据见表 6-20。

表 6-20　油井基本数据

井号	P132-P2	地理位置		南泥湾麻洞川乡老沟村	
井别	采油井	构造位置		鄂尔多斯盆地伊陕斜坡	
地面海拔 /m	1096	井位坐标		X：37388022.97　Y：4031364.02	
补心海拔 /m	1102.25	开钻日期		2020.11.11	完井日期 2020.12.12
完钻层位	长 6$_{1-1}$	完钻井深 /m		1502	地层温度 ℃ 30
补心高度 /m	6.25	人工井底 /m		1474.2	完井方法 套管完井
靶前距 /m	445.51	井眼方位 /（°）		155.56	入窗点（m） 769
造斜点 /m	128	最大井斜角 /（°）		94.09	水平段长度（m） 733
完井试压 /MPa	20	预测地层压力 / MPa		—	有害气体预测 —
目的层砂体厚度 /m	9	油中垂深 /m 522.38		A 靶垂深：519.54；B 靶垂深：525.21	
套管	外径 / mm	壁厚 / mm	钢级	下入深度 / m	水泥返深 / m 固井质量
表层套管	244.5	8.94	J55	100.49	0　合格
油层套管	139.7	9.17	N80Q	1499.8	0　合格
短套管位置 /m	446.51~448.51，604.22~606.26				
射孔段附近套管接箍位置 / m	1449.22，1427.57，1406.6，1385.82，1364.91，1344.16，1323.26，1302.57，1271.41，1261.06，1240.47，1219.66，1198.69，1167.13，1146.29，1135.72，1115.07，1084.22，1063.38，1042.79，1022.19，990.91，970.16，959.66，949.1，918.07，897.66，876.2，856.38，835.72，815.01，794.32，762.82				
钻井异常提示	—				

根据本井的实际钻探情况，结合本井含油显示建议对本井的以下井段：1448~1390m、1360~1304m、1276~1199m、1168~1114m、1083~1024m、990~944m、914~859m、830~765m油井录井显示较好，部分显示为油迹，连井剖面如图6-32所示。对该层段进行试油求产，可望获得高产工业油流，为开发提供依据。

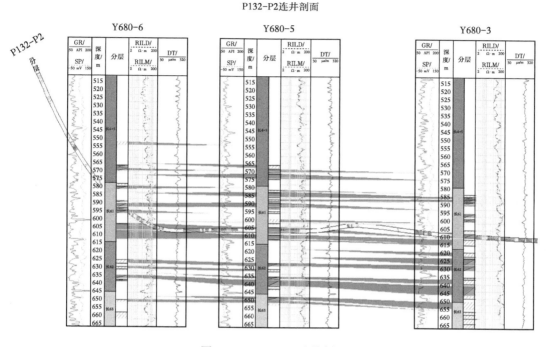

图 6-32　P132-P2 连井剖面

6.2.3.2　水力泵入桥塞分层工艺

本部分内容同 6.1.4.2。

6.2.3.3　压裂方案设计总体原则

本次压裂设计针对长 6_1 储层致密、天然裂缝发育的特点，借鉴国内外页岩气开发的成功经验，尝试采用大规模滑溜水体积压裂，沟通天然裂缝，形成复杂的网状裂缝形态，增大与储层的接触面积，提高单井产量。

根据国内外在页岩油气藏的压裂施工经验，结合水平段体积压裂工艺和本井的具体物性情况，确定以下总体原则：

（1）以"体积压裂"作为设计目标。该区域天然裂缝发育，两相水平主应力相差较小，为形成复杂的裂缝形态提供了有利条件；而且由于钻井方向沿最小主应力方向，所以水力压裂会形成垂直于井筒方向的裂缝，有利于增大裂缝与储层的接触面积，达到"体积压裂"的效果。

（2）在保证施工安全的前提下，尽量提高施工排量；大排量有利于形成复杂的裂缝形态，使支撑剂在裂缝中有效地铺置，从而最大化有效裂缝与储层的接触面积。

（3）选择水平井分级压裂易钻桥塞＋射孔联作工艺，提高施工效率，保证施工顺利进行。

根据 P132—P2 水平段的物性分布和应力状态，进行了分级方案和射孔位置选择，选择原则为：

（1）各级的多个射孔簇对应的最小主应力应基本一样，以保证两条裂缝同时延伸；

（2）各级的每个射孔簇对应的物性相对较好的位置，或则物性基本相同的位置；

（3）同一趟管柱施工的射孔簇总长度要适应防喷器的长度。

（4）射孔簇避开套管节箍，短节；

（5）避开固井质量差的层段（在测固井质量和校深后调整）。

6.2.3.4　压裂液及驱油剂优选

本设计推荐用于加砂压裂液滑溜水基础配方：0.1% JHFR-2 减阻剂 + 0.2% JHFD-2 多功能添加剂 + 水。

在滑溜水压裂液中加入 HE-BIO 生物驱油剂。使用之前，必须结合地层温度、压裂液、实地原油和水等做配伍和配方实验，压裂三次采油一体化体系的应用，在滑溜水中的用量一般是 0.5%，可在前置液，压裂过程中间和后置液中加入。其功用如下：

（1）HE-BIO 生物驱油剂可以将表面张力降至 30mN/m 以下，也可以将油水界面张力降低到 10^{-2}mN/m，技术指标见表 6-21。

（2）能有效降低原油黏度并且对油砂有很好的清洗效果。

（3）压裂后通过一段时间闷井 10~15d，生物活性可在油藏中原地生成二氧化碳，进一步提高了驱油效果。

表 6-21　HE-BIO 生物驱油剂技术指标

项目	指标	实测值
外观	黄色或棕色黏稠状液体	棕色黏稠状液体
pH 值（0.5% 体积分数）	6.0~8.0	7.5
溶解性	与水互溶	完全溶解
表面张力 /（mN/m，0.5% 体积分数）	≤ 30	27.59
界面张力 /（mN/m，0.5% 体积分数）	≤ 0.1	0.059

6.2.3.5　支撑剂优选

按照本井的设计原则，支撑剂选择主要参照以下标准：

石英砂（20/40 目）闭合压力：28MPa；破碎率：≤ 9%；

石英砂（40/70 目）闭合压力：35MPa；破碎率：≤ 9%。

其中，闭合压力是指实际作用在支撑剂上的有效闭合应力，即闭合压力和井底生产压力的差值。实践证明该区油井后期生产过程中的井底生产压力一般很低，因此设计时通常采用闭合压力的绝对值作为优选支撑剂的标准。根据计算和邻井同层测试压裂数据，推荐采用低强度石英砂作为支撑剂。

6.2.3.6　套管性能参数

对于这样的大排量降阻水施工作业，井口和套管的强度校核是非常关键的。根据该降阻剂的摩阻图板，通过考虑闭合压力（裂缝起裂压力）、净压力、液体摩阻、井筒液柱压力和近井筒摩阻等，可以估算压裂施工过程中的泵注压力，从而对井口、井筒套管的承压能力进行分析，确定合理的泵注程序。套管性能参数见表 6-22。

表 6-22　套管参数表

管柱名称	外径 /mm	壁厚 /mm	内径 /mm	钢级	下深 /m	抗内压 /MPa	抗外挤压力 /MPa
油层套管	139.7	9.17	121.36	N80Q	1499.8	63.4	60.9

6.2.3.7　P132-P2 井级数优化

对目的储层参数进行分析，在综合考虑储层物性，应力场特征的基础上，可以将该井水平段划分为如下井段分别进行措施改造，从而获得整个水平段的有效改造。

这里的物性参数考虑了的储层物性包括声波时差、渗透率和有效孔隙度，完井参数考虑了应力场的变化，综合物性参数和完井参数，得到整个水平段的质量对比图，并据此进行分层。

分层的一般原则是将储层物性、完井参数较好（或则相同）的作为目的层段，尽量放在同一级进行施工，存在储层物性或完井物性其一不好的次之，如果两项均不好的层段在尽量不进行射孔和改造。当然，对于具有勘探性质的措施井，一般不会放弃两项均差的层段，但尽量采取单独一段施工的方法，实现整个水平段的有效改造。

P132-P2 井将共进行 8 级施工，射孔段位置见表 6-23。

表 6-23　射孔位置汇总表

段数	射孔级数	射孔顶部位置 /m	射孔底部位置 /m	射孔簇长度 /m	射孔密度 /孔 /m	桥塞位置 /m
第一段	1	1447	1448	4	10	
	2	1428	1429			
	3	1409	1410			
	4	1389	1390			
第二段	1	1359	1360	4	10	1379
	2	1341	1342			
	3	1319	1320			
	4	1303	1304			
第三段	1	1275	1276	5	8	1294
	2	1259	1260			
	3	1241	1242			
	4	1220	1221			
	5	1200	1201			
第四段	1	1168	1169	4	10	1190
	2	1149	1150			
	3	1133	1134			
	4	1113	1114			

段数	射孔级数	射孔顶部位置 / m	射孔底部位置 / m	射孔簇长度 / m	射孔密度 / 孔 /m	桥塞位置 / m
第五段	1	1082	1083	4	10	1103
	2	1064	1065			
	3	1044	1045			
	4	1023	1024			
第六段	1	989	990	4	10	1009
	2	973	974			
	3	957	958			
	4	943	944			
第七段	1	913	914	4	8	933
	2	898	899			
	3	878	879			
	4	858	859			
第八段	1	829	830	5	8	849
	2	813	814			
	3	798	799			
	4	781	782			
	5	764	765			

本井初步设计分为八段进行压裂，其中第一段可以采用油管传输射孔，也可以采用爬行器射孔，之后的七段采用电缆射孔。

注意：桥塞位置和射孔位置需避开套管接箍位置。

6.2.3.8 酸预处理

为了确保射孔孔眼的清洁和较低的破裂压力（破裂压裂较高时），建议先泵注一个滑溜水阶段以确保注入性，然后再泵注两个酸预处理阶段，中间用一个滑溜水阶段隔开。每个酸处理或滑溜水阶段大约 10m³。酸液配方见表 6-24。

表 6-24 酸液配方表

添加剂	浓度 /%	用量 /kg
清水		
氢氟酸	3.0	578
氯化氢	12	4103
助排剂	0.5	53
黏土稳定剂	0.3	32
破乳剂	0.1	11
缓蚀剂	2.5	265

如果地层比较容易破裂，则不需要进行挤酸，可以视具体情况而定。酸液由施工单位准备。

6.2.3.9 压裂施工泵注程序

第一段泵注程序见表 6-25。

表 6-25 第一段泵注程序（1447~1448m，1428~1429m，1409~1410m，1389~1390m）

序号	施工阶段	套管注入液体类型	液量/m³	阶段累计液量/m³	排量/m³/min	砂比/%	砂量/m³	阶段累计砂量/m³	阶段时间/min	支撑剂类型	备注
1	灌满井筒	滑溜水	45		0.1~2	0	0		30	无	
2		驱油滑溜水	10	55	2~4	0	0	0	3.3	无	前100m³可选择加驱油剂
3		驱油滑溜水	15	70	4~6	0	0	0	3	无	
4		驱油滑溜水	20	90	6~12	0	0	0	2.2	无	
5		驱油滑溜水	25	115	12	0	0	0	2.1	无	
6		驱油滑溜水	40	155	12	2	0.8	0.8	3.3	40/70目	
7		滑溜水	45	200	12	0	0	0.8	3.8	无	
8		滑溜水	34	234	12	5	1.7	2.5	2.8	40/70目	
9	前置液	滑溜水	45	279	12	0	0	2.5	3.8	无	
10		滑溜水	33	312	12	6	2	4.5	2.8	40/70目	
11		滑溜水	45	357	12	0	0	4.5	3.8	无	
12		滑溜水	34	391	12	7	2.35	6.85	2.8	40/70目	
13		滑溜水	45	436	12	0	0	6.85	3.8	无	
14		滑溜水	31	467	12	8	2.5	9.35	2.6	40/70目	
15		滑溜水	45	512	12	0	0	9.35	3.8	无	
16		滑溜水	32	544	12	9	2.9	12.25	2.7	40/70目	
17		滑溜水	65	609	12	0	0	12.25	5.4	无	
18		滑溜水	23	632	12	8	1.8	14.05	1.9	40/70目	
19		滑溜水	18	650	12	9	1.6	15.65	1.5	40/70目	
20		滑溜水	14	664	12	10	1.4	17.05	1.2	40/70目	
21		驱油滑溜水	45	709	12	0	0	17.05	3.8	无	中间100m³可选择加驱油剂
22		驱油滑溜水	7	715	12	9	0.6	17.65	0.6	40/70目	
23		驱油滑溜水	7	723	12	10	0.74	18.39	0.6	40/70目	
24		驱油滑溜水	7	730	12	11	0.8	19.19	0.6	40/70目	
25	携砂液	驱油滑溜水	45	775	12	0	0	19.19	3.8	无	
26		滑溜水	18	793	12	10	1.8	20.99	1.5	30/50目	
27		滑溜水	15	808	12	11	1.6	22.59	1.2	30/50目	
28		滑溜水	9	817	12	12	1.1	23.69	0.8	30/50目	
29		滑溜水	7	824	12	13	0.95	24.64	0.6	30/50目	
30		滑溜水	45	869	12	0	0	24.64	3.8	无	
31		滑溜水	18	887	12	8	1.4	26.04	1.5	30/50目	
32		滑溜水	14	900	12	9	1.25	27.29	1.2	30/50目	
33		滑溜水	11	911	12	10	1.05	28.34	0.9	30/50目	

序号	施工阶段	套管注入 液体类型	液量 / m³	阶段累 计液量 / m³	排量 / m³/min	砂比 / %	砂量 / m³	阶段累 计砂量 / m³	阶段 时间 / min	支撑剂 类型	备注
34		滑溜水	15	926	12	12	1.8	30.14	1.3	30/50 目	
35		滑溜水	45	971	12	0	0	30.14	3.8	无	
36		滑溜水	16	986	12	9	1.4	31.54	1.3	30/50 目	
37		滑溜水	13	999	12	10	1.25	32.79	1.0	30/50 目	
38		滑溜水	17	1016	12	11	1.9	34.69	1.4	30/50 目	
39		滑溜水	5	1022	12	13	0.7	35.39	0.4	30/50 目	
40		滑溜水	45	1067	12	0	0	35.39	3.8	无	
41		滑溜水	16	1083	12	10	1.6	36.99	1.3	30/50 目	
42		滑溜水	13	1095	12	11	1.4	38.39	1.1	30/50 目	
43		滑溜水	9	1105	12	12	1.1	39.49	0.8	30/50 目	
44		滑溜水	6	1110	12	14	0.8	40.29	0.5	30/50 目	
45		滑溜水	45	1155	12	0	0	40.29	3.8	无	
46		滑溜水	16	1172	12	11	1.8	42.09	1.4	30/50 目	
47		滑溜水	13	1185	12	12	1.6	43.69	1.1	30/50 目	
48		滑溜水	9	1194	12	13	1.2	44.89	0.8	30/50 目	
49		滑溜水	6	1200	12	15	0.9	45.79	0.5	30/50 目	
50	携砂液	滑溜水	45	1245	12	0	0	45.79	3.8	无	
51		滑溜水	16	1261	12	13	2.1	47.89	1.3	30/50 目	
52		滑溜水	13	1274	12	14	1.8	49.69	1.1	30/50 目	
53		滑溜水	9	1283	12	15	1.4	51.09	0.8	30/50 目	
54		滑溜水	6	1290	12	16	1	52.09	0.5	30/50 目	
55		滑溜水	45	1335	12	0	0	52.09	3.8	无	
56		滑溜水	17	1352	12	10	1.7	53.79	1.4	20/40 目	
57		滑溜水	14	1365	12	11	1.5	55.29	1.1	20/40 目	
58		滑溜水	8	1374	12	12	1	56.29	0.7	20/40 目	
59		滑溜水	5	1379	12	13	0.7	56.99	0.4	20/40 目	
60		驱油滑溜水	45	1424	12	0	0	56.99	3.8	无	
61		驱油滑溜水	15	1440	12	11	1.7	58.69	1.3	20/40 目	
62		驱油滑溜水	13	1453	12	12	1.6	60.29	1.1	20/40 目	后 100m³
63		驱油滑溜水	12	1464	12	13	1.5	61.79	1.0	20/40 目	可选择加
64		驱油滑溜水	9	1474	12	14	1.3	63.09	0.8	20/40 目	驱油剂
65		驱油滑溜水	7	1480	12	15	1.0	64.09	0.6	20/40 目	
66		驱油滑溜水	6	1486	12	16	0.95	65.04	0.5	20/40 目	
67	顶替液	滑溜水	30	1516	12	0	0		8		
68	总计		1516				65.04		162.9		

备注：1. 压裂施工过程中，根据施工压力变化可以调整排量、砂比等施工参数；2. 预前置酸每段必须准备，根据施工压力确定是否使用；3. 有特殊情况中断施工，需请示设计单位。

压裂备料表见表 6-26。

表 6-26　压裂备料表

压裂段名	滑溜水压裂液和添加剂用量 /m³				加入井内支撑剂用量 /m³			
	压裂液用量	JHFR-2 纳米复合减阻剂	JHFD-2 多功能添加剂	HE-BIO 生物驱油剂	小计	40/70 目石英砂	30/50 目石英砂（可用 20/40 目替代）	20/40 目石英砂
1	1516	1.516	3.032	1.5	65	19.19	32.9	12.95
2	1516	1.516	3.032	1.5	65	19.19	32.9	12.95
3	1516	1.516	3.032	1.5	65	19.19	32.9	12.95
4	1415	1.415	2.83	1.5	55	16.55	27.18	11.49
5	1415	1.415	2.83	1.5	55	16.55	27.18	11.49
6	1415	1.415	2.83	1.5	55	16.55	27.18	11.49
7	1353	1.353	2.706	1.5	50	13.85	24.77	11.49
8	1353	1.353	2.706	1.5	50	13.85	24.77	11.49
合计	11499	11.499	22.998	12	461	134.92	229.78	96.3

6.2.3.10　压裂施工

整个压裂参数见表 6-27，压裂施工八段总入井液量为 11148.1m³，加砂 461m³；施工排量为 12m³/min；施工压力为 13~23MPa；破裂压裂为 20.5~34.0MPa；停泵压力为 9.8~11.8MPa。压裂液添加剂免配直混到混砂车，整个施工过程顺利完成，施工压力稳定表现了良好的适应性，如裂曲线如图 6-33 所示，施工压力明显降低，且压力平稳[7]。

表 6-27　评 132 平 2 井压裂参数统计表

段数	破压 /MPa	排量 /（m³/min）	总液量 /m³	砂量 /m³	工作压力 /MPa	停泵压力 /MPa
一	20.5	12	1472.2	65.04	13-18	10.5
二	22.0	12	1472.2	65.04	14-20	9.8
三	23.1	12	1471.7	65.04	14-22	10.0
四	31.6	12	1370.9	55.22	16-23	11.1
五	26.6	12	1370.7	55.22	17-22	11.8
六	21.8	12	1371.4	55.22	16-20	10.4
七	34.0	12	1309.5	50.11	15-19	10.3
八	24.4	12	1309.5	50.11	14-16	10.5

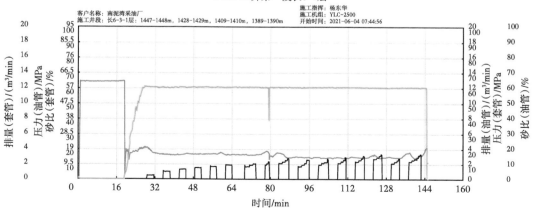

图 6-33　N199-P2 井长 6 油层第二段压裂施工曲线图

6.2.4 压裂后效果评价分析

南泥湾采油厂浅层致密油在低孔隙度、低渗透率等特点上还具埋藏浅、压裂裂缝形态复杂，温度和压力更低，渗流阻力及驱替压力梯度大等的特点，增产措施以单井吞吐的方式较为合适。将滑溜水压裂液与驱油剂结合，形成压裂三次采油一体化工艺，大量压裂液进入地层，在焖井过程中进一步扩散，投产后，近井地放喷泄压，远井地带油向近井地带流动，产生"压裂＋增能＋驱替"的协同作用。

采用压裂三次采油一体化工艺技术，压裂参数结合南泥湾采油厂前期开发基础进行优化，以大排量、大液量、低砂比，按排量控制射孔总孔数，每孔排量最少 $0.3m^3/min$ 进行压裂，压后焖井。全段压裂缝优化模拟表面设计可形成复杂缝网，形成较大的储层改造体积。在 P132-P2 井现场应用表明，现场实施简单，施工压力降低，且压力平稳，排量稳定。P132 井区于 2009 年投入开发，目前共有生产井 178 口，长 6_1 亚组平均单井初期日产油 1.32t，月产油 39t，目前平均单井日产液 $0.17m^3$，日产油 0.11t，含水率 31.77%。P132-P2 井压裂后焖井 36d 开始放喷、返排，累计 625d 产液 4276.88 m^3，平均日产液 6.84m^3，日产油 2.87t，含水率 58.03%，压裂取得了良好的增产效果。P2 井压裂后累计产油量均明显高于该区平均井，取得了良好的压裂增产效果，证明该技术的运用有效动用了井间剩余油，值得进一步推广。

参 考 文 献

[1] 王香增.鄂尔多斯盆地延长探区低渗致密油气成藏理论进展及勘探实践 [J].地学前缘，2023，30（1）：143-155.

[2] 张奔，贺先勇.延长油田东部浅层—水平缝—超低渗油藏水平井开发技术创新研究 [J].中国石油和化工标准与质量，2022，42（18）：196-198.

[3] 汪立君，郝芳，陈红汉，等.中国浅层油气藏的特征及其资源潜力分析 [J].地质通报，2006，（Z2）：1079-1087.

[4] 余维初，周东魁，张颖，等.环保低伤害滑溜水压裂液体系研究及应用 [J].重庆科技学院学报（自然科学版），2021，23（5）：1-5，15.

[5] 李平，樊平天，郝世彦，等.大液量大排量低砂比滑溜水分段压裂工艺应用实践 [J].石油钻采工艺，2019，41（4）：534-540.

[6] 孙敏，樊平天，李新，等.鄂尔多斯盆地南泥湾异常低压油藏成因及异常低压对油藏开发的影响 [J].西安石油大学学报（自然科学版），2013，28（6）：7，22-26，45.

[7] 魏宁，贺怀军，张建成.特低渗油田压裂兼驱 油一体化工作液体系评价 [J].化学工程师，2020，34(7)：38，44-46.

[8] 邢继钊，张颖，周东魁，等.乌里雅斯太凹陷砂砾岩油藏压裂三采一体化技术与应用 [J].长江大学学报（自科版），2020，17（6）：37-43.

[9] 严娇.压裂驱油一体化工作液研制 [D].西安：西安石油大学，2019.

[10] 樊建明，王冲，屈雪峰，等.鄂尔多斯盆地致密油水平井注水吞吐开发实践——以延长组长 7 油层组为例 [J].石油学报，2019，40（6）：706-715.

[11] 樊平天，刘月田，冯辉，等.致密油新一代驱油型滑溜水压裂液体系的研制与应用 [J].断块油气田，2022，29（5）：614-619.

[12] 张颖，周东魁，余维初，等. 玛湖井区低伤害滑溜水压裂液性能评价 [J]. 油田化学，2022，39（1）：28-32.

[13] 张颖，余维初，李嘉，等. 非常规油气开发用滑溜水压裂液体系生物毒性评价实验研究 [J]. 钻采工艺，2020，43（5）：11，106-109.

[14] 余维初，吴军，韩宝航. 页岩气开发用绿色清洁纳米复合减阻剂合成与应用 [J]. 长江大学学报（自科版），2015，12（8）：78-82.

[15] 范宇恒，肖勇军，郭兴午，等. 清洁滑溜水压裂液在长宁 H26 平台的应用 [J]. 钻井液与完井液，2018，35（2）：122-125.

[16] 余维初，丁飞，吴军. 滑溜水压裂液体系高温高压动态减阻评价系统 [J]. 钻井液与完井液，2015，32（3）：90-92.

[17] 李寿军. 致密砂岩油藏注水吞吐实验模拟与优化 [D]. 北京：中国石油大学（北京），2016.